Christian Fichtl
Svenja Loderer
Uwe Morchutt
Dr. Christian Voit

AF695717

# Das Baustellenhandbuch Abnahme

3. aktualisierte Auflage

FORUM
WISSEN,
DAS ANKOMMT.

**Bibliografische Information der Deutschen Bibliothek**

Die Deutsche Bibliothek verzeichnet diese Publikation in der Deutschen Nationalbibliografie; detaillierte bibliografische Daten sind im Internet über http://dnb.dnb.de abrufbar.

**© 2023 by FORUM VERLAG HERKERT GMBH**
Mandichostraße 18
86504 Merching

Telefon: +49 (0)8233 381-123
Fax: +49 (0)8233 381-222
E-Mail: service@forum-verlag.com
Internet: www.baustellenhandbuch.de

3 .aktualisierte Auflage 2023

Dieses Verlagserzeugnis wurde nach bestem Wissen und nach dem aktuellen Stand von Recht, Wissenschaft und Technik zum Druckzeitpunkt erstellt. Der Verlag übernimmt keine Gewähr für Druckfehler und inhaltliche Fehler.

Alle Rechte vorbehalten. Das Werk einschließlich aller seiner Teile ist urheberrechtlich geschützt. Jede Nutzung in anderen als den gesetzlich zugelassenen Fällen bedarf der vorherigen, schriftlichen Einwilligung des Verlags. Das gilt insbesondere für Vervielfältigungen, Übersetzungen, Mikroverfilmungen und die Einspeicherung in elektronischen Systemen.

Hinweis: Aus Gründen der besseren Lesbarkeit und Einfachheit wird in den folgenden Texten meist die männliche Form verwendet. Die verwendeten Bezeichnungen sind als geschlechtsneutral bzw. als Oberbegriffe zu interpretieren und gelten gleichermaßen für alle Geschlechter.

Titelfoto/-illustration: © truemedia, 86167 Augsburg
Satz: Reemers Publishing Services GmbH, 47799 Krefeld
Druck: Esser printSolutions GmbH, 75015 Bretten
Printed in Germany

ISBN 978-3-96314-894-1 (Print)

# Vorwort

Die förmliche Abnahme von Bauleistungen ist ein entscheidender Meilenstein in jedem Bauprojekt, der nicht nur die Vollendung eines Bauvorhabens markiert, sondern auch die Überprüfung und Validierung der erbrachten Bauleistungen sicherstellt. Dieser Prozess ist von zentraler Bedeutung für die Qualitätssicherung, die rechtliche Absicherung der Vertragsparteien und letztlich für den langfristigen Erfolg des Bauvorhabens. Er stellt den Übergang der Gefahr vom Auftragnehmer zum Auftraggeber dar.

In diesem Buch widmen wir uns eingehend der Thematik der förmlichen Abnahme von Bauleistungen. Dabei beleuchten wir nicht nur die juristischen Aspekte und Vertragsgrundlagen, sondern legen auch einen besonderen Fokus auf die praktische Umsetzung dieses komplexen Prozesses. Unsere Absicht ist es, Bauherrn, Planern, Architekten, Bauunternehmern und allen weiteren Beteiligten einen umfassenden Leitfaden an die Hand zu geben, der nicht nur theoretisches Wissen vermittelt, sondern auch konkrete Handlungsempfehlungen zur Abarbeitung in den wichtigsten Gewerken bietet. Dies kann, der Komplexität des Bauwesens geschuldet, nicht abschließend erfolgen.

Die förmliche Abnahme ist oft von rechtlichen Feinheiten und technischen Details geprägt. Unser Ziel ist es, praxisnahe Lösungsansätze aufzuzeigen. Wir greifen dabei auf langjährige Erfahrungen von Experten aus der Baubranche zurück, um einen realitätsnahen Einblick in die Herausforderungen und Chancen der förmlichen Abnahme zu geben.

Dieses Buch richtet sich sowohl an Einsteiger in die Baubranche, als auch an erfahrene Fachleute, die ihre Kenntnisse vertiefen und aktualisieren möchten. Wir hoffen, dass es dazu beiträgt, die förmliche Abnahme von Bauleistungen transparenter und effizienter zu gestalten. Denn nur durch eine sorgfältige und fundierte Abnahme können wir sicherstellen, dass Bauprojekte nicht nur termingerecht abgeschlossen werden, sondern auch den gewünschten Qualitätsstandards entsprechen.

Die rechtliche und technische Entwicklung des Bauens gelangt naturgemäß nie zu einem Abschluss. Dies zeigt die Veröffentlichung einer neuen Gesamtausgabe der VOB im Oktober 2019. Während die VOB/B in ihrer 2016 eingeführten Fassung weiterhin unverändert gilt, wurden 14 ATV DIN-Normen der VOB/C fachtechnisch überarbeitet. Der Ergänzungsband 2023 beinhaltet drei vollständig neue ATV DIN-Normen und die fachtechnische Anpassung an das Baugeschehen von 17 ATV DIN-Normen. Die entsprechenden Änderungen sind in der vorliegenden Fassung Ihres Baustellenhandbuchs „Abnahme" eingearbeitet.

Für die nahe Zukunft sind weitere wichtige Entwicklungen schon angelegt. Die Autoren und der Verlag bleiben für Sie, unsere Leserschaft, mit großer Begeisterung weiter eng an aktuellen Geschehnissen und reagieren auch künftig kurzfristig auf wichtige Veränderungen.

Kulmbach, im November 2023
Christian Fichtl

# Die Autoren

### Christian Fichtl

Christian Fichtl (Jahrgang 1971, geboren in Köln) studierte Architektur an der Fachhochschule in Würzburg und war von 1996 bis 2006 als Projektleiter in einem Architekturbüro tätig.

2005 legte er die zertifizierte Prüfung zum Sachverständigen für Schäden an Gebäuden und Gebäudeinstandsetzung (TÜV) ab.

Seit 2006 ist er von der Industrie- und Handelskammer für Oberfranken Bayreuth öffentlich bestellt und vereidigt für den Bereich Schäden an Gebäuden und leitet das Architektur- und Sachverständigenbüro Fichtl in Neuenmarkt und Kulmbach.

Als öffentlich bestellter und vereidigter Sachverständiger erstellt er Privat- und Gerichtsgutachten. Die baubegleitende Qualitätsüberwachung (BQÜ) stellt ein weiteres Tätigkeitsfeld dar, über das er auch als Fachautor berichtet.

### Svenja Loderer

Rechtsanwältin Svenja Loderer (Jahrgang 1973, geboren in Füssen im Allgäu) studierte von 1994 bis 1999 an der Juristischen Fakultät der Universität Augsburg die Rechtswissenschaften. Im Jahr 2001 legte Svenja Loderer in München und Augsburg das Zweite Juristische Staatsexamen ab und ist seit dem Jahr 2002 als Rechtsanwältin zugelassen. Seit dem Jahr 2007 ist sie berechtigt, die Bezeichnung „Fachanwältin für Bau- und Architektenrecht“ zu führen.

Svenja Loderer arbeitet als Rechtsanwältin bei Sonntag & Partner in Augsburg. Innerhalb dieser Sozietät aus Wirtschaftsprüfern, Steuerberatern und Rechtsanwälten mit Niederlassungen in München und Augsburg gehört sie einem Team von Rechtsanwälten auf den Gebieten des Immobilienrechts sowie des Bau- und Architektenrechts an. Svenja Loderer widmet den weitaus größten Teil ihrer anwaltlichen Tätigkeit dem Bauvertrags- und Schadensrecht sowie dem Architektenrecht.

**Uwe Morchutt**

Uwe Morchutt (Jahrgang 1955, geboren in Gotha) studierte an der heutigen Brandenburgischen Technischen Universität Cottbus Bauingenieurwesen und schloss dort 1981 die Ausbildung als Dipl.-Ing. (FH) ab. Danach war er bis 1989 als Arbeitsvorbereiter und Bauleiter im Hoch- und Tiefbau verantwortlich tätig.

Seit 1990 ist er, nach zehnjähriger Redakteurs- und Chefredakteursarbeit in mehreren Baufachverlagen und diversen Weiterbildungsmaßnahmen, selbstständiger Fachjournalist, Buchautor und Web-Designer. Darüber hinaus gibt er sein Fachwissen in Fachartikeln und Publikationen weiter.

**Dr. Christian Voit**

Rechtsanwalt Dr. Christian Voit (Jahrgang 1968, geboren in Augsburg) studierte an der Juristischen Fakultät der Universität Augsburg und legte dort das Erste Juristische Staatsexamen ab. Im Jahr 1996 absolvierte er in Augsburg und München das Zweite Juristische Staatsexamen und ist seit August 1996 als Rechtsanwalt zugelassen und tätig.

Im Jahr 1998 promovierte er an der Johann-Wolfgang-Goethe-Universität in Frankfurt am Main zum Dr. jur.

Dr. Christian Voit ist Partner der Sozietät Sonntag & Partner, einer interprofessionellen Sozietät aus Wirtschaftsprüfern, Steuerberatern und Rechtsanwälten mit Niederlassungen in München und Augsburg. Er betreut verantwortlich mit einem Team aus fachlich versierten Rechtsanwälten die Gebiete Immobilienrecht sowie Bau- und Architektenrecht.

# Inhaltsverzeichnis

# Recht

# 1. Bedeutung der Abnahme

Autoren: Dr. Christian Voit, Svenja Loderer

Der Werkvertrag ist das Fundament, auf dem Auftraggeber und Auftragnehmer für eine Werkleistung zusammenarbeiten. Dies gilt gleichermaßen für alle Formen von Werkverträgen. Der Werkvertrag regelt die gegenseitigen Rechte und Pflichten von Auftraggeber und Auftragnehmer. Er muss nicht immer schriftlich geschlossen werden; zur Dokumentation ist die Schriftform jedoch unerlässlich.

Die Abnahme einer Werkleistung wird in allen Publikationen zum Werkvertrag völlig zu Recht als „Dreh- und Angelpunkt", „Wendepunkt" oder „Scheitelpunkt" bezeichnet. Der Abnahme kommt im rechtlichen Verhältnis zwischen Auftraggeber und Auftragnehmer eine zentrale Funktion zu; an die Abnahme sind elementare Veränderungen in der Stellung des Auftraggebers und des Auftragnehmers zueinander geknüpft.

Die Abnahme ist die wichtigste vertragliche Zäsur im Ablauf eines Werkvertrags: Mit ihr endet das Arbeits- und Erfüllungsstadium; es beginnt der Bereich der Abwicklung und Gewährleistung. Dennoch wird die Abnahme sogar bei großen Bauvorhaben immer wieder sträflich vernachlässigt, woraus nicht selten später erhebliche Meinungsdifferenzen und gerichtliche Auseinandersetzungen resultieren.

Dieses Baustellenhandbuch Abnahme wendet sich in erster Linie an all jene, die im Rahmen eines Bauvorhabens – gleich ob auf Auftraggeberseite oder auf Auftragnehmerseite – mit einer Abnahme konfrontiert werden. Deshalb konzentrieren sich die nachfolgenden Ausführungen auf die Abnahme bei Bauverträgen. Die wesentlichsten Grundsätze der Abnahme gelten allerdings gleichermaßen auch für Werkverträge außerhalb von Bauvorhaben, z. B. für die Reparatur eines Segelboots.

In der Baupraxis wird dem Bauvertrag häufig die VOB (Vergabe- und Vertragsordnung für Bauleistungen) mit ihren Teilen B (Allgemeine Vertragsbedingungen für die Ausführung von Bauleistungen) und C (Allgemeine Technische Vertragsbedingungen für Bauleistungen) vorrangig vor den BGB-Vorschriften zugrunde gelegt. Dabei ist zu beachten, dass die VOB/B gegenüber Verbrauchern nicht zur Anwendung vorgesehen und nicht vollständig wirksam ist. Die VOB/B sollte deshalb in Bauverträgen mit Verbrauchern nicht verwendet werden (Näheres in ► Kapitel 2.4).

### Vorschriften für die Abnahme nach BGB und VOB/B

Die wichtigsten gesetzlichen Regelungen zur Abnahme finden sich für den BGB-Bauvertrag in §§ 634a Abs. 2, 640, 641 und 644 bis 646 BGB (a. F. und n. F.). Für den VOB-Bauertrag wird das BGB überlagert von § 12 VOB/B.

Bei der Abnahme gibt es für den BGB-Bauvertrag und für den VOB-Bauvertrag nur geringe Unterschiede. Die VOB/B kennt besondere Abnahmeformen in § 12 Abs. 4 und 5 (förmliche und fiktive Abnahme), die im BGB-Bauvertrag nicht gelten. Allerdings werden die Bestimmungen der VOB/B, v. a. des § 12 VOB/B, immer stärker zur Auslegung des BGB-Werkvertragsrechts sinngemäß herangezogen oder vom Gesetzgeber sogar in das BGB übernommen, wie mit der Einführung des BGB-Bauvertragsrechts mit Wirkung zum 01.01.2018.

### Abnahme nach BGB alter und neuer Fassung

> **Hinweis**
>
> **Vorschriften des BGB, die sich infolge der Einführung des BGB-Bauvertragsrechts nicht geändert haben, sind in diesem Buch ohne besondere Kennzeichnung angegeben. Regelungen, die nur für Bauverträge gelten, die bis einschließlich 31.12.2017 geschlossen wurden, sind mit dem Zusatz a. F. (= alter Fassung) markiert. Vorschriften, die nur für ab dem 01.01.2018 geschlossene Bauverträge gelten, enthalten den Zusatz n. F. (= neuer Fassung).**

Das BGB sieht bisher für alle Werkverträge ein einheitliches Regelwerk vor. Dieses findet sich in den §§ 631 ff. BGB und gilt auch weiterhin für alle bis einschließlich zum 31.12.2017 abgeschlossenen Werkverträge, Bauverträge etc. Das bisherige Werkvertragsrecht findet weitgehend unterschiedslos für alle Werkverträge von der Kfz-Reparatur bis zum komplexen Großbauvorhaben Anwendung. Viele Besonderheiten von Bauprojekten, z. B. dass deren Durchführung sich regelmäßig über einen langen Zeitraum erstreckt, in dem sich vieles ändern kann, finden in den Vorschriften des bisherigen Werkvertragsrechts keine Beachtung. Deshalb wird in der Baupraxis häufig die VOB/B (und mit ihr die VOB/C) in den Bauvertrag einbezogen, welche auf die besonderen Problemkonstellationen und Interessenlagen bei Bauvorhaben zugeschnitten ist.

Im bisherigen Werkvertragsrecht nach §§ 631 ff. BGB a. F. sind auch die besonderen Schutzbedürfnisse von Verbrauchern allenfalls punktuell berücksichtigt. Verbraucher als Bauherren stehen professionellen Anbietern (Bauunternehmer, Generalunternehmer, Bauträger etc.) gegenüber, welche den Verbrauchern gegenüber einen Vorsprung an Wissen und Erfahrung haben. Dies gilt nicht nur für die technische Seite eines Bauprojekts, sondern gleichermaßen für die rechtliche. Bauherren, die Verbraucher sind, sind deshalb auf besonderen Schutz gegenüber unfairen Vertragspartnern und Vertragskonzepten angewiesen. Zudem müssen Verbraucher, die für ein Bauprojekt häufig nicht nur einen sehr großen Teil ihres Vermögens aufwenden, sondern auch auf eine umfangreiche Finanzierung angewiesen sind, vor Gefahren geschützt werden (z. B. einer Insolvenz des Bauträgers).

Das BGB n. F. enthält deshalb für Werkverträge, die ab dem 01.01.2018 geschlossen wurden, neben dem Werkvertragsrecht der §§ 631 ff. BGB, das weiterhin die Basis aller Werkverträge ist, in den §§ 650a ff. BGB n. F. zahlreiche Sondervorschriften für Bauverträge. Bauverträge sind Werkverträge, die sich auf

- die Herstellung,
- die Wiederherstellung,
- die Beseitigung oder
- den Umbau

eines Bauwerks, einer Außenanlage oder eines Teils davon beziehen. Für solche Werkverträge, die nach der gesetzlichen Definition in § 650a BGB n. F. als Bauvertrag bezeichnet werden, gelten seit dem 01.01.2018 die Vorschriften der §§ 650a ff. BGB n. F.

Des Weiteren enthält das BGB n. F. in den §§ 650i ff. Sondervorschriften für Verbraucherbauverträge. Das sind Bauverträge, durch die der Unternehmer von einem Verbraucher zum Bau eines neuen Gebäudes oder zu erheblichen Umbaumaßnahmen an einem bestehenden Gebäude verpflichtet wird. Diese gesetzliche Definition des Verbraucherbauvertrags ist (unabhängig von der Verbrauchereigenschaft des Bauherrn) noch wesentlich enger, als die des Bauvertrags in § 650a BGB n. F. Viele Bauverträge, an denen ein Verbraucher als Bauherr beteiligt ist, werden deshalb nicht die Voraussetzungen für einen Verbraucherbauvertrag erfüllen. So werden von einem Verbraucher beauftragte Renovierungen und kleinere Umbauten zwar Bauverträge, aber keine Verbraucherbauverträge sein. Gleiches gilt wohl bei der Errichtung eines Gebäudes durch zahlreiche Einzelunternehmer („Einzelvergabe"); keiner – oder maximal einer – dieser Einzelunternehmer wird, wie in § 650i BGB n. F. verlangt, ein neues Gebäude errichten, sondern allenfalls Teile der Errichtung übernehmen.

Doch gleich, ob es sich um einen Werkvertrag nach altem oder neuem Recht, BGB-Bauvertrag, VOB-Bauvertrag, Verbraucherbauvertrag, Bauträgervertrag oder auch Architekten- oder Ingenieurvertrag handelt, eines gilt stets gleichermaßen: Die Abnahme ist und bleibt die bedeutsamste Zäsur im Verlauf des Vertrags.

**Abnahmebegriff und Abnahmewirkung**

Der Begriff der Abnahme selbst ist weder im BGB noch in der VOB/B niedergelegt. Der Abnahmebegriff wird zweigliedrig definiert:

- Übergabe des Werks vom Auftragnehmer an den Auftraggeber und
- Billigung der Arbeiten des Auftragnehmers durch den Auftraggeber als im Wesentlichen vertragsgerecht.

Für den Bauvertrag ist die Billigung der Werkleistungen als im Wesentlichen vertragsgerecht der praktisch wichtigste Vorgang bei der Abnahme. Billigung heißt nichts anderes, als dass der Auftraggeber zu erkennen gibt, dass er die Werkleistungen des Auftragnehmers akzeptiert. Der Auftraggeber muss die Möglichkeit haben, die Arbeiten des Auftragnehmers vor der Abnahme zu untersuchen und zu überprüfen. Es ist nicht erforderlich, dass der Auftraggeber diese Prüfungsmöglichkeit auch tatsächlich wahrnimmt.

**Praxistipp**

Jeder Auftraggeber sollte die Bauleistungen seines Auftragnehmers genau untersuchen und sich dabei ggf. auch fachlicher Hilfe (z. B. durch einen Architekten) bedienen, bevor er die Abnahme erklärt.

Die zweite rechtliche Voraussetzung der Abnahme – „Übergabe des Werks“ – ist praktisch kaum relevant. Hat der Auftraggeber schon Zugriff auf die Arbeiten des Auftragnehmers (z. B. bei Umbauarbeiten im bewohnten Haus), so genügt eine Fertigstellungsmitteilung des Auftragnehmers, um die „Besitzübergabe“ zu dokumentieren.

**Praxistipp**

Vorsicht bei den Rechtsbegriffen „Eigentum“ und „Besitz“. Auch wenn der Bauherr als Eigentümer des Baugrundstücks per Gesetz automatisch Eigentum an den Arbeiten des Auftragnehmers auf seinem Grundstück durch die feste Verbindung mit dem Grund und Boden erwirbt, so ist er damit noch nicht unbedingt Besitzer der Arbeiten. Besitz ist nämlich die tatsächliche, körperliche Herrschaft über die vom Auftragnehmer erbrachten Bauleistungen. Besitz hieran hat bis zur Abnahme meist nur der Auftragnehmer.

Mit der Erläuterung der theoretischen Abnahmevoraussetzungen ist die Grundlage für die nun folgenden, in der Baupraxis wichtigen Einzelfälle gelegt.

Wie, durch wen und wann die Abnahme vorgenommen wird, behandeln deshalb die kommenden Kapitel. Zentrale Voraussetzung der Abnahme ist, dass die Bauleistungen (= das Werk) vom Auftragnehmer im Wesentlichen vertragsgerecht fertiggestellt sind. Das heißt, es dürfen nur geringfügige, unwesentliche Mängel vorhanden sein bzw. kleinere Restarbeiten fehlen. Dass es das vollständig fertiggestellte und mangelfreie Bauvorhaben oder Einzelgewerk nicht gibt, ist eine Binsenweisheit der Baupraxis. Nichtsdestoweniger entzünden sich fast alle Streitigkeiten der Baubeteiligten an Mängeln – und das oft vor Ort auf der Baustelle bei der Abnahme. Warum ist das so? Dies hängt mit den Hauptwirkungen der Abnahme zusammen, die in ► Kapitel 7 dargestellt sind.

# 2. Wie kann eine Bauabnahme erfolgen?

Autoren: Dr. Christian Voit, Svenja Loderer

Der Auftraggeber billigt bei der Abnahme die Werkleistung des Auftragnehmers und erkennt damit dessen Arbeiten als im Wesentlichen vertragsgemäß an. Die Abnahme ist (nach überwiegender Ansicht) von der rechtlichen Einordnung her eine rechtsgeschäftsähnliche Handlung des Auftraggebers. Die Abnahme kann für den BGB-Bauvertrag durch drei unterschiedliche Abnahmearten erfolgen:

- ausdrückliche Abnahme, siehe ▶ Kapitel 2.1
- schlüssige (= konkludente bzw. stillschweigende) Abnahme, siehe ▶ Kapitel 2.2
- Abnahme durch Fristablauf (= fiktive Abnahme), siehe ▶ Kapitel 2.3

Diese Abnahmeformen gelten auch für den VOB-Bauvertrag, werden dort aber durch spezielle Abnahmearten ergänzt (vgl. ▶ Kapitel 2.4).

Das BGB schreibt für die Abnahme weder ein bestimmtes Verfahren noch eine konkrete Form vor. Ist bauvertraglich nichts Besonderes vereinbart, kann die Abnahme also auch mündlich erfolgen. Schon zu Beweiszwecken ist für den Auftraggeber und den Auftragnehmer immer eine schriftliche Dokumentation der Abnahme in einem Abnahmeprotokoll zu empfehlen.

**Praxistipp**

Über jede Abnahme sollte ein Abnahmeprotokoll angefertigt werden. In das Abnahmeprotokoll sind zumindest der Abnahmezeitpunkt, die anwesenden Personen, Mängel, fehlende Restleistungen und Erläuterungen der Beteiligten sowie Vertragsstrafenvorbehalte und die Abnahmeerklärung bzw. die Abnahmeverweigerung aufzunehmen. Schließlich sollte das Abnahmeprotokoll von allen Beteiligten unterzeichnet werden. Nur so lassen sich Mängelrügen, Vertragsstrafenvorbehalte, Abnahmeverweigerung und Beginn der Mängelgewährleistungsfrist ausreichend sicher und klar beweisen.

Ein Mangelvorbehalt im Abnahmeprotokoll belässt die Beweislast für diesen Mangel – trotz der Abnahme der Gesamtleistung – beim Auftragnehmer.

## 2.1 Ausdrückliche Abnahme

Bei der ausdrücklichen Abnahme erklärt der Auftraggeber gegenüber dem Auftragnehmer direkt die Abnahme der Werkleistungen. Bestes Beispiel hierfür ist die Unterzeichnung des Abnahmeprotokolls durch den Auftraggeber. Andere Formen der ausdrücklichen Abnahme sind Aussagen des Auftraggebers nach der Fertigstellung der Arbeiten des Auftragnehmers, er (Auftraggeber) sei mit dem Auftragnehmer zufrieden, die Arbeiten seien in Ordnung, der Auftragnehmer habe seine Aufgabe gut gemacht, er (Auftraggeber) könne jetzt in das Bauvorhaben einziehen usw. Derartige Aussagen sind z. B. in Gesprächen, Telefonaten, Anschreiben oder E-Mails möglich.

## 2.2 Schlüssige (= konkludente bzw. stillschweigende) Abnahme

Die ausdrückliche und schriftlich dokumentierte Abnahme ist trotz ihrer Vorteile für den Auftraggeber und den Auftragnehmer bei vielen Bauvorhaben in der Baupraxis die Ausnahme. Häufig wird die Abnahme vergessen oder gar vom Auftraggeber (bewusst oder unbewusst) vereitelt. Dies gilt umso mehr für diejenigen Bauvorhaben, bei denen später Streit entsteht – und sei es erst bei der Rückgabe der Gewährleistungsbürgschaften. In diesem Fall muss untersucht werden, ob, und wenn ja, zu welchem Zeitpunkt der Auftraggeber durch sein Verhalten eine Abnahme zum Ausdruck gebracht hat. Dass dies nicht immer einfach ist und zumeist mit erheblichen Problemen für den Unternehmer einhergeht, wird jeder Baupraktiker bestätigen können. Welche sind nun diese Verhaltensweisen des Bauherrn, die auf eine Abnahme schließen lassen?

Eine stillschweigend vom Auftraggeber erklärte Abnahme setzt voraus, dass der Auftraggeber durch sein vom Willen getragenes Verhalten die Bauleistungen des Auftragnehmers diesem gegenüber anerkennt. Hieraus wird auch gleich der Unterschied zur fiktiven Abnahme deutlich: Die stillschweigende Abnahme setzt ein bestimmtes Verhalten des Auftraggebers und dessen Abnahmewillen voraus. Die fiktive Abnahme verlangt nur ein bestimmtes Verhalten (Tun oder Lassen) des Auftraggebers und gerade keinen Abnahmewillen.

Die Beispiele für eine schlüssige Abnahme sind zahlreich und sehr praxisrelevant:

- Bezahlung der Vergütung des Auftragnehmers:
  Allerdings bedeutet nicht jede Zahlung auch eine Abnahme; es müssen weitere Umstände zur Zahlung des Auftraggebers hinzukommen, die für den Auftragnehmer auf eine Abnahme schließen lassen (BGH, Urteile vom 11.01.2007 und 11.11.2008). Behält z. B. der Auftraggeber bei der Schlussrechnung von der Restvergütung des Auftragnehmers einen Teil für noch vorhandene leichte Mängel ein, so erklärt er damit schlüssig die Abnahme und gibt zu erkennen, dass er die Angelegenheit mit der Mängelbeseitigung als erledigt ansehen will.

**Praxistipp**

Abschlagszahlungen stellen keine Abnahme oder Teilabnahme dar – gleich, in welcher Höhe sie erfolgen.

Freigabe der Erfüllungssicherheit des Auftragnehmers

- Bitte des Auftraggebers um Stundung der Vergütung
- Verkauf des Bauvorhabens durch den Auftraggeber
- Anwesenheit des Bauherrn während Mängelbeseitigungsarbeiten und gemeinsame Besichtigung nach Abschluss der Arbeiten ohne Vorbehalt des Bauherrn
- Schweigen des Bauherrn im Anschluss an eine technische Abnahme seines Architekten ohne wesentliche Mängel länger als einen Monat (siehe ▶ Kapitel 2.5)
- Benutzung des Bauvorhabens (Ingebrauchnahme):
  Der Einzug in das Bauvorhaben und damit dessen Benutzung durch den Bauherrn stellt den in der Praxis häufigsten und streitträchtigsten Fall der konkludenten Abnahme dar. Bezieht der Bauherr das Bauvorhaben, so tritt die schlüssige Abnahme erst ein, nachdem eine angemessene Überprüfungsfrist für den Bauherrn abgelaufen ist. Für den BGB-

Bauvertrag wird man von einer Prüfungsfrist von 6 Wochen ausgehen müssen (OLG Hamm, Urteil vom 23.08.1994).

Die Sonderregelungen für den VOB-Bauvertrag in § 12 Abs. 5 Nr. 1 VOB/B (12 Werktage) oder in § 12 Abs. 5 Nr. 2 VOB/B (6 Werktage) kommen für den BGB-Bauvertrag nicht als Anhaltspunkt in Betracht. Führen mehrere Handwerker aufeinander aufbauende Arbeiten für den Bauherrn aus, kann der Bauherr die Leistungen des Auftragnehmers (zumindest bei einem BGB-Bauvertrag) dadurch in Gebrauch nehmen, dass er einen anderen Handwerker auf diesen Leistungen aufsetzen lässt. So kann der Bauherr z. B. den von einem Estrichleger erstellten Ausgleichsestrich schlüssig dadurch abnehmen, dass er einen Parkettleger den Fußboden auf dem Ausgleichsestrich verlegen lässt. Ob im bloßen Aufsetzen auf Leistungen des Auftragnehmers eine schlüssige Abnahme zu sehen ist, hängt beim BGB-Bauvertrag von den konkreten Umständen des Einzelfalls ab und kann nicht pauschal beantwortet werden. Die Benutzung des Bauvorhabens oder der Werkleistung durch den Bauherrn muss natürlich auch freiwillig erfolgen. Eine schlüssige Abnahme liegt deshalb nicht vor, wenn die Benutzung durch den Bauherrn unvermeidlich ist (z. B. Umbauarbeiten im bewohnten Haus), unter Druck erfolgt (z. B. bei Kündigung der bisherigen Wohnung), der Schadensminderung dient (z. B. Einzug von Mietern, um Mietausfälle zu vermeiden) oder vom Bauherrn vor dem Bezug wegen erheblicher Mängel die Abnahme verweigert wurde und diese Mängel bei Bezug noch nicht beseitigt sind.

**Praxistipp**

Der Auftraggeber kann eine schlüssige Abnahme dadurch vermeiden, dass er für jedes Verhalten, das auf eine solche Abnahme schließen lassen könnte, (schriftlich) gegenüber dem Unternehmer der Abnahmewirkung widerspricht. So kann der Bauherr z. B. die Vergütung des Unternehmers ungekürzt bezahlen wollen, um Prozessrisiken zu vermeiden. Will der Bauherr dadurch nicht schlüssig die Abnahme erklären, sollte er dies in jedem Fall bei der Zahlung schriftlich kundtun.

Für die Baupraxis gibt es wichtige Ausnahmen von der konkludenten Abnahme:

- Eine konkludente Abnahme liegt nicht vor, wenn sich das Verhalten des Auftraggebers nicht gegenüber dem Auftragnehmer abspielt, bei internen Vorgängen des Auftraggebers oder wenn der Auftraggeber schlicht schweigt.
- Schwerwiegende Mängel hindern eine stillschweigende Abnahme. Dies allein schon durch ihre Existenz.
- Selbst eine Ersatzvornahme des Bauherrn bei der Mängelbeseitigung ist keine Abnahme; Gleiches gilt für die Kündigung des Bauvertrags (Näheres zu den Rechtswirkungen siehe ► Kapitel 4.3 und ► Kapitel 4.4).
- Eine stillschweigende Abnahme kommt nie in Betracht, wenn die Arbeiten des Auftragnehmers (noch) nicht fertiggestellt sind (Ausnahme vom Erfordernis der Abnahme: ► Kapitel 4.4).
- Lässt der Auftraggeber (insbesondere unter Druck) andere Unternehmer mit ihren Gewerken auf dem Gewerk des Auftragnehmers weiterarbeiten, so bedeutet dies zumindest beim VOB-Bauvertrag keine Abnahme (vgl. § 12 Abs. 5 Nr. 2 Satz 2 VOB/B).
- Eine Abnahme des Bauherrn gegenüber dem Generalunternehmer bewirkt keine Abnahme zwischen dem Generalunternehmer und dessen Subunternehmern. Dies gilt auch und gerade für die konkludente Abnahme.
- Die Übernahmebestätigung des künftigen Mieters lässt nicht auf eine Abnahme des Auftraggebers schließen.
- Die Vereinnahmung von Miete durch den Wohnungseigentümer kann nicht als Abnahme gedeutet werden.
- Die Erteilung des behördlichen Gebrauchsabnahmescheins liefert allein noch keinen Anhaltspunkt für eine konkludente Abnahme.
- Ein gemeinsames Aufmaß oder der Prüfvermerk unter der Schlussrechnung des Auftragnehmers bewirken keine schlüssige Abnahme.

## 2.3 Abnahme durch Fristablauf

Bei jeder fingierten Abnahme treten die Abnahmewirkungen durch ein tatsächliches Verhalten (Tun oder Lassen) des Auftraggebers ein; der Auftraggeber muss dabei keinen Willen zur Abnahme haben.

Der Unternehmer kann die fiktive Abnahme und damit die Abnahmewirkungen nach § 640 Abs. 1 Satz 3 BGB a. F. bzw. § 640 Abs. 2 BGB n. F. selbst herbeiführen, wenn er dem Bauherrn eine Frist zur Abnahme setzt; ihr fruchtloser Ablauf ersetzt dann die Abnahme.

Die Abnahme durch Fristablauf gilt sowohl im BGB-Bauvertrag als auch im VOB-Bauvertrag.

**Abnahmefiktion nach BGB alter Fassung**

Voraussetzungen der Abnahmefiktion sind für bis zum 31.12.2017 geschlossene Bauverträge:

- Fertigstellung des Bauvorhabens/Gewerks; fehlen noch unwesentliche Restarbeiten, so ist dies unschädlich.
- Es dürfen keine wesentlichen Mängel vorliegen.
- Abnahmeaufforderung mit angemessener Fristsetzung; ist die Frist unangemessen kurz, wird eine angemessen lange Frist in Gang gesetzt; setzt der Unternehmer eine längere Frist, als es erforderlich wäre, so ist er an die längere Frist gebunden.

**Praxistipp**

Orientierungsmaßstab für eine angemessene Abnahmefrist sind die 12 Werktage des § 12 Abs. 1 VOB/B (regelmäßig 2 Wochen, da die VOB/B 6 Werktage pro Woche ansetzt).

Liegen diese Voraussetzungen vor, treten mit Fristablauf die Abnahmewirkungen ein. Es ist dabei ohne Belang, aus welchem Grund der Bauherr die Abnahmefrist versäumt hat. Nach der bisherigen Regelung in § 640 Abs. 1 Satz 3 BGB a. F. muss sich der Bauherr ihm bekannte Mängel nicht vorbehalten, wohl aber innerhalb der Abnahmefrist eine Vertragsstrafe.

Der Bauherr kann den Eintritt der fiktiven Abnahme nach § 640 Abs. 1 Satz 3 BGB a. F. sehr einfach abwehren, indem er gegenüber dem Unternehmer die Abnahme ausdrücklich verweigert. Er muss dabei weder angeben, warum er die Abnahme verweigert, noch, welche wesentlichen Mängel ggf. einer Abnahme im Weg stehen. Dies änderte sich für seit dem 01.01.2018 geschlossene Werkverträge.

**Abnahmefiktion nach BGB neuer Fassung**

Nach § 640 Abs. 2 Satz 1 BGB n. F. kann der Bauherr den Eintritt der Abnahme durch Fristablauf nur noch dadurch umgehen, dass er die Abnahme unter Angabe mindestens eines Mangels verweigert. Ob es sich bei diesem mindestens einen anzugebenden Mangel um einen wesentlichen Mangel handeln muss, der die Abnahmeverweigerung rechtfertigt, oder ob die Benennung irgendeines Mangels genügt, geht aus dem Gesetzeswortlaut nicht hervor und wird durch die Rechtsprechung zu klären sein.

Der Wortlaut der Regelung stellt nicht einmal eindeutig klar, ob der angegebene Mangel überhaupt vorliegen muss.

**Praxistipp**

Schon aus rein praktischen Erwägungen heraus ist dem Bauherrn zu raten, bei der Abnahmeverweigerung alle ihm bekannten Mängel und insbesondere solche Mängel anzugeben, welche der Abnahme im Weg stehen. Nur so kann der Bauherr hoffen, dass der Unternehmer rasch alle Mängel beseitigt.

Nach § 641 Abs. 2 Satz 2 BGB n. F. tritt eine fiktive Abnahme zulasten eines Verbrauchers jedoch nur noch dann ein, wenn der Auftraggeber den Auftragnehmer mit der Fristsetzung zur Abnahme zugleich (mindestens in Textform, z. B. per E-Mail) darüber aufklärt, welche Folgen mit einem Schweigen des Auftraggebers oder mit einer Abnahmeverweigerung ohne Angabe eines Mangels verbunden sind. In welcher Tiefe diese Aufklärung erfolgen muss, wird erst die künftige Rechtsprechung definieren.

**Keine rechtliche Sicherheit**

Für den Unternehmer bietet die Abnahme durch Fristablauf nicht die gleiche rechtliche Sicherheit wie eine ausdrückliche oder konkludente Abnahme. Rügt nämlich der Auftraggeber zu Recht nach dem Fristablauf fehlende wesentliche Bauleistungen oder wesentliche Mängel, dann haben in Wirklichkeit die Abnahmevoraussetzungen nicht bestanden. Die Abnahmefristsetzung des Unternehmers ist ins Leere gegangen. Eine Abnahme durch Fristablauf liegt dann nicht vor. Der fruchtlose Abnahmefristablauf kehrt nicht einmal die Beweislast vollständig zugunsten des Auftragnehmers um, da sie den Auftragnehmer

„durch die Hintertür" wieder trifft: Der Auftragnehmer muss nämlich beweisen, dass seine Bauleistungen bei Ablauf der Abnahmefrist fertiggestellt und im Wesentlichen mangelfrei waren.

**Praxistipp**

Die Abnahme durch Fristablauf ist für den Auftragnehmer nur eine Notlösung. Eine ausdrückliche Abnahme ist stets vorzuziehen.

## 2.4 Besondere Abnahmeformen der VOB/B

Die Grundsätze und gesetzlichen Regelungen zur Abnahme beim BGB-Bauvertrag gelten selbstverständlich auch für den VOB-Bauvertrag. Die Abnahmeformen des BGB-Bauvertrags finden im Bereich der VOB/B ebenfalls Anwendung. Darüber hinaus sieht die VOB/B besondere Abnahmearten vor, die beim BGB-Bauvertrag nicht vorgesehen sind. Es handelt sich um die förmliche Abnahme (§ 12 Abs. 4 VOB/B) und um besondere fiktive Abnahmen in § 12 Abs. 5 VOB/B.

Ob die Bedeutung von VOB-Bauverträgen künftig durch die Schaffung eines BGB-Bauvertragsrechts abnehmen wird, muss erst die Zukunft zeigen. Es ist allerdings zu erwarten, dass insbesondere viele Unternehmer auch künftig auf eine Vereinbarung der VOB/B Wert legen werden, sei es aus schlichter Gewohnheit oder aufgrund von bereits jetzt absehbaren Schwächen des neuen BGB-Bauvertragsrechts, welches zahlreiche rechtliche Probleme (wie z. B. die Mängelrechte vor der Abnahme) nach wie vor außer Acht lässt.

**VOB/B als Allgemeine Geschäftsbedingungen**

Bei der Beurteilung eines Bauvertrags darf nicht vergessen werden, dass die VOB/B nicht automatisch für alle Bauverträge Anwendung findet. Die VOB/B stellt Allgemeine Geschäftsbedingungen dar, die in einen Bauvertrag wirksam einbezogen, d. h. ausdrücklich vereinbart werden müssen. Erst dann liegt ein VOB-Bauvertrag vor.

Die Baupraxis ist es gewohnt, die Wirksamkeit der VOB/B an Begriffen wie „Kernbereichsrechtsprechung“ und „Privilegierung der VOB/B im Ganzen“ zu messen. Diese Kategorien sind zumindest für den Verbrauchervertrag (§ 310 Abs. 3 BGB) durch die Rechtsprechung des Bundesgerichtshofs (Urteil vom 24.07.2008) und die nachfolgende Änderung des BGB durch das Forderungssicherungsgesetz irrelevant. In der VOB/B ist deshalb ausdrücklich klargestellt, dass sie nicht zur Anwendung gegenüber Verbrauchern vorgesehen ist.

Hintergrund sind einfache Überlegungen zum Verbraucherschutz. Im Deutschen Vergabe- und Vertragsausschuss für Bauleistungen (DVA), der die VOB/B bearbeitet, sind keine Verbraucherschutzvertreter eingebunden. Damit können die Interessen der Verbraucher in die Bearbeitung der VOB/B nicht angemessen einfließen; die gesetzliche Privilegierung der VOB/B vor dem Recht der Allgemeinen Geschäftsbedingungen kann deshalb nicht für Verbraucher gelten. Den rechtlichen Rahmen für die Vereinbarung der VOB/B in einem Bauvertrag gibt § 310 Abs. 1 BGB vor. Danach ist die VOB/B insgesamt wirksam, wenn

- sie unverändert in den Bauvertrag einbezogen ist und
- der Vertragspartner des Bauunternehmers selbst ein Unternehmer (§ 14 BGB), eine juristische Person des öffentlichen Rechts oder ein öffentlich-rechtliches Sondervermögen ist.

Bei allen anderen Bauherren, also v. a. bei Verbrauchern (§ 13 BGB), entfällt die Privilegierung der VOB/B. Das heißt, alle Klauseln der VOB/B werden gesondert an den Maßstäben des BGB zu Allgemeinen Geschäftsbedingungen in §§ 305 ff. BGB auf ihre Wirksamkeit überprüft. Verwendet also der Bauunternehmer gegenüber einem Verbraucher in seinem Bauvertrag die VOB/B, so sind alle Regelungen der VOB/B unwirksam, die den Verbraucher entgegen den Geboten von Treu und Glauben unangemessen benachteiligen (§ 307 BGB) oder gegen die gesetzlichen Klauselverbote in §§ 308 und 309 BGB verstoßen. Allerdings bleiben diejenigen Regelungen der VOB/B wirksam, welche den Bauunternehmer benachteiligen (z. B. § 16 Abs. 3 Nrn. 2 und 3 VOB/B). Häufig werden Bauvertragsmuster zur VOB/B von Bauunternehmern auch unbedacht gegenüber einem Verbraucher verwendet – z. B. bei der Ausführung von Sonderwünschen eines Wohnungskäufers, die nicht über den Bauträger, sondern direkt vom Käufer an den Bauunternehmer beauftragt werden.

**Praxistipp**

Der Bauunternehmer sollte mit einem Verbraucher die VOB/B nicht vereinbaren. Es kann für den Bauunternehmer sinnvoll sein, wirksame Regelungen für seinen Musterbauvertrag als Allgemeine Geschäftsbedingungen mit Verbrauchern erstellen zu lassen.

Für Verbraucher als Bauherren gilt: Alle den Verbraucher unangemessen benachteiligenden Regelungen der VOB/B sind ihm gegenüber in einem Bauvertrag unwirksam. Die für den Bauunternehmer nachteiligen Bestimmungen der VOB/B bleiben zugunsten des Verbrauchers wirksam. Hieraus können sich große rechtliche Vorteile für den Verbraucher ergeben.

### Unwirksame Regelungen der VOB/B gegenüber Verbrauchern

Welche Regelungen der VOB/B sind nun konkret unwirksam, wenn sie außerhalb der Privilegierung der VOB/B als Ganzes (§ 310 Abs. 1 Satz 3 BGB) verwendet werden? Hierzu gibt es eine Vielzahl von Gerichtsurteilen und etliche Stimmen in der baurechtlichen Literatur; die Inhaltskontrolle der VOB/B ist einer ständigen Fortentwicklung unterworfen, sodass der nachfolgende Überblick nur eine Momentaufnahme mit Unschärfen bieten kann. Dabei ist stets zu überprüfen, wer von beiden Vertragsparteien die VOB/B der anderen Vertragspartei als Vertragsgrundlage gestellt hat, d. h. wer der Verwender der VOB/B in diesem Bauvertrag ist. Denn: Die Vertragspartei, welche die VOB/B der anderen Vertragspartei gestellt hat, darf sich nicht auf für sie nachteilige, eigentlich unwirksame Klauseln berufen.

Im Regelfall verlangt der Bauunternehmer die Vereinbarung der VOB/B, z. B. durch seinen Musterbauvertrag. Folgende Einzelvorschriften der VOB/B sind danach im Lichte der Kontrolle von Allgemeinen Geschäftsbedingungen unwirksam:

- Für die Abnahme besonders bedeutsam ist die Unwirksamkeit des § 12 Abs. 5 VOB/B in allen drei Nummern; Nr. 1 regelt die fiktive Abnahme, Nr. 2 die Abnahme durch Benutzung der Werkleistungen und Nr. 3 den Mangel- und Vertragsstrafenvorbehalt spätestens bei der Abnahme.

- Nach überwiegend vertretener Ansicht sind aus der VOB/B unwirksam: § 2 Abs. 10, § 4 Abs. 7, § 5 Abs. 1, 2 und 4, § 6 Abs. 6, § 7 Abs. 1, § 8 Abs. 3, § 13 Abs. 4 und 6, § 15 Abs. 3 Satz 5.
- Nach zum Teil vertretener Ansicht sind unwirksam: § 1 Abs. 1 und 2, § 2 Abs. 1, 2, 7 und 8, § 4 Abs. 3, 5 und 8 Nr. 1 Satz 4, § 5 Abs. 3, § 6 Abs. 7, § 9 Abs. 1, § 10 Abs. 3, § 13 Abs. 5 und 7, § 14 Abs. 2 Satz 1 VOB/B.

Rechtsfolge einer in der AGB-Kontrolle unwirksamen Bestimmung der VOB/B ist, dass an ihrer Stelle das BGB-Werkvertragsrecht (ggf. einschließlich des neuen Bauvertragsrechts) gilt.

Für den VOB-Bauvertrag ist weiter besonders bedeutsam, dass jede vertragliche Abweichung von der VOB/B, die nicht in der VOB/B selbst zugelassen ist (teils strittig, z. B. Vereinbarung über Gewährleistungsfristen in § 13 Abs. 4 Nr. 1 VOB/B oder über den Rückgabezeitpunkt von Gewährleistungssicherheiten in § 17 Abs. 8 Nr. 2 VOB/B), ebenfalls zur Überprüfung der gesamten VOB/B an den Regelungen zu den Allgemeinen Geschäftsbedingungen in §§ 305 ff. BGB führt. Der BGH hat durch sein Urteil vom 22.01.2004 die frühere „Kernbereichsrechtsprechung“ abgeschafft. Bei Bauverträgen findet die Inhaltskontrolle der VOB/B-Vorschriften also immer dann statt, wenn die VOB/B nicht unverändert als Ganzes vereinbart wird – und dies ist in der Praxis der häufigste Fall. Rechtsfolge ist der vorstehende Katalog unwirksamer Regelungen – je nachdem, welche der beiden Vertragsparteien die VOB/B zur Verwendung im Bauvertrag gestellt hat.

**Praxistipp**

- Wird die VOB/B einem Bauvertrag zugrunde gelegt, sollte der Bauvertrag keine Abweichungen von der VOB/B enthalten, die in der VOB/B nicht ausdrücklich erlaubt sind. Selbst Abweichungen, die in den Öffnungsklauseln der VOB/B zugelassen sind, können nach einer Ansicht in der baurechtlichen Literatur und Rechtsprechung (OLG Hamm, Urteil vom 17.07.2009) zu einer gerichtlichen Inhaltskontrolle aller Regelungen in der VOB/B führen. Nicht in der VOB/B zugelassene vertragliche Änderungen führen immer dazu, dass alle ansonsten für denjenigen Vertragspartner, der die Änderung gefordert hat, günstigen – auch unveränderten – Regelungen in der VOB/B an §§ 305 ff. BGB gemessen werden und (zumindest zum Teil) unwirksam sind (Inhaltskontrolle).

- Haben Auftraggeber und Auftragnehmer einen Bauvertrag geschlossen, der die VOB/B modifiziert, so lohnt es sich bei Streitigkeiten stets, den gesamten Vertrag rechtlich zu überprüfen. Möglicherweise lassen sich dabei für die jeweilige Situation von Auftraggeber oder Auftragnehmer günstige Unwirksamkeiten aufdecken.

### 2.4.1 Förmliche Abnahme

Die VOB/B enthält in § 12 Abs. 4 ein detailliert geregeltes Verfahren für eine förmliche Abnahme. Diese förmliche Abnahme ist für Auftraggeber und Auftragnehmer besonders geeignet, um den wichtigen Zeitpunkt der Abnahme und alle anlässlich der Abnahme gemachten Erklärungen, Mängelrügen und Vorbehalte beweiskräftig zu dokumentieren.

Die förmliche Abnahme findet statt, wenn der Auftraggeber oder der Auftragnehmer sie verlangen. Einer besonderen zusätzlichen vertraglichen Vereinbarung über die VOB/B hinaus bedarf es hierzu nicht.

Der Abnahmetermin wird entweder gemeinsam festgelegt oder einseitig mit genügender Frist anberaumt. Die Einladungsfrist zur Abnahme ist an den 12 Werktagen des § 12 Abs. 1 VOB/B zu orientieren und sollte nicht kürzer sein. Beide Parteien dürfen zur Abnahme – auf eigene Kosten – Sachverständige hinzuziehen.

**Praxistipp**

Der Unternehmer kann die Sachverständigenkosten dem Bauherrn nicht belasten. Anders der Bauherr: Werden bei der förmlichen Abnahme Mängel festgestellt und wird deshalb die Abnahme berechtigt verweigert, können für den Bauherrn Schadensersatzansprüche gegen den Unternehmer für die Sachverständigenkosten entstehen (§ 4 Abs. 7 Satz 2 bzw. § 13 Abs. 5 und 7 VOB/B).

**Abnahmeprotokoll**

Über die förmliche Abnahme ist gemeinsam ein Abnahmeprotokoll anzufertigen. Das Abnahmeprotokoll muss mindestens folgende Angaben enthalten:

- Abnahmetag und Beteiligte an der Abnahme
- abzunehmende Arbeiten
- eindeutige Erklärung zur Abnahme oder Abnahmeverweigerung
- übereinstimmend festgestellte Mängel sowie strittige Mängel, einschließlich Einwendungen des Auftragnehmers zu den strittigen Mängeln und Stellungnahmen beigezogener Sachverständiger
- Vorbehalt von Gewährleistungsansprüchen, insbesondere für dem Auftraggeber bekannte Mängel
- Vertragsstrafenvorbehalt

Zusätzlich sinnvoll ist es für den Auftraggeber, eine Mangelbeseitigungsfrist für bei der Abnahme gerügte (= vorbehaltene) Mängel zu setzen. Auch fehlende Restleistungen sollten im Abnahmeprotokoll erwähnt werden. Danach erhält jede Partei ein Abnahmeprotokoll. Das schriftliche Abnahmeprotokoll ist eine echte Wirksamkeitsvoraussetzung der förmlichen Abnahme.

Lässt sich z. B. bei erheblichen Streitigkeiten zwischen Auftraggeber und Auftragnehmer auf der Baustelle kein „gemeinsames“ Abnahmeprotokoll erstellen, sollte zumindest jede Partei ein eigenes Abnahmeprotokoll zu Dokumentationszwecken anfertigen. Eine förmliche Abnahme im Sinne des § 12 Abs. 4 VOB/B liegt dann allerdings nicht mehr vor.

Streit entsteht auch immer wieder über die Unterzeichnung des Abnahmeprotokolls. Die VOB/B verlangt in § 12 Abs. 4 Nr. 1 keine Unterschrift. Damit ist die Unterzeichnung auch nicht Wirksamkeitsvoraussetzung der förmlichen Abnahme. Für die Wirksamkeit des Mangelvorbehalts und des Vertragsstrafenvorbehalts genügt es, wenn der Auftraggeber zu Dokumentationszwecken das Abnahmeprotokoll unterzeichnet. Wichtig ist, dass die Unterschrift des Auftragnehmers kein Anerkenntnis der gerügten Mängel oder der Vertragsstrafe bedeutet! Unterzeichnet der Auftraggeber das Abnahmeprotokoll mit dem Zusatz „unter Vorbehalt“ über seiner Unterschrift, so bedeutet dies keine (vorläufige) Abnahmeverweigerung und stellt nur dann einen Mängelvorbehalt dar, wenn im Abnahmeprotokoll Mängel aufgeführt sind – im Übrigen wird die förmliche Abnahme erteilt (OLG Hamm, Urteil vom 14.03.2008).

**Praxistipp**

Formalfehler und vergessene Erklärungen/Vorbehalte bei der förmlichen Abnahme lassen sich im Interesse beider Parteien durch gute Musterabnahmeprotokolle vermeiden. Die Erklärungen von Auftraggeber und Auftragnehmer müssen klar und eindeutig formuliert sein.

**Einseitige förmliche Abnahme**

§ 12 Abs. 4 Nr. 2 VOB/B sieht die Möglichkeit vor, das Bauvorhaben durch den Auftraggeber alleine abzunehmen, wenn der Auftragnehmer trotz rechtzeitiger Einladung zum Abnahmetermin nicht erscheint.

**Praxistipp**

Kann der Auftragnehmer aus wichtigem Grund (z. B. Erkrankung) nicht am Abnahmetermin teilnehmen, muss er dies dem Auftraggeber rechtzeitig, am besten mit einem neuen Abnahmeterminvorschlag, mitteilen. Der Abnahmetermin muss dann verlegt werden.

Führt der Auftraggeber die Abnahme berechtigt in Abwesenheit des Auftragnehmers durch, so muss er kein ausführliches schriftliches Abnahmeprotokoll anfertigen. Es reicht vielmehr aus, dass er dem Auftragnehmer das Ergebnis der Abnahme mitteilt. Diese Mitteilung muss letztlich aber doch alle wesentlichen Informationen, Erklärungen und Vorbehalte wie beim förmlichen Abnahmeprotokoll beinhalten, damit der Auftraggeber alle seine Rechte wahrt. Das Abnahmeergebnis ist dem Auftragnehmer „alsbald" mitzuteilen, wobei die Frist von 12 Werktagen aus § 12 Abs. 1 VOB/B als Obergrenze anzusehen ist.

Der Auftraggeber hat Anspruch auf eine gemeinsame Abnahme mit dem Auftragnehmer. Er ist somit nicht verpflichtet, die Abnahme in Abwesenheit des Auftragnehmers durchzuführen. Der Auftraggeber hat deshalb das Recht, die Abnahme so lange zu verweigern, bis der Auftragnehmer zur Teilnahme bereit ist.

Die Konstellation, dass der Auftraggeber zur Abnahme nicht erscheint, ist in der VOB/B nicht geregelt. Allerdings gerät der Auftraggeber dann in Verzug mit der Abnahme (zu den Folgen siehe ► Kapitel 5).

Die förmliche Abnahme kann natürlich nicht mehr verlangt werden, wenn vorher bereits eine anderweitige Abnahme (z. B. fiktive Abnahme nach § 12 Abs. 5 VOB/B) stattgefunden hat. Die jeweils erste Abnahme ist maßgeblich, außer, die Parteien legen gemeinsam, z. B. in einer förmlichen Abnahme, einen neuen Abnahmezeitpunkt fest.

**„Vergessene" förmliche Abnahme**

Oftmals wird in Bauverträgen die förmliche Abnahme vereinbart. Die förmliche Abnahme wird dann fast ebenso häufig nach Abschluss der Arbeiten nicht durchgeführt. Erst bei späteren Streitigkeiten beruft sich eine Partei, meist der Bauherr, auf die fehlende förmliche Abnahme.

Die förmliche Abnahme soll in erster Linie Beweiszwecken dienen. Damit führt die Nichtbeachtung der Form nicht zur Unwirksamkeit einer anders erfolgten Abnahme. Beruft sich also für eine längere Zeit nach der Beendigung der Bauarbeiten keine Partei auf die vereinbarte förmliche Abnahme, so ist anzunehmen, dass stillschweigend auf die förmliche Abnahme verzichtet wurde. Mit diesem stillschweigenden Verzicht findet gleichzeitig eine konkludente Abnahme der Bauleistungen des Auftragnehmers statt. Anhaltspunkte für einen solchen Verzicht bieten die Erstellung der Schlussrechnung auf Anforderung des Bauherrn oder die vorbehaltlose und vollständige Bezahlung der Schlussrechnung.

**Praxistipp**

Für den stillschweigenden Verzicht auf die förmliche Abnahme reicht ein kurzer Zeitraum von wenigen Tagen (z. B. 6 oder 12 Werktage nach § 12 Abs. 5 VOB/B) noch nicht aus. Vielmehr muss eine Frist von „mehreren Wochen" bis „mehreren Monaten" verstrichen sein, wie die Rechtsprechung, am Einzelfall ausgerichtet, besagt. Übersendet der Auftragnehmer dem Bauherrn die Schlussrechnung, ohne dass vorher eine vertraglich vereinbarte förmliche Abnahme stattgefunden hat, gilt dies für den VOB-Bauvertrag als Fertigstellungsmitteilung, und es kommt nach Ablauf von 12 Werktagen zu einer fiktiven Abnahme.

### 2.4.2 Fiktive Abnahme

In § 12 Abs. 5 regelt die VOB/B zwei fiktive Abnahmearten, die im BGB nicht vorgesehen sind: die Abnahme durch Fertigstellungsmitteilung (Nr. 1) und die Abnahme durch rügelose Benutzung der Bauleistungen (Nr. 2). Ziel der fiktiven Abnahme ist es, die Abnahmewirkungen möglichst rasch herbeizuführen und Verzögerungsmöglichkeiten des Auftraggebers auszuschalten.

**Fertigstellungsmitteilung**

Die fiktive Abnahme durch Fertigstellungsmitteilung setzt voraus:

- schriftliche Fertigstellungsmitteilung an den Auftraggeber; der Zugang beim Architekten oder Bauleiter genügt nicht; eine mündliche Mitteilung reicht nicht aus
- Fertigstellung der Bauleistungen des Auftragnehmers; fehlende unwesentliche Restarbeiten schaden nicht
- keine wesentlichen Mängel an den Bauleistungen des Auftragnehmers
- keine ausdrückliche Abnahmeverweigerung durch den Auftraggeber, gleich, ob die Abnahmeverweigerung nach § 12 Abs. 3 VOB/B berechtigt oder unberechtigt ist
- keine Kündigung des Bauvertrags nach § 6 Abs. 7, § 8 oder § 9 VOB/B
- kein Abnahmeverlangen, weder ausdrücklich (§ 12 Abs. 1 VOB/B) noch förmlich (§ 12 Abs. 4 VOB/B), auch nicht im

Bauvertrag; die ausdrückliche bzw. förmliche Abnahme und die fiktive Abnahme durch Fertigstellungsmitteilung schließen sich gegenseitig aus

**Praxistipp**

Die Fertigstellungsmitteilung muss nicht immer genau so heißen. Ist keine ausdrücklich als solche bezeichnete Fertigstellungsmitteilung erfolgt, genügt auch eine andere Art der schriftlichen Mitteilung, welche die Fertigstellung der Bauleistungen dokumentiert (z. B. die Übersendung der Schlussrechnung oder die Mitteilung über die Räumung der Baustelle nach Abschluss der Arbeiten).

Die Bauleistungen des Auftragnehmers gelten 12 Werktage nach dem Zugang der Fertigstellungsmitteilung beim Auftraggeber als abgenommen. Wird die Fertigstellungsmitteilung (oder die Schlussrechnung) dem Architekten oder Bauleiter zugeleitet, dann beginnt die Frist erst zu laufen, wenn der Auftraggeber die Mitteilung vom Architekten oder Bauleiter erhält. Leitet der Architekt oder Bauleiter die Fertigstellungsmitteilung nicht an den Auftraggeber weiter, so trägt dieses Übermittlungsrisiko der Auftragnehmer. In den allermeisten Fällen sind für den Unternehmer dann der Zugang und das Zugangsdatum beim Auftraggeber nicht mehr beweisbar.

Der Auftraggeber muss innerhalb der 12-werktägigen Frist entweder die Abnahme ausdrücklich gegenüber dem Auftragnehmer verweigern oder zumindest Vorbehalte wegen ihm bekannter Mängel bzw. den Vertragsstrafenvorbehalt erklären. Nur so entgeht er der ansonsten eintretenden Abnahmewirkung, d. h. einem Rechtsverlust (§ 12 Abs. 5 Nr. 3 VOB/B).

**Praxistipp**

- Um die 12-werktägige Frist einzuhalten, sollte der Auftraggeber unbedingt darauf achten, dass die Abnahmeverweigerung bzw. die Vorbehalte schriftlich erklärt werden und dieses Schriftstück dem Auftragnehmer innerhalb der Frist auch zugeht, d. h. dem Auftragnehmer übergeben wird. Dieser Zugang ist zu dokumentieren, damit spätere Nachweisprobleme beseitigt werden.

- Vorbehalte des Auftraggebers wegen bekannter Mängel vor Beginn der Frist aus § 12 Abs. 5 VOB/B sind unzureichend und müssen innerhalb der Frist wiederholt werden.

**Ingebrauchnahme**

§ 12 Abs. 5 Nr. 2 VOB/B sieht eine Abnahme des Bauherrn durch Benutzung der Bauleistungen des Unternehmers vor. Die Voraussetzungen dieser zweiten fiktiven Abnahmeart der VOB/B entsprechen der fiktiven Abnahme durch Fertigstellungsmitteilung.

Die Abnahmewirkung tritt also 6 Werktage nach rügeloser Benutzung durch den Bauherrn ein. Eine Erprobung der Bauleistungen des Auftragnehmers (z. B. Test der Heizung) ist keine Ingebrauchnahme im Sinne von § 12 Abs. 5 Nr. 2 VOB/B. Zur Abnahmeverweigerung sowie zu den Vorbehalten des Auftraggebers nach § 12 Abs. 5 Nr. 3 VOB/B gelten die Darstellungen zur Abnahme durch Fertigstellungsmitteilung entsprechend mit der Maßgabe, dass die Frist für den Auftraggeber nur 6 Werktage beträgt.

Die Unterschiede zur schlüssigen Abnahme durch Benutzung beim BGB-Werkvertrag sind denkbar gering; die dortigen Ausführungen gelten auch hier (vgl. ► Kapitel 2.2). Die Abnahmefiktionswirkung des § 12 Abs. 5 Nr. 2 VOB/B beschränkt sich darauf, die Prüfungsfrist für den Bauherrn nach der Benutzung auf starre 6 Werktage festzulegen. § 12 Abs. 5 Nr. 2 Satz 2 VOB/B stellt ausdrücklich klar, dass die Weiterarbeit von Nachfolgegewerken auf den Bauleistungen des Auftragnehmers (z. B. Weiterführung des Rohbaus durch den Innenausbau) keine fiktive Abnahme des Auftraggebers darstellt.

**Praxistipp**

Im Verhältnis vom Generalunternehmer zum Subunternehmer erfolgt die Benutzung der Bauleistungen des Subunternehmers dadurch, dass der Generalunternehmer dem Bauherrn die Nutzung ermöglicht (z. B. Übergabe an den Bauherrn, Eröffnung einer Einkaufspassage).

## 2.5 Abgrenzungen zu anderen Feststellungen

Die Zustandsfeststellung nach § 650g BGB n. F., die technische Abnahme (in der Praxis häufig ebenfalls Zustandsfeststellung genannt) und die behördliche Bauabnahme stellen allesamt keine Abnahme im Rechtssinn dar. Das heißt, die rechtlichen Abnahmewirkungen treten durch diese Abnahme nicht ein. Worum handelt es sich nun bei diesen Feststellungen/Abnahmen?

### 2.5.1 Technische Abnahme, Zustandsfeststellung nach VOB/B

Die technische Abnahme dient dazu, den bautechnischen Zustand der Bauleistungen des Auftragnehmers zu überprüfen und festzustellen. Eine technische Abnahme führt nicht zum Eintritt der Abnahmewirkungen und soll die rechtsgeschäftliche Abnahme lediglich aus technischer Sicht vorbereiten.

Die technische Abnahme wird häufig von Architekten (z. B. § 34 Abs. 3 Nr. 8 HOAI i. V. m. Anlage 10.1 Leistungsphase 8 Buchstabe k) bzw. Ingenieuren (z. B. § 43 Abs. 1 Nr. 8 HOAI i. V. m. Anlage 12.1 Leistungsphase 8 Buchstabe e) veranlasst. Bei der technischen Abnahme werden die Bauleistungen des Auftragnehmers auf Übereinstimmung mit dem Bauvertrag, der Baugenehmigung, dem Leistungsverzeichnis, den Planunterlagen, den anerkannten Regeln der Technik sowie sonstigen einschlägigen technischen Vorschriften überprüft; Abweichungen, fehlende Restleistungen und Mängel werden zur Vorbereitung der rechtsgeschäftlichen Abnahme dokumentiert. Dem Bereich der technischen Abnahme sind auch die in der Praxis häufig von den Parteien durchgeführten „Vorabnahmen" zuzuordnen.

**Praxistipp**

Hat eine technische Abnahme durch den Architekten des Bauherrn stattgefunden und wurden dabei keine wesentlichen Baumängel festgestellt, so kann diese technische Abnahme jedoch zu einer konkludenten rechtsgeschäftlichen Abnahme führen, wenn der Bauherr daraufhin längere Zeit schweigt oder nicht reagiert.

Ein Zeitraum von einem Monat wird von der Rechtsprechung schon als zu lange für den Bauherrn angesehen, um noch Vorbehalte wegen Mängeln und Vertragsstrafenansprüchen zu erklären.

Die VOB/B sieht in § 4 Abs. 10 eine Zustandsfeststellung (auch genannt „unechte Teilabnahme") vor. Diese Zustandsfeststellung dient dazu, unselbstständige Teile der Bauleistungen des Auftragnehmers zu überprüfen, bevor diese durch nachfolgende Gewerke nicht mehr überprüfbar sind (z. B. Kanalrohrleitungen vor dem Wiederverfüllen, Armierungen vor dem Betonieren, Elektroleerrohre vor dem Verschließen der Schlitze etc.).

Die Zustandsfeststellung nach § 4 Abs. 10 VOB/B ist nur auf Verlangen einer Partei, dann jedoch gemeinsam von Auftraggeber und Auftragnehmer durchzuführen und in einem Ergebnisprotokoll zu dokumentieren. Die Zustandsfeststellung dient in erster Linie dem Auftragnehmer zur Beweissicherung, da er später die betroffenen Leistungsteile nicht mehr oder nur mit erheblichem Aufwand vom Auftraggeber auf ihre ordnungsgemäße Ausführung überprüfen lassen kann.

**Praxistipp**

Das Ergebnisprotokoll der technischen Abnahme sollte möglichst detailliert sein. Es sollte Angaben dazu enthalten, welche Bauleistungen in welchem Herstellungsstadium wann und von wem besichtigt wurden, welche Mängel festgestellt wurden und ob diese Mängel einvernehmlich akzeptiert oder strittig sind bzw. ob Mangelfreiheit vorliegt. Eine ausführliche Fotodokumentation ist ergänzend sehr hilfreich.

Hinsichtlich der einvernehmlichen Ergebnisse der Zustandsfeststellung trifft den Auftraggeber (nach einer starken Meinung in der baurechtlichen Literatur) die Beweislast, wenn er hiervon später bei der rechtsgeschäftlichen Abnahme abrücken will. Das heißt, die Zustandsfeststellung führt zu einer Beweislastumkehr.

**Praxistipp**

Verweigert der Auftraggeber seine Teilnahme an einer vom Auftragnehmer beantragten Zustandsfeststellung, dann trifft den Auftraggeber die Beweislast für später behauptete Mängel an diesen Bauleistungen. Zudem kann der Auftragnehmer durch die Weigerung des Auftraggebers in seiner Leistungsausführung behindert sein (§ 6 VOB/B). Der Auftragnehmer sollte trotz Weigerung des Auftraggebers eine aussagekräftige Dokumentation seiner später verdeckten Bauleistungen vornehmen. Mehrkosten einer späteren Überprüfung trägt der Auftraggeber.

Klar ist schließlich, dass auch ein gemeinsames Aufmaß (§ 14 Abs. 2 VOB/B) und der Prüfvermerk unter der Schlussrechnung des Auftragnehmers keine rechtsgeschäftliche Abnahme bewirken.

## 2.5.2 Zustandsfeststellung nach § 650g BGB n. F.

Bei allen Bauverträgen (d. h. auch bei VOB-Bauverträgen), die seit dem 01.01.2018 geschlossen wurden, kann der Unternehmer im Fall einer Abnahmeverweigerung vom Bauherrn verlangen, dass der Zustand des Bauwerks gemeinsam und beweiskräftig festgestellt wird (§ 650g BGB n. F., vgl. ► Kapitel 6.4). Wird dem Auftraggeber die Bauleistung nach einer Zustandsfeststellung zur Nutzung überlassen und ist im Protokoll der Zustandsfeststellung kein offenkundiger Mangel vermerkt, so wird gesetzlich vermutet, dass dieser nach der Zustandsfeststellung entstanden und vom Auftraggeber zu vertreten ist. Mit dieser Zustandsfeststellung werden zwar Abnahmewirkungen (vgl. ► Kapitel 7) teilweise vorweggenommen, das Bauvertragsverhältnis bleibt aber im Stadium vor der Abnahme. Eine rechtsgeschäftliche Abnahme ist mit der Zustandsfeststellung nicht verbunden.

### 2.5.3 Behördliche Bauabnahme

Die behördliche Bauabnahme, auch öffentlich-rechtliche Bauabnahme genannt, ist keine Abnahme im Rechtssinn zwischen Auftraggeber und Auftragnehmer. Die Behörde prüft selbstverständlich nicht, ob der Auftragnehmer gegenüber dem Auftraggeber seinen Bauvertrag erfüllt hat. Die behördliche Bauabnahme wird von der zuständigen Fachbehörde nach dem jeweiligen Recht der Bundesländer vorgenommen (z. B. Schnurgerüstabnahme, Rohbauabnahme, Schluss-/Gebrauchsabnahme, Kaminkehrerbescheinigung). Sie dient dazu, die öffentlich-rechtlich vorgeschriebenen Sicherheitsstandards (z. B. Standsicherheit, Feuersicherheit, Wärme- und Schallschutz, Wasserversorgung, Abwasserbeseitigung) zu kontrollieren und die Allgemeinheit vor möglichen Gefahren aus dem überprüften Bauwerk zu schützen.

## 2.6 Gestaltungsmöglichkeiten im Bauvertrag

In Bauverträgen wird häufig und zumeist in Allgemeinen Geschäftsbedingungen versucht, die Abnahmeregelungen zugunsten der eigenen Position von Auftraggeber oder Auftragnehmer vertraglich zu verändern. Viele dieser vertraglichen Abnahmeklauseln sind unwirksam. Beim VOB-Bauvertrag bewirken sie zumindest einen Eingriff in die VOB/B und damit eine Inhaltskontrolle der VOB/B an den Regelungen zu Allgemeinen Geschäftsbedingungen in §§ 305 ff. BGB, auch wenn am Bauvertrag kein Verbraucher beteiligt ist (Näheres dazu in ► Kapitel 2.4). Nachfolgend soll kurz auf die in der Baupraxis am häufigsten anzutreffenden Vereinbarungen zur Abnahme in Allgemeinen Geschäftsbedingungen eingegangen werden. Am Ende dieses Kapitels werden Individualabreden im Bauvertrag besprochen.

### 2.6.1 Verschiebung des Abnahmezeitpunkts

Der Abnahmezeitpunkt wird in Allgemeinen Geschäftsbedingungen entweder vom Auftraggeber möglichst weit zeitlich hinausgeschoben oder vom Auftragnehmer auf einen möglichst frühen Zeitpunkt vorverlagert.

Grundsätzlich hat jeder Auftragnehmer gegenüber seinem Auftraggeber Anspruch auf eine Abnahme, wenn er sein Gewerk fertiggestellt hat. Der Auftraggeber darf deshalb den Abnahmezeitpunkt nicht beliebig lange und unabhängig von Einflussmöglichkeiten des Auftragnehmers verschieben. Nicht zuletzt erschwert eine zeitliche Verzögerung der Abnahme die Feststellungen zu den Bauleistungen des Auftragnehmers (z. B. durch Nachfolgegewerke) und führt zu einer Verlängerung der Gewährleistungsfristen.

Unangemessen und unwirksam sind daher bei gewerkeweiser Vergabe in Allgemeinen Geschäftsbedingungen der Auftraggeberseite insbesondere folgende Regelungen:

- Abnahme frühestens nach Bezugsfertigkeit der letzten Wohneinheit einer größeren Wohnanlage
- Abnahme erst bei der Gesamtabnahme aller Gewerke des Bauvorhabens
- Abnahme für alle Handwerker nach Abschluss aller Arbeiten in einem Termin
- Abnahme erst nach Fertigstellung aller Innenausbaugewerke
- Verjährungsbeginn erst nach mängelfreier Abnahme
- Abnahme erst mit förmlicher Abnahmeerklärung des Auftraggebers, auch wenn das Bauvorhaben bereits in Gebrauch genommen ist
- Recht zur Abnahmeverweigerung auch bei nur unwesentlichen Mängeln

Der Generalunternehmer darf gegenüber seinen Subunternehmern die Abnahme und damit den Beginn der Gewährleistungsfrist in Maßen zeitlich hinausschieben. Damit will der Generalunternehmer erreichen, dass seine Gewährleistungsansprüche gegenüber den Subunternehmern mit der ihn treffenden Gesamtgewährleistung gegenüber dem Bauherrn parallel geschaltet werden. Allerdings darf die Verschiebung nicht auf längere Zeit erfolgen. Als unproblematisch gilt in der Rechtsprechung ein Zeitraum von 1 bis 2 Monaten, der jedoch dem Generalunternehmer für die im Bauablauf frühen Gewerke (z. B. Erdarbeiten, Rohbau) kaum hilfreich ist.

**Praxistipp**

Der Generalunternehmer kann mit seinem Subunternehmer eine Gewährleistungsfrist vereinbaren, die länger ist als die Gewährleistungsfrist des Generalunternehmers gegenüber dem Bauherrn (z. B. 5 Jahre und 6 Monate, längere Gewährleistungsfristen unterliegen einem hohen Unwirksamkeitsrisiko). Durch diese längere Gewährleistungsfrist gegenüber dem Subunternehmer kann der Generalunternehmer faktisch verhindern, dass seine Gewährleistungsfrist gegenüber dem Bauherrn noch läuft, während seine Rückgriffsansprüche gegenüber den Subunternehmern bereits verjährt sind.

Auch auf Auftragnehmerseite gibt es Klauseln, welche die Abnahme und deren Wirkungen unzulässig weit zeitlich nach vorne verlagern. Solche Klauseln sind in Allgemeinen Geschäftsbedingungen unwirksam:

- Die Schlussrechnung ist sofort ohne Abzug zu bezahlen. Der Auftraggeber müsste ansonsten selbst bei berechtigter Abnahmeverweigerung die Vergütung des Auftragnehmers bezahlen.
- Abnahmefiktion, wenn der Auftraggeber nicht zum Abnahmetermin erscheint
- Abnahmepflicht bei Einzug, auch wenn wesentliche Baumängel vorhanden sind, sonst Gewährleistungsausschluss
- isolierte Vereinbarung der fiktiven Abnahmearten des § 12 Abs. 5 VOB/B im BGB-Bauvertrag

### 2.6.2 Verlagerung der Abnahme auf Dritte

Der Auftraggeber kann in Allgemeinen Geschäftsbedingungen die Abnahme nicht von Erklärungen Dritter abhängig machen, auf die der Auftragnehmer keinen Einfluss hat. Derartige Klauseln sind unwirksam:

- Abnahme durch den Endkunden des Auftraggebers
- Abnahme durch eine vom Auftragnehmer zu beschaffende Mangelfreiheitsbescheinigung Dritter, z. B. Endkunde des Auftraggebers, Käufer einer Eigentumswohnung, Mieter
- Abnahme nicht vor behördlicher Bauabnahme

Der Auftraggeber kann allerdings wirksam einen Dritten zur Abnahme bevollmächtigen.

### 2.6.3 Ausschluss von Abnahmearten

In Allgemeinen Geschäftsbedingungen der Auftraggeberseite wird vielfach versucht, die Abnahmearten zu beschränken. Insbesondere sollen dabei nur die für den Auftraggeber beeinflussbare ausdrückliche oder die förmliche Abnahme zulässig sein. Auch diese Klauseln sind oft unwirksam:

- Abnahme nur förmlich, nicht schlüssig
- Abnahme nur in schriftlicher Form
- Abnahme nur tatsächlich vor Ort auf der Baustelle
- Abnahme durch Ingebrauchnahme ausgeschlossen, wenn der Auftraggeber sich einseitig die Möglichkeit vorbehält, einen Abnahmetermin dennoch anzusetzen

Die fiktiven Abnahmearten des § 12 Abs. 5 VOB/B können in Allgemeinen Geschäftsbedingungen wirksam ausgeschlossen werden. Allerdings liegt damit wieder ein Eingriff in die VOB/B mit den möglicherweise ungünstigen Rechtsfolgen vor (siehe ► Kapitel 2.4).

### 2.6.4 Vorbehaltserklärungen des Auftraggebers

Den Auftraggeber treffen vergessene Vorbehalte für bekannte Mängel oder für Vertragsstrafenansprüche besonders hart. Es verwundert deshalb nicht, dass Allgemeine Geschäftsbedingungen von Auftraggebern häufig die gesetzlichen Vorbehaltsregelungen zugunsten des Auftraggebers modifizieren.

Unwirksam ist eine Auftraggeberklausel, die eine vorbehaltlose Abnahme trotz bekannter Mängel als folgenlos für den Auftraggeber regelt.

Auch der Vertragsstrafenvorbehalt kann nicht komplett ausgeschlossen werden. Zulässig ist es aber, den Zeitpunkt des Vertragsstrafenvorbehalts in Allgemeinen Geschäftsbedingungen bis zur Schlusszahlung – jedoch nicht länger – hinauszuschieben.

Der Auftragnehmer darf seine Position ebenso nicht schrankenlos vertraglich verbessern: Dem Auftragnehmer ist eine Klausel nicht erlaubt, die für alle bei der Abnahme erkennbaren (nicht: bekannten) Mängel die Gewährleistung ausschließt oder hierfür bloß eine zweiwöchige Rügefrist ab Abnahme vorsieht.

### 2.6.5 Zusätzliche Abnahmeunterlagen

In Allgemeinen Geschäftsbedingungen der Auftraggeberseite werden häufig als Abnahmevoraussetzung zusätzliche Unterlagen verlangt, z. B. Revisions- und Bestandspläne, behördliche Bescheinigungen und Abnahmen, ein ordnungsgemäß geführtes Bautagebuch, sämtliche Bedienungsunterlagen etc. Auch derartige Klauseln sind unwirksam, wenn nicht die beauftragte Bauleistung des Auftragnehmers gerade diese Unterlagen mit umfasst oder die Unterlagen zur Überprüfung der Bauleistungen des Auftragnehmers notwendig sind.

### 2.6.6 Individualvereinbarungen

In Individualvereinbarungen zwischen Auftraggeber und Auftragnehmer sind vielfach vertragliche Regelungen noch zulässig, die in Allgemeinen Geschäftsbedingungen bereits unzulässig wären. Zu beachten ist, dass es sich um echte, ausgehandelte Individualvereinbarungen handeln muss und nicht um „verschleierte" Allgemeine Geschäftsbedingungen (z. B. die formularmäßige Erklärung, dass alle wesentlichen Vertragsbedingungen individuell ausgehandelt wurden, oder ein bloßes Ausfüllen von Vertragslücken in einem Musterbauvertrag ohne Einflussmöglichkeit der anderen Vertragspartei). Weitere Verschärfungen zulasten des Bauunternehmers ergeben sich aus dem Verbraucherschutz (vgl. § 310 Abs. 3 BGB und ► Kapitel 2.4).

Selbst durch Individualvereinbarung kann in wesentliche Abnahmeregelungen und Abnahmevoraussetzungen nicht wirksam eingegriffen werden. In Individualverträgen – auch zwischen Unternehmern – stoßen deshalb die Verschiebung des Abnahmezeitpunkts, die Verlagerung der Abnahme auf Dritte und der Ausschluss der stillschweigenden Abnahme auf rechtliche Bedenken.

Das Erfordernis eines Mangelvorbehalts und eines Vertragsstrafenvorbehalts kann dagegen individualvertraglich sogar komplett ausgeschlossen werden.

# 3. Wer darf eine Bauabnahme durchführen?

Autoren: Dr. Christian Voit, Svenja Loderer

Die Abnahme als Dreh- und Angelpunkt des Bauvertrags kann und muss grundsätzlich vom Auftraggeber selbst gegenüber dem Auftragnehmer vorgenommen und erklärt werden.

In der Baupraxis sind indes die Fälle üppig vorhanden, in denen Dritte für den Auftraggeber handeln oder zu handeln glauben. In all diesen Konstellationen ist für eine wirksame Abnahme die ordnungsgemäße Bevollmächtigung des Dritten, d. h. dessen Abnahmebefugnis, notwendig. Liegt diese Befugnis nicht vor, so läuft gerade der Auftragnehmer Gefahr, keine Abnahme seiner Bauleistungen erhalten zu haben. Wer darf nun unter welchen Voraussetzungen eine Bauabnahme für den Bauherrn durchführen?

## 3.1 Juristische Personen

Ist der Auftraggeber eine juristische Person, so handeln für ihn seine gesetzlichen Vertreter, insbesondere der Vorstand der AG, der Geschäftsführer der GmbH, die Gesellschafter bei der OHG, der Komplementär bei der KG sowie Prokuristen. Juristischen Personen müssen ihre wichtigsten gesetzlichen Vertreter u. a. auf ihrem Briefpapier benennen. Die korrekten Vertretungsverhältnisse lassen sich im Detail aus dem Handelsregister ersehen.

**Praxistipp**

Soll die Abnahme für eine juristische Person, die Bauherr ist, durch einen Mitarbeiter vorgenommen werden, der keine aus dem Handelsregister ersichtliche Vertretungsbefugnis besitzt, sollte sich der Unternehmer eine schriftliche Handlungsvollmacht (§ 54 HGB) für diesen Mitarbeiter vor der Abnahme vorlegen lassen, die ausdrücklich die Abnahmebefugnis umfasst.

## 3.2 Öffentliche Auftraggeber

Ein Sonderproblem stellt die Abnahme durch öffentliche Auftraggeber dar. Die wirksame Vertretung von öffentlichen Auftraggebern ist häufig sehr schwierig gestaltet und für den Auftragnehmer undurchsichtig. Gemeinden werden zumeist von ihrem Bürgermeister (je nach Bundesland auch Gemeindevorstand oder Amtsdirektor genannt) wirksam vertreten. Bei der Abnahme erscheint jedoch – gerade bei größeren öffentlichen Auftraggebern – regelmäßig nicht der gesetzliche Vertreter. Was gilt nun in diesem Fall?

Die Abnahme hat weitreichende Auswirkungen, insbesondere auf Zahlungspflichten und Mängelansprüche; sie „belastet“ den öffentlichen Auftraggeber. Damit handelt es sich häufig nicht mehr um ein Geschäft der laufenden Verwaltung. Trotzdem stellt die Rechtsprechung klar, dass die besonderen Vertretungsregeln für öffentliche Auftraggeber bei der Abnahme nicht zur Anwendung kommen. Denn: Durch die Abnahme entstehen keine neuen Verpflichtungen des öffentlichen Auftraggebers, die nicht schon im Bauvertrag enthalten wären. Damit kann die Abnahme wirksam auch von dem für das Bauvorhaben zuständigen Beamten des Bauamts vorgenommen werden. Dieser muss dann bei der Abnahme die Formalia zu den Vorbehalten für Mängel und Vertragsstrafen beachten; ansonsten verliert der öffentliche Auftraggeber seine darauf fußenden Rechte.

Wichtig ist, dass die Abnahme von einem Mitarbeiter des öffentlichen Auftraggebers erklärt wird, nicht von einem externen Architektur-/Ingenieurbüro; für dieses gelten die Vertretungsregelungen im nachfolgenden ▶ Kapitel 3.3 „Architekt/Bauleiter“. Höchste Vorsicht ist schließlich für den Auftragnehmer immer geboten, wenn für den öffentlichen Auftraggeber Personen oder Behörden ohne ausdrückliche Vollmacht handeln, die nach den öffentlich-rechtlichen Zuständigkeitsregeln nicht für den öffentlichen Auftraggeber handeln dürfen.

**Praxistipp**

Die Abnahmeerklärung durch einen Mitarbeiter des Bauamts ist nur dann wirksam, wenn dieser auch vom öffentlichen Auftraggeber zur Abnahme bevollmächtigt ist. Diese Vollmacht ist für den Auftragnehmer nur schwer überprüfbar. Häufig unterbleiben Rückfragen beim öffentlichen Auftraggeber. Das

Abnahmeverlangen sollte der Auftragnehmer deshalb an den öffentlichen Auftraggeber und nicht etwa an den zuständigen Beamten persönlich richten. Erscheint zur Abnahme dann der Beamte des Bauamts, kann zumindest von einer Anscheinsvollmacht zur Abnahme ausgegangen werden.

## 3.3 Architekt/Bauleiter

Häufig nimmt der Auftraggeber die Abnahme nicht selbst vor, sondern zum Abnahmetermin erscheint nur der für den Auftraggeber tätige Architekt.

Architekten sind nicht originär durch ihren Architektenvertrag bevollmächtigt, den Bauherrn in allen Belangen seines Bauvorhabens zu vertreten. Das heißt, der Architekt ist grundsätzlich nicht bevollmächtigt, die rechtsgeschäftliche Abnahme für den Bauherrn zu erklären. Darüber hilft auch nicht hinweg, dass die (technische) Abnahme der Bauleistungen Aufgabe des Architekten ist, der mit der Leistungsphase 8 aus § 34 HOAI beauftragt wurde (Anlage 10.1 zur HOAI, Leistungsphase 8 Buchstabe k).

Der Architekt ist der technische Sachwalter des Bauherrn und bereitet allenfalls die rechtsgeschäftliche Abnahme durch den Bauherrn mit seiner technischen Abnahme vor (siehe Kapitel 2.5). Der Architekt ist daher nicht befugt, für den Bauherrn die Abnahme oder die mit dieser einhergehenden Mangel- und Vertragsstrafenvorbehalte zu erklären.

Für eine wirksame rechtsgeschäftliche Abnahme benötigt der Architekt also eine besondere Vollmacht des Auftraggebers. Häufig wird diese Vollmacht bereits im Bauvertrag des Auftraggebers mit dem Auftragnehmer erteilt oder ausdrücklich versagt.

Gibt es keine ausdrückliche Vollmacht des Architekten zur Abnahme, so kann sich diese konkludent aus den Umständen ergeben. Die folgenden Beispiele erläutern diese stillschweigende Bevollmächtigung:

- Wenn der Bauherr einem vereinbarten Abnahmetermin fernbleibt und diesen stattdessen von seinem Architekten wahrnehmen lässt, wird der Unternehmer regelmäßig davon ausgehen dürfen, dass der Architekt zur rechtsgeschäftlichen Abnahme bevollmächtigt ist. Dies wird umso klarer, wenn weitere Umstände hinzukommen:
- Wenn der Architekt mit dem Unternehmer eine technische Abnahme durchführt und anschließend mit dem Bauherrn einen Termin zur rechtsgeschäftlichen Abnahme vereinbart, so ist der Architekt stillschweigend zur Abnahme bevollmächtigt, wenn der Bauherr den Architekten auch zu diesem zweiten Termin entsendet, ohne selbst zu erscheinen.
- Hat der Architekt den Bauherrn bereits zuvor nicht nur in technischer Hinsicht, sondern auch bei den Vertragsverhandlungen, beim Vertragsabschluss oder bei der Vergabe von Zusatzaufträgen rechtlich vertreten und die (Zusatz-)Verträge wurden vom Bauherrn erfüllt, kann der Unternehmer davon ausgehen, dass der Architekt auch die rechtsgeschäftliche Abnahme für den Bauherrn durchführen darf.

**Praxistipp**

- Der Unternehmer kann sich nicht auf die Vollmacht des Architekten zur rechtsgeschäftlichen Abnahme verlassen, wenn ihm keine schriftliche Vollmachtserklärung des Bauherrn vorgelegt wird oder keine Vollmacht im Bauvertrag enthalten ist. Die Indizien zur stillschweigenden Vollmacht des Architekten führen in der Baupraxis stets zu Streitigkeiten. Die Rechtsprechung geht sogar davon aus, dass es dem Auftragnehmer durchaus zumutbar ist, sich beim Auftraggeber über die Vollmacht des Architekten zu erkundigen.
- Auftraggeber und Auftragnehmer müssen darauf achten, dass die Vollmachtsfrage des Architekten schon im Bauvertrag klar geregelt wird. Soll der Architekt den Bauherrn nicht rechtsgeschäftlich vertreten dürfen, kann dies im Bauvertrag niedergelegt werden. Soll der Architekt Vertretungsmacht für den Bauherrn erhalten, ist der Umfang festzulegen (z. B. rechtsgeschäftliche Abnahme, Mangel- und Vertragsstrafenvorbehalte, Anerkennung von Stundenlohnzetteln, wirksame Entgegennahme von Bedenkenanmeldungen sowie von Behinderungs- und

Fertigstellungsanzeigen des Auftragnehmers, Anerkennung von Rechnungen, Vergabe von Zusatzaufträgen, Genehmigung von Nachträgen bis zu einem bestimmten Betrag etc.).

Für die Abnahme durch den Bauleiter, durch den Projektsteuerer, durch Projektanten oder durch sonstige Berater des Bauherrn gelten dieselben Regeln wie für den Architekten.

## 3.4 Sachverständiger

Ein Sachverständiger des Bauherrn nimmt in aller Regel nur eine technische Abnahme (siehe ► Kapitel 2.4) vor. Der Sachverständige, der zur Feststellung der Abnahmereife gerufen wird, ist nicht stillschweigend zur rechtsgeschäftlichen Abnahme für den Bauherrn bevollmächtigt.

Viele technische Abnahmeprotokolle von Sachverständigen enthalten den missverständlichen Hinweis: *„Die Leistungen des Auftragnehmers sind – vorbehaltlich geringfügiger Mängel – mangelfrei und gelten als abgenommen.“* Damit nimmt der Sachverständige die Arbeiten des Unternehmers nicht im Rechtssinn ab, er bestätigt aber aus fachtechnischer Sicht die Abnahmereife. Der Auftraggeber, der ein solches Abnahmeprotokoll des von ihm oder gemeinsam mit dem Auftragnehmer beauftragten Sachverständigen erhält, muss hierauf bei Bedarf unverzüglich reagieren und widersprechen, da ansonsten durch sein Schweigen eine stillschweigende Abnahme eintritt. Ein Monat des Schweigens ist nach der Rechtsprechung schon zu lange. Entsprechendes gilt auch für technische Abnahmeprotokolle des Architekten oder Bauleiters des Bauherrn (siehe ► Kapitel 2.2 und ► Kapitel 2.4).

## 3.5 Mitwirkung des Auftragnehmers

Die Abnahme ist eine einseitige Erklärung des Auftraggebers gegenüber dem Auftragnehmer. Eine Mitwirkung des Auftragnehmers ist deshalb aus Rechtsgründen bei der Abnahme nicht notwendig. Für den VOB-Bauvertrag wird die Abnahme in Abwesenheit des Auftragnehmers sogar ausdrücklich in § 12 Abs. 4 Nr. 2 VOB/B geregelt (siehe ► Kapitel 2.4).

Die Anwesenheit bei der Abnahme ist dennoch für den Auftragnehmer stets wichtig, damit er aus erster Hand und rasch erfährt, ob und wenn ja unter welchen Vorbehalten vom Auftraggeber die Abnahme erklärt wurde.

# 4. Wann muss eine Abnahme erfolgen?

Autoren: Dr. Christian Voit, Svenja Loderer

## 4.1 Grundsatz

Die Frage des richtigen Abnahmezeitpunkts ist in der Baupraxis wenig bekannt und wird häufig vernachlässigt. Mit versäumten Fristen gehen immer wieder spätere Nachteile und Rechtsverluste – gerade für den Auftragnehmer – einher.

Wichtigste Voraussetzung dafür, dass die Arbeiten des Auftragnehmers abgenommen werden können, ist selbstverständlich, dass sie zum Abnahmezeitpunkt überhaupt noch vorhanden sind. Werden die Leistungen des Auftragnehmers vorher – durch welches Ereignis auch immer – zerstört, ist eine Abnahme gar nicht mehr möglich. Die rechtlichen Folgen einer Zerstörung vor der Abnahme ergeben sich aus dem sogenannten Gefahrübergang (§§ 644, 645 BGB bzw. § 7 VOB/B, siehe ▶ Kapitel 7.2.2). Bei seit dem 01.01.2018 geschlossenen Bauverträgen ist zudem eine ggf. durchgeführte Zustandsfeststellung nach § 650g BGB n. F. von Bedeutung (vgl. ▶ Kapitel 6.4).

Im Umkehrschluss ergibt sich daraus, dass die Abnahme durch den Bauherrn erfolgen muss, wenn die Arbeiten des Unternehmers fertiggestellt sind. Klar ist, dass hierfür die Bauleistung nur im Wesentlichen vollendet sein muss. Das heißt, es dürfen noch unwesentliche Restarbeiten fehlen oder geringfügige Mängel vorhanden sein. Diesen Zustand nennt der Jurist „Abnahmereife".

In jedem Fall müssen die Arbeiten des Auftragnehmers „funktionell" fertiggestellt sein. Funktionell fertig sind die Leistungen des Auftragnehmers dann, wenn der Auftraggeber sie ungehindert bestimmungsgemäß benutzen kann. Auf Folgegewerke, die andere Handwerker ausführen, kommt es dabei nicht an.

**Beispiel**

**Zur Verdeutlichung einige Beispiele:**

- Beim schlüsselfertigen Bau eines Hauses muss das Haus vom Auftraggeber bezogen und zu seinen Zwecken (z. B. Wohnen) benutzt werden können, ohne dass störende Fertigstellungsarbeiten noch ausgeführt werden müssen (z. B. fehlender Sockelputz, fehlende Eingangstreppe, fehlende Ver- und Entsorgungsanschlüsse).
- Werden Gewerke getrennt vergeben (z. B. Fußbodenheizung und Estrich), dann hat jedes Gewerk Anspruch auf Abnahme vor der Ausführung des nachfolgenden Gewerks. Allerdings muss zu diesem Zeitpunkt das jeweilige Gewerk (z. B. Fußbodenheizung) selbstständig funktionsfähig sein, anderenfalls kommt nur eine Zustandsfeststellung (siehe ► Kapitel 2.5) in Betracht.
- Der Dachdecker hat sein Werk funktionell fertiggestellt, wenn das Dach dicht und die Dachentwässerung angeschlossen ist.

Die funktionelle Fertigstellung der Bauleistungen reicht natürlich dann nicht aus, wenn zwar die bestimmungsgemäße Nutzung möglich ist, aber dennoch die Bauleistung bauvertragswidrig und damit mangelhaft ist. Dies ist immer dann der Fall, wenn z. B. ein bestimmtes Material oder ein bestimmtes Fabrikat in Auftrag gegeben, aber nicht vom Auftragnehmer verbaut wurde. Beispiel: Die vom Auftragnehmer installierte Fußbodenheizung funktioniert zwar, es handelt sich aber um ein wesentlich preisgünstigeres Fabrikat als das bauvertraglich Vereinbarte. In diesem Fall ist die Leistung des Auftragnehmers nicht abnahmereif.

In der Baupraxis kommt des Öfteren die Frage auf, ob die Abnahme schon vor Ablauf des bauvertraglichen Fertigstellungstermins verlangt werden kann, wenn der Unternehmer vorher mit seinen Bauleistungen fertig wird: Für die Möglichkeit, eine Abnahme durchzuführen, ist der bauvertragliche Termin für die Fertigstellung nicht von Bedeutung. Die Fertigstellungsfrist muss also nicht abgewartet werden. Lediglich in Ausnahmefällen kann der Auftraggeber die Abnahme (weit) vor dem Fertigstellungstermin als unzumutbar ablehnen, wenn er z. B. noch keine Dispositionen für die Überprüfung treffen konnte oder auch noch gar keinen Bedarf für die Bauleistungen hat.

Dem Auftraggeber bleibt es unbenommen, freiwillig noch nicht fertiggestellte, unvollendete Leistungen des Auftragnehmers abzunehmen. Die Wirkungen der Abnahme treten dann ein, egal ob die Arbeiten des Auftragnehmers abnahmereif sind oder nicht (z. B. wegen erheblicher Mängel oder fehlender Leistungen).

## 4.2 Teilabnahme

Die Teilabnahme ist eine rechtsgeschäftliche Abnahme mit allen Abnahmewirkungen – allerdings nur für einen abgrenzbaren Teil der Bauleistungen des Auftragnehmers.

**Teilabnahme nach BGB**

Beim BGB-Bauvertrag besteht grundsätzlich kein Anspruch auf eine Teilabnahme. Die Parteien müssen also für den BGB-Bauvertrag die Teilabnahme vertraglich vereinbaren, wenn eine Pflicht zur Teilabnahme geschaffen werden soll. Eine Ausnahme gilt für den Fall, dass ein Teilgewerk in sich abgeschlossen sowie vollständig für den Auftraggeber nutzbar ist (ähnlich: § 12 Abs. 2 VOB/B) und der Auftraggeber die Leistungen auch benutzen will (z. B. ein einzelnes Reihenhaus einer Reihenhausanlage). Freiwillig kann der Auftraggeber Teilabnahmen aber immer vornehmen.

**Teilabnahme nach VOB/B**

Für den VOB-Bauvertrag sieht § 12 Abs. 2 VOB/B einen Anspruch auf Teilabnahme vor. Diese (echte) Teilabnahme hat folgende Voraussetzungen (unechte Teilabnahme siehe unten).

- **Teilabnahmeantrag des Auftragnehmers**
  Wenn der Auftragnehmer keine Teilabnahme verlangt, ist der Auftraggeber von sich aus nicht verpflichtet, eine Teilabnahme durchzuführen. Der Auftraggeber kann jedoch Teilabnahmen jederzeit freiwillig durchführen.
- **Einheitlicher Auftrag**
  Bei einer echten Teilabnahme muss es sich um eine Teilleistung aus einem größeren Gesamtauftrag handeln. Liegen mehrere selbstständige Einzelbauverträge für verschiedene Gewerke vor (z. B. Bauverträge getrennt nach Rohbau und Dachdeckerarbeiten oder getrennt nach Losen), so ist die Abnahme eines Gewerks (z. B. Rohbau) keine Teilabnahme, sondern die Schlussabnahme aus diesem Einzelbauvertrag.

- **In sich abgeschlossene Teilleistung**
  Mit einer Teilabnahme können nur selbstständige Teilleistungen abgenommen werden. Das heißt, die Teilleistung muss von ihrer Einzelfunktion von der Gesamtbauleistung des Auftragnehmers trennbar und selbstständig funktionsfähig sein. Beispiele hierfür sind die fertiggestellte Heizungsanlage, obwohl der Auftragnehmer noch das Gewerk Sanitärinstallation auszuführen hat, oder wenn im Schlüsselfertigbau ein Reihenhaus einer Reihenhausanlage komplett fertiggestellt ist. Die einzelnen Stockwerke eines Rohbaus berechtigen den Rohbauauftragnehmer nicht zur Teilabnahme. Im Verhältnis Generalunternehmer – Subunternehmer hat der Subunternehmer häufig schon Anspruch auf Schlussabnahme (z. B. Rohbau), wenn der Generalunternehmer gegenüber seinem Bauherrn noch nicht einmal eine Teilabnahme beanspruchen kann.

Die Teilabnahme kann ausdrücklich, stillschweigend oder fiktiv, d. h. in allen Abnahmearten, erfolgen. Die Teilabnahme führt für die abgenommene Teilleistung alle Abnahmewirkungen herbei. Der Auftraggeber muss sich auch bei der Teilabnahme ihm bekannte Mängel der Teilleistung und Vertragsstrafen für die abgenommene Teilleistung vorbehalten, um seine Rechte nicht zu verlieren. Der Auftragnehmer kann beim VOB-Bauvertrag eine Teilschlusszahlung auf eine Teilschlussrechnung (§ 16 Abs. 4 VOB/B) fordern.

Von der (echten) Teilabnahme ist die technische Abnahme/Zustandsfeststellung als unechte Teilabnahme zu unterscheiden (siehe ▶ Kapitel 2.5.1). Die Zustandsfeststellung führt die rechtlichen Abnahmewirkungen gerade nicht herbei und soll nur den später möglicherweise nicht mehr feststellbaren Zustand eines Gewerks vor der Ausführung eines Nachfolgegewerks dokumentieren bzw. die Abnahme im Rechtssinn vorbereiten.

**Praxistipp**

Für den Unternehmer ist es günstig, möglichst rasch nach der Fertigstellung einer Teilleistung auch eine Teilabnahme durchzuführen, um die Abnahmewirkungen für diese Teilleistung zu erreichen. Ist eine Teilabnahme nicht möglich (z. B. weil das Teilgewerk nicht selbstständig funktionsfähig ist oder Teilabnahmen laut Bauvertrag ausgeschlossen sind), sollten zumindest Zustandsfeststellungen stattfinden. Gerade Subunternehmer müssen darauf achten, ihr Gewerk nach der Fertigstellung unverzüglich vom Generalunternehmer abgenommen zu erhalten. Der Generalunternehmer wird dabei stets versuchen, die Abnahmen seiner Subunternehmer möglichst lange zu verzögern, um einen Gleichlauf mit seinen Gewährleistungsfristen gegenüber dem Bauherrn zu erreichen.

## 4.3 Bauvertragskündigung

Wird der Bauvertrag vor der Fertigstellung der Bauleistungen des Auftragnehmers gekündigt („vorzeitige" Kündigung) oder wird der Bauvertrag z. B. durch einen Rücktritt vom Vertrag beendet, können und müssen die bis dahin erbrachten Leistungen des Auftragnehmers vom Auftraggeber abgenommen werden. Anders als nach dem bisherigen Werkvertragsrecht des BGB a. F. ist für BGB-Bauverträge, die seit dem 01.01.2018 abgeschlossen wurden, eine Kündigung des Bauvertrags aus wichtigem Grund ausdrücklich geregelt. Allerdings war es auch zuvor (ohne ausdrückliche gesetzliche Regelung) möglich, einen Bauvertrag aus wichtigem Grund zu kündigen. Die Abnahme nach einer Vertragsbeendigung kann ausdrücklich, förmlich oder schlüssig erfolgen, nicht jedoch fiktiv.

Die Abnahme teilfertiger Leistungen nach der Kündigung ist keine Teilabnahme, sondern eine endgültige Abnahme. Sie beschränkt sich natürlich auf den Stand der Arbeiten des Auftragnehmers zum Zeitpunkt der Kündigung. In der Praxis ist diese Überprüfung der teilfertigen Leistungen häufig schwierig und erfordert großen technischen Sachverstand. Dies betrifft insbesondere die Abgrenzung zwischen noch nicht erbrachten und mangelhaften Teilleistungen, die zur Bestimmung der diesbezüglichen Rechte des Auftraggebers bedeutsam ist.

Der Anspruch des Auftragnehmers auf Abnahme besteht nach der Kündigung sowohl beim BGB-Bauvertrag als auch beim VOB-Bauvertrag. Beim VOB-Bauvertrag ist ausdrücklich geregelt, dass der Auftragnehmer nach der Kündigung die Abnahme und das Aufmaß seiner Arbeiten verlangen kann (§§ 8 Abs. 7, 12 Abs. 4 und 6 VOB/B).

**Praxistipp**

Nach der Bauvertragskündigung ist es sowohl für den Auftraggeber als auch für den Auftragnehmer angezeigt, sofort – möglichst gemeinsam und vor dem Beginn des Nachfolgeunternehmers – die bis zur Kündigung erbrachten Arbeiten zu dokumentieren, aufzumessen und ggf. abzunehmen. Nur so können spätere Streitigkeiten über die Restvergütung des Auftragnehmers eingedämmt und Beweisschwierigkeiten für beide Seiten vermieden werden. Für den Auftragnehmer ist es in jedem Fall wichtig, den Bauherrn durch eine Fristsetzung zur Abnahme zumindest in Abnahmeverzug zu bringen. Das Recht, die Abnahme zu verweigern, steht dem Auftraggeber nach den allgemeinen Grundsätzen zu, mit Ausnahme der durch die Kündigung fehlenden Leistungen (siehe ► Kapitel 6).

## 4.4 Entbehrlichkeit der Abnahme

Die Abnahme als Dreh- und Angelpunkt jedes Bauvertrags ist in etlichen Vorschriften des Werkvertragsrechts des BGB a. F. und n. F. sowie der VOB/B enthalten, die für die rechtliche Position des Auftraggebers und des Auftragnehmers von größter Wichtigkeit sind. Deshalb kann und darf auf die Abnahme aus rechtlichen Gesichtspunkten nur in seltenen Ausnahmefällen verzichtet werden.

Eine Abnahme ist damit nur dann nicht erforderlich, wenn der Bauherr wegen unvollständiger oder mangelhafter Leistungen des Auftragnehmers nur noch Geldansprüche (Selbstvornahmekosten, Minderung, Schadensersatz) verlangt. Voraussetzung ist, dass die Werkleistung an den Bauherrn übergeben ist (oder die Übergabe zumindest angeboten wurde) und auch beim Bauherrn verbleiben soll. Weiter muss der Bauherr statt der Fertigstellung oder der Mängelbeseitigung seine Geldansprüche geltend gemacht haben, und wegen der Unvollständigkeit bzw. der Mängel muss eine Abnahme des Werks ausgeschlossen sein, d. h., es darf keine Abnahmepflicht des Auftraggebers bestehen. Diese Konstellation wird häufig nach der Kündigung des Bauvertrags vorliegen, wenn der Bauherr danach vom Auftragnehmer weder die Fertigstellung noch die Mängelbeseitigung verlangt, sondern nur noch Schadenersatz für die Restfertigstellung und für Mängel (BGH, Urteil vom 22.09.2005).

# 5. Welche Fristen sind bei der Abnahme zu beachten?

Autoren: Dr. Christian Voit, Svenja Loderer

Die Abnahme ist der wichtigste formelle Akt bei der Abwicklung eines Bauvertrags. Deshalb spielen bei der Abnahme diverse Fristen eine zentrale Rolle. Voraussetzung jeder Abnahme ist, dass die Arbeiten des Auftragnehmers fertiggestellt sind. Unwesentliche Mängel und geringfügige fehlende Restarbeiten hindern die Abnahmereife nicht. Gleiches gilt für die Teilabnahme hinsichtlich des abzunehmenden Teilgewerks.

## 5.1 Fristen im BGB-Bauvertrag (alter und neuer Fassung)

Beim BGB-Bauvertrag hat die Abnahme sofort nach der Fertigstellung zu erfolgen. Für den BGB-Bauvertrag enthält § 640 Abs. 1 Satz 3 BGB a. F. bzw. § 640 Abs. 2 BGB n. F. die wichtigste gesetzliche Regelung zur Abnahme durch Fristablauf:

Setzt der Unternehmer dem Bauherrn eine angemessene Abnahmefrist und reagiert der Bauherr darauf

- nicht (§ 640 Abs. 1 Satz 3 BGB a. F.) bzw.
- nicht *oder* nicht mit einer Abnahmeverweigerung unter Angabe mindestens eines Mangels (§ 640 Abs. 2 BGB n. F. vgl. ► Kapitel 2.3),

gelten die Arbeiten des Unternehmers mit Fristablauf als abgenommen. Eine „angemessene" Abnahmefrist sollte sich an den 12 Werktagen des § 12 Nr. 1 VOB/B orientieren.

Für Vorbehalte des Auftraggebers innerhalb der Abnahmefrist gilt: Der Vorbehalt für bekannte Mängel muss nicht zwingend innerhalb der Frist für alle Mängel vollständig erklärt werden. Anders der Vertragsstrafenvorbehalt. Erklärt der Auftraggeber während der Abnahmefrist keinen Vertragsstrafenvorbehalt, verliert er seinen Vertragsstrafenanspruch.

Zur konkludenten Abnahme des Bauherrn durch Bezug des Bauvorhabens geht man beim BGB-Bauvertrag von einer sechswöchigen Prüfungsfrist für den Bauherrn aus. Danach treten die Abnahmewirkungen ein, wenn der Bauherr nicht vorher die Abnahme verweigert. Um seine Rechte nicht zu verlieren, muss der Bauherr innerhalb der Prüfungsfrist zumindest den Vorbehalt für ihm bekannte Mängel und den Vertragsstrafenvorbehalt erklären.

Durch eine bloße technische Abnahme entsteht keine rechtsgeschäftliche Abnahmewirkung. Werden allerdings bei der technischen Abnahme keine wesentlichen Mängel und auch keine erheblichen fehlenden Leistungen festgestellt, sind die Bauleistungen abnahmereif. Schweigt der Auftraggeber auf eine technische Abnahme hin, tritt eine stillschweigende rechtsgeschäftliche Abnahme spätestens nach einem Monat ein. Auch muss der Auftraggeber innerhalb dieser Frist seine Vorbehalte wegen Mängeln und wegen einer Vertragsstrafe erklären.

## 5.2 Fristen im VOB-Bauvertrag

Die VOB/B enthält über die Regelungen im BGB hinaus weitere Fristen, die für die Abnahme wichtig sind. Ziel der VOB/B ist es, möglichst rasch eine Abnahme herbeizuführen und diese noch dazu gut zu dokumentieren.

### 5.2.1 Abnahmeverlangen, Fristberechnung und Abnahmeverzug

Die wichtigste Abnahmefrist der VOB/B ist in § 12 Abs. 1 enthalten. Auf das Abnahmeverlangen des Auftragnehmers muss der Auftraggeber die Abnahme innerhalb von 12 Werktagen durchführen, sofern der Bauvertrag keine andere Frist vorsieht. Die Rechtsprechung hat in einem Bauvertrag die Verlängerung der Abnahmefrist von 12 Werktagen auf 24 Werktage für zulässig erklärt.

Wie der Auftraggeber nach dem Abnahmeverlangen die Abnahme durchzuführen hat, darüber sagt § 12 Abs. 1 VOB/B nichts aus. Es kommen alle Abnahmeformen (ausdrücklich, förmlich oder konkludent) in Betracht, außer den fiktiven Abnahmen des § 12 Abs. 5 VOB/B; die fiktive Abnahme nach § 12 Abs. 5 VOB/B setzt nämlich voraus, dass gerade keine Abnahme vorher verlangt wurde. Versäumt der Auftraggeber die Abnahmefrist, dann treten über § 640 Abs. 1 Satz 3 BGB a. F. bzw. § 640 Abs. 2 BGB n. F., die auch im VOB-Bauvertrag gelten, die Abnahmewirkungen ein.

Für die Fristberechnung nach Werktagen gilt, dass Samstage innerhalb der Frist mitzählen (§ 11 Abs. 3 VOB/B). Fällt der letzte Tag der Frist auf einen Samstag, Sonntag oder Feiertag, endet die Frist erst am darauffolgenden Werktag (§ 193 BGB).

Kommt der Bauherr dem Abnahmeverlangen des Unternehmers nicht nach, liegt Abnahmeverzug (auch Annahmeverzug oder Gläubigerverzug genannt) vor. Die Wirkungen des Abnahmeverzugs haben praktisch nur noch geringe Bedeutung: Hat der Auftragnehmer dem Auftraggeber eine Abnahmefrist gesetzt, wird der Abnahmeverzug lediglich für den Zeitraum vom Zugang der Abnahmeaufforderung beim Auftraggeber bis zum Fristablauf relevant. Danach treten die Abnahmewirkungen aus § 640 Abs. 1 Satz 3 BGB a. F. bzw. § 640 Abs. 2 BGB n. F. ein. Der Anwendungsbereich des Abnahmeverzugs verengt sich damit auf den BGB-Bauvertrag, bei dem der Auftragnehmer zwar die Abnahme verlangt, aber – aus welchen Gründen auch immer – hierfür keine Frist setzt. In diesen Fällen gerät der Auftraggeber (auch ohne sein Verschulden) in Gläubigerverzug (§§ 293 ff. BGB). Der Gläubigerverzug führt dazu, dass

- die Gefahr der zufälligen Beschädigung oder Zerstörung der Bauleistungen auf den Auftraggeber übergeht (§ 644 Abs. 1 Satz 2 BGB),
- der Auftragnehmer nur noch für Vorsatz und grobe Fahrlässigkeit haftet (§ 300 Abs. 1 BGB),
- der Auftragnehmer, der ein Grundstück zu bearbeiten hatte (z. B. Errichtung eines Gebäudes), nach vorheriger Androhung evtl. den Besitz daran aufgeben kann (§ 303 BGB, problematisch und fraglich insbesondere wegen der Verkehrssicherungspflicht),
- Mehrkosten für die Lagerung und Sicherung der Bauleistungen (§ 4 Abs. 5 Satz 1 VOB/B) sowie für die vergebliche Aufforderung zur Abnahme vom Auftraggeber zu tragen sind (§ 304 BGB).

Parallel zum Abnahmeverzug tritt mit Ablauf einer vom Auftragnehmer gesetzten Abnahmefrist der Schuldnerverzug des Auftraggebers ein. Dessen Wirkungen haben nur für die unberechtigte Abnahmeverweigerung noch praktische Relevanz und werden deshalb in ► Kapitel 6 besprochen.

### 5.2.2 Förmliche Abnahme

Der Auftraggeber muss bei der förmlichen Abnahme seine Mangel- und Vertragsstrafenvorbehalte erklären und im Abnahmeprotokoll dokumentieren, um seine Rechte nicht zu verlieren. Erscheint der Auftragnehmer nicht zum förmlichen Abnahmetermin, kann der Auftraggeber die Abnahme ohne ihn durchführen (§ 12 Abs. 4 Nr. 2 VOB/B). Der Auftraggeber muss dem Auftragnehmer das Abnahmeergebnis dann „alsbald“ mitteilen, d. h. in der Regel spätestens nach 12 Werktagen.

Wird eine förmliche Abnahme im Bauvertrag vereinbart und später von beiden Parteien vergessen, so tritt nach der Fertigstellung der Bauleistungen in einem Zeitraum von „mehreren Wochen“ bis „mehreren Monaten“ ein stillschweigender Verzicht auf die förmliche Abnahme und gleichzeitig die Abnahmewirkungen durch eine konkludente Abnahme ein. Eine exaktere Fristangabe existiert zur Thematik „vergessene förmliche Abnahme“ nicht, da die Rechtsprechung hier stark einzelfallbezogen urteilt.

### 5.2.3 Fertigstellungsmitteilung

Die fiktive Abnahme durch Fertigstellungsmitteilung (§ 12 Abs. 5 Nr. 1 VOB/B) tritt ein, wenn der Auftraggeber auf eine Mitteilung des Auftragnehmers über die Fertigstellung seiner Arbeiten 12 Werktage nicht reagiert.

Der Auftraggeber muss also innerhalb der 12-werktägigen Frist die Abnahme verweigern, wenn er hierzu berechtigt ist. Zumindest muss er seine Mangel- und Vertragsstrafenvorbehalte erklären (§ 12 Abs. 5 Nr. 3 VOB/B), um seiner Rechte nicht verlustig zu gehen.

### 5.2.4 Benutzung der Bauleistungen

Ebenso wichtig ist die fiktive Abnahme durch Benutzung (§ 12 Abs. 5 Nr. 2 VOB/B). Benutzt der Auftraggeber die Bauleistungen des Auftragnehmers rügelos 6 Werktage, dann gilt die Abnahme als erfolgt. Diese fiktive Abnahme tritt jedoch regelmäßig nicht allein dadurch ein, dass Nachfolgegewerke auf den Bauleistungen des Auftragnehmers aufbauen. Auch bei der Abnahme durch Benutzung muss der Auftraggeber innerhalb der 6-werktägigen Frist seine Mangel- und Vertragsstrafenvorbehalte erklären, um die Ansprüche daraus nicht zu verlieren.

### 5.2.5 Abnahmeverweigerung

Ein Sonderproblem stellen Fristigkeiten bei der Abnahmeverweigerung dar. Hat der Auftraggeber grundlos bereits vor der Abnahmeaufforderung gegenüber dem Auftragnehmer die Abnahme verweigert, muss der Auftragnehmer nicht auch noch eine Abnahmefrist setzen. Maßgeblich für den Zeitpunkt der Abnahme ist dann der Zeitpunkt der grundlosen Abnahmeverweigerung (= treuwidrige Vereitelung der Abnahmewirkungen, § 162 Abs. 1 BGB).

Die Rechtsprechung stellt der verweigerten Abnahme die endgültige und ernsthafte Ablehnung der Werkleistung durch den Auftraggeber gleich. Es bedarf also dann keiner Abnahme mehr, wenn der Bauherr zwar behauptet, die Leistungen des Auftragnehmers seien noch nicht vollständig erbracht und deshalb noch nicht abnahmereif, er aber gleichzeitig weder die Fertigstellung noch die Mängelbeseitigung, sondern Schadensersatz oder Minderung verlangt (siehe ▶ Kapitel 4.4). Diese Ablehnung der Werkleistung kann auch durch schlüssiges Verhalten des Bauherrn erfolgen.

# 6. Abnahmeverpflichtung und Abnahmeverweigerung

Autor: Svenja Loderer

Die Abnahme ist – juristisch betrachtet – eine rechtliche Wirkungen entfaltende Willenserklärung, mit der sich der Auftraggeber zum Bauwerk des Auftragnehmers positioniert. Mit der Abnahmeerklärung bringt der Auftraggeber zum Ausdruck, dass er die Werkleistung als (zumindest im Wesentlichen) vertragsgemäß anerkennt. Dieses mit der Abnahme verbundene Anerkenntnis bringt für den Auftraggeber überwiegend negative und spiegelbildlich für den Auftragnehmer hauptsächlich positive und erwünschte Wirkungen mit sich (vgl. ► Kapitel 7.2 zu den Wirkungen der Abnahme).

Wäre dem Auftraggeber die Abnahme freigestellt, so würde sich kaum jemals ein Auftraggeber finden, der überhaupt die – für ihn eher negative – Abnahme erklärt. Daher verpflichtet das geltende Werkvertragsrecht den Auftraggeber in § 640 Abs. 1 Satz 1 und Satz 2 BGB ausdrücklich dazu, auf Verlangen des Auftragnehmers die Abnahme vorzunehmen. Ebenso ist die Abnahmeverpflichtung des Auftraggebers in § 12 Abs. 1 bis 3 VOB/B geregelt. Der Auftraggeber muss jedoch nur dann abnehmen, wenn auch der Auftragnehmer das Seine zur Abnahme getan hat. Die Voraussetzungen für die Abnahme, namentlich die im Wesentlichen vertragsgerechte Werkleistung, muss also der Auftragnehmer schaffen.

Sobald der Unternehmer alle geschuldeten Leistungen zumindest im Wesentlichen fachgerecht und in Übereinstimmung mit den bauvertraglichen Vorgaben erbracht hat, ist sein Bauwerk „abnahmereif“ bzw. „abnahmefähig“; die beiden Begriffe sind inhaltsgleich und werden in ► Kapitel 6.2 näher erklärt. Von dem Moment an, in dem der Unternehmer die Bauleistung vertragsgerecht ausgeführt hat, darf er vom Bauherrn die Abnahme verlangen.

Fordert der Unternehmer die Abnahme, obwohl seine Werkleistung noch gar nicht abnahmereif ist, kann der Bauherr die Abnahme ablehnen; man spricht dann von einer berechtigten Abnahmeverweigerung. Der gegenteilige Fall, also die unberechtigte Verweigerung der Abnahme einer Bauleistung, kann für den Auftraggeber unangenehme Folgen nach sich ziehen (vgl. ► Kapitel 6.1). Regelmäßig noch nachteiliger ist es für den Auftraggeber aber, eine noch gar nicht abnahmefähige Bauleistung abzunehmen. Daher sollte die Abnahme gut überlegt sein. Grundsätzlich darf die Abnahme nur bei schwerwiegenden Defiziten versagt werden; dann ist die Abnahmeverweigerung aber auch dringend angezeigt.

Für Bauverträge, die ab dem 01.01.2018 abgeschlossen wurden, hat der Unternehmer die Möglichkeit, im Fall einer Abnahmeverweigerung des Bauherrn nach § 650g BGB n. F. eine Zustandsfeststellung zu verlangen (vgl. ► Kapitel 6.4). Damit soll der Unternehmer in die Lage versetzt werden, seine Beweissituation zu verbessern und sich vor den Folgen nicht von ihm verursachter Schäden am Bauwerk zu schützen.

## 6.1 Abnahme als Bauherrenpflicht, unberechtigte Verweigerung

### Abnahme als Bauherrenpflicht

Der Bauherr ist beim BGB-Bauvertrag nach § 640 Abs. 1 Satz 1 und 2 BGB verpflichtet, das Bauwerk abzunehmen, sofern dieses im Wesentlichen frei von Mängeln und entsprechend der vertraglichen Vorgaben hergestellt ist; Ausnahmen von dieser Grundregel sind in ► Kapitel 6.2 dargestellt. Für VOB-Bauverträge ergibt sich das mit abweichender Formulierung, aber inhaltlich ohne großen Unterschied auch aus § 12 Abs. 1 und 3 VOB/B.

Die Abnahmepflicht ist eine der drei Hauptpflichten, die das Werkvertragsrecht kennt:

Der Werkvertrag verpflichtet den Auftragnehmer zur Werkherstellung und den Auftraggeber zur Entrichtung des Werklohns (§ 631 Abs. 1 BGB). Diese beiden gegenseitigen Hauptpflichten prägen den Charakter des Werkvertrags: Austausch einer Werkleistung gegen eine Vergütung. Dem Auftraggeber obliegt als dritte Hauptpflicht die Abnahme, wenn das Bauwerk abnahmereif ist.

So hervorgehoben die Abnahmeverpflichtung des Bauherrn in § 640 Abs. 1 BGB gesetzlich geregelt ist, so überschaubar sind zumindest die direkten Folgen einer unberechtigten Verweigerung der Abnahme. Der Auftragnehmer, der die Abnahme grundlos verweigert, befindet sich mit der Abnahme in Verzug. Das rechtliche Kuriosum, dass dieser Verzug gleichzeitig Schuldner- und Gläubigerverzug ist, wird in ▶ Kapitel 5.2.1 angesprochen.

Der Unternehmer kann den zur Abnahme verpflichteten, aber unwilligen Bauherrn auf die Abnahme verklagen. Eine solche Klage ist zwar rechtlich möglich, aber für die Praxis in aller Regel unsinnig. Der Unternehmer darf bei unbegründeter Verweigerung der Abnahme auch gleich die Vergütung einklagen, ohne zuerst die Abnahme zu erzwingen. Im Klageverfahren über den Werklohn wird dann über die Abnahmefähigkeit des Werks mitentschieden.

Falls der Auftraggeber dagegen die Abnahme berechtigt (und bei seit dem 01.01.2018 abgeschlossenen BGB-Bauverträgen unter Angabe mindestens eines Mangels, vgl. ▶ Kapitel 2.3) verweigert, da das Bauwerk nicht abnahmefähig ist, treten die Abnahmewirkungen (vgl. ▶ Kapitel 7) nicht ein. Weitere direkte Wirkungen kommen der begründeten Abnahmeverweigerung nicht zu. Der Auftragnehmer kann unvollständige Werkleistungen ergänzen, Mängel beseitigen und vertragswidrige Leistungen ändern. Sobald der Auftragnehmer erfolgreich nachgebessert hat und seine Leistungen nun abnahmereif sind, darf er vom Auftraggeber die Abnahme verlangen.

**Praxistipp**

Beim VOB-Bauvertrag hat der Bauherr die Möglichkeit, vom Unternehmer schon vor der Abnahme die Beseitigung von Mängeln zu verlangen; das ergibt sich aus § 4 Abs. 7 Satz 1 VOB/B. Leistet der Unternehmer dem nicht Folge, kann der Bauherr Schadensersatz verlangen (§ 4 Abs. 7 Satz 2 VOB/B). Daneben darf der Bauherr dem Unternehmer eine Nachfrist zur Mangelbehebung setzen und für den Fall des fruchtlosen Ablaufs der Nachfrist die Kündigung des Werkvertrags androhen (§ 4 Abs. 7 Satz 3 VOB/B). Lässt der Unternehmer die Nachfrist – ganz oder zum Teil – ungenutzt verstreichen, ist der Bauherr zur (auch teilweisen) Kündigung berechtigt. Dieses Kündigungsrecht ergibt sich aus § 8 Abs. 3 VOB/B (vgl. ► Kapitel 7.2.1).

Daher bietet es sich für den Bauherrn an, mit der Abnahmeverweigerung zugleich (unter angemessener Fristsetzung und Androhung der Kündigung) die Beseitigung der Mängel zu verlangen, die der Abnahmefähigkeit im Wege stehen. So kann der Unternehmer zusätzlich unter Druck gesetzt werden, die Werkleistungen zügig sowie fach- und vertragsgerecht fertigzustellen.

Beim BGB-Bauvertrag kann der Auftraggeber vor der Abnahme formal betrachtet keine Mängel rügen, wenn nicht ausnahmsweise im Bauvertrag ausdrücklich ein Mangelrügerecht auch vor der Abnahme vereinbart ist. Auch das neue BGB-Bauvertragsrecht beinhaltet keine Mängelrüge vor der Abnahme und regelt für die Zeit vor der Abnahme keine Gewährleistungsrechte des Auftraggebers. Der Auftraggeber ist aber beim BGB-Bauvertrag berechtigt, dem Auftragnehmer zusammen mit der Abnahmeverweigerung eine angemessene Frist zur mangelfreien Fertigstellung der Bauleistung zu setzen. Dabei kann der Auftraggeber selbstverständlich bereits entdeckte Mängel benennen. Bei fruchtlosem Ablauf der Fertigstellungsfrist darf der Auftraggeber – wenn er dies möchte – vom Vertrag zurücktreten (§ 323 BGB) und Schadensersatz verlangen (§§ 280 ff. BGB). Das führt dazu, dass der Auftraggeber die Bauleistung selbst auf Kosten des Auftragnehmers mangelfrei fertigstellen (lassen) kann (vgl. ► Kapitel 7.2.1).

## 6.2 Abnahmefähigkeit/-reife

Der Bauherr muss das vom Unternehmer zur Abnahme angebotene Bauwerk regelmäßig dann (aber auch nur dann) abnehmen, wenn es abnahmereif ist.

In Ausnahmefällen darf der Auftraggeber allerdings auch einer abnahmefähigen Bauleistung die Abnahme vorläufig verweigern: Der Auftraggeber kann die Abnahme insbesondere dann einstweilen versagen, wenn und solange er keine Gelegenheit erhalten hat, das Werk einer Überprüfung zu unterziehen. Vom Auftraggeber kann erst dann verlangt werden, die Werkleistung als im Wesentlichen vertragsgerecht anzuerkennen, wenn er sich darüber auch ein Bild verschaffen konnte. Gerade bei technischen Anlagen wird man dem Auftraggeber gestatten müssen, vor bzw. bei der Abnahme einen Probelauf durchzuführen.

**Praxistipp**

Der Bauherr kann leicht in die Situation kommen, beim Abnahmetermin auf einen möglichen Mangel bzw. ein Mangelrisiko zu stoßen, das er mangels Fachwissen nicht abschließend verifizieren und bewerten kann; das gilt nicht nur für den Laien. In solchen Fällen kann es für den Bauherrn sicherer sein, die Abnahme unter Verweis auf das vermutete Mangelrisiko zunächst zu verweigern. Streitigkeiten, zumindest mit kooperativen Unternehmern, sollten sich dadurch vermeiden lassen, dass der Bauherr dem Unternehmer einen zeitnahen neuen Abnahmetermin benennt, vor dem er den Mangelverdacht von sachkundiger Seite (Sachverständiger, Architekt etc.) verifizieren lassen oder zu dem er einen fachkundigen Helfer mitbringen kann.

Ist ein Abnahmetermin vereinbart, hat der Auftraggeber zudem Anspruch auf eine gemeinsame Abnahme mit dem Auftragnehmer. Erscheint der Auftragnehmer zum Abnahmetermin nicht, muss der Auftraggeber nicht abnehmen. Der Auftraggeber ist nicht verpflichtet, die Abnahme in Abwesenheit des Auftragnehmers durchzuführen, auch wenn die Bauleistung mangelfrei ist. Ist dem Auftraggeber allerdings eine Frist zur Abnahme gesetzt, sollte er die Abnahme gegenüber dem Auftragnehmer ausdrücklich und unter Verweis auf die Abwesenheit des Auftragnehmers beim Abnahmetermin (z. B. per E-Mail) verweigern. Bei BGB- und VOB-Bauverträgen, die seit dem 01.01.2018 abgeschlossen wurden, muss der Auftraggeber zudem sicherheitshalber mindestens einen Mangel angeben (§ 640 Abs. 2 Satz 1 BGB n. F.).

Umgekehrt muss der Bauherr in besonderen Fällen auch ein unter erheblichen Mängeln leidendes, nicht abnahmereifes Bauwerk abnehmen. Dies gilt beispielsweise in Sondersituationen, wenn der Bauherr zu erkennen gibt, dass er auf die Beseitigung des Mangels gar keinen Wert legt oder den Mangel sogar bereits im Wege der Selbstvornahme beseitigt hat. Auch falls der Bauherr wegen eines erheblichen Mangels vom Unternehmer fordert, die Rechnung als Ausgleich für den Mangel zu kürzen, wird er nicht gleichzeitig wegen dieses Mangels die Abnahme verweigern können. Da es dem Bauherrn in derartigen Fällen augenscheinlich nur auf eine finanzielle Regulierung der Angelegenheit ankommt, muss er das Bauwerk unter Vorbehalt des Mangels (vgl. ► Kapitel 7.2.4) abnehmen. Selbst noch so gravierende und auf den ersten Blick scheinbar erhebliche Mängel sind keine Basis für eine Abnahmeverweigerung, wenn der Bauherr erkennbar das Bauwerk behalten will, aber keine Mangelbeseitigung, sondern eine rein finanzielle Abwicklung des Mangels anstrebt.

Nach einer anderen (nicht zu abweichenden Ergebnissen führenden) Ansicht soll der Bauherr in den vorstehend beschriebenen Fällen zwar nicht zur Abnahme verpflichtet sein, die Werklohnfälligkeit soll dafür aber auch ohne Abnahme eintreten („Übergang in das Abrechnungsverhältnis ohne Abnahme", vgl. ► Kapitel 7.2.5).

**Wann ist aber nun ein Bauwerk abnahmereif?**

Eine Bauleistung ist grundsätzlich dann abnahmefähig, wenn sie zumindest im Wesentlichen

- fertiggestellt,
- frei von Mängeln und
- entsprechend den vertraglichen Vereinbarungen zur Beschaffenheit des Bauwerks ausgeführt

ist.

Für die Praxis am Bau ist die Frage von zentraler Bedeutung, in welchen konkreten Fällen fehlende Restleistungen, Abweichungen von den Vertragsvorgaben und sonstige Mängel so wesentlich sind, dass keine Abnahmereife gegeben ist und der Bauherr die Abnahme verweigern darf. Diese Frage ist allerdings nicht für alle denkbaren Fallkonstellationen eindeutig und abschließend zu beantworten. Eine allgemeingültige und griffige Formel gibt es nicht. Dazu sind die möglichen Fallkonstellationen auch viel zu verschieden. Im Folgenden werden daher zunächst die bisher von den Gerichten herangezogenen Bewertungskriterien dargestellt. Anschließend folgen Beispiele, die ein Gefühl dafür vermitteln können, ob Mängel die Abnahmeverweigerung rechtfertigen oder nicht.

### *Bewertungskriterien der Gerichte*

Nach der Rechtsprechung des Bundesgerichtshofs ist die Versagung der Abnahme unberechtigt, wenn die Unzulänglichkeiten des Bauwerks nach Art, Umfang und insbesondere Auswirkung so unbedeutend sind, dass der Bauherr kein schützenswertes Interesse an einer Mängelbeseitigung vor der Abnahme haben kann. Dann sieht der Bundesgerichtshof in der Verweigerung der Abnahme einen Verstoß des Bauherrn gegen Treu und Glauben und ein rechtswidriges Vorgehen. Bei der Abgrenzung von wesentlichen und unwesentlichen Mängeln sind von Bedeutung

- die voraussichtliche Höhe der Mangelbeseitigungskosten,
- ob und wie schwer die Funktionsfähigkeit des Bauwerks durch den Mangel beeinträchtigt ist und
- ob es dem Auftraggeber trotz des Mangels zumutbar ist, das Bauwerk abzunehmen.

Dabei ist der Blick auf die Zweckbestimmung der Bauleistung zu wahren. Zu den einzelnen eben genannten Bewertungsmaßstäben im Detail:

Als erster grober Anhaltspunkt dafür, ob ein Mangel wesentlich ist, können die voraussichtlich erforderlichen **Kosten der Mangelbeseitigung** dienen. Je höher die Mangelbeseitigungskosten im Verhältnis zur Bauleistung ausfallen, umso eher wird der Bauherr die Abnahme verweigern dürfen. Klare prozentuale oder betragsmäßige Grenzen, ab wann die Kosten der Mangelbeseitigung einen erheblichen Mangel begründen, gibt es nicht. So vertrat ein Gericht die Auffassung, dass schon der mangelhafte Schallschutz an einem von insgesamt 25 Gebäuden (Auftragsvolumen ca. 3 Mio. Euro) bei Mangelbeseitigungskosten von nur ca. 15.000 Euro eine komplette Abnahmeverweigerung begründet. In diesem Beispiel genügten also Beseitigungskosten von nur ca. 0,5 % der Auftragssumme für einen wesentlichen Mangel. Dennoch können selbst weit kostenintensivere Mängel unwesentlich sein, wenn sie die Funktionsfähigkeit des Bauwerks nicht beeinträchtigen und die Abnahme für den Auftraggeber nicht unzumutbar machen.

Die ungehinderte **Gebrauchstauglichkeit der Werkleistung** für den vertraglich vorgesehenen oder vorausgesetzten Zweck steht im Mittelpunkt der Beurteilung, ob ein Mangel wesentlich ist. Mängel, welche die Funktionsfähigkeit insgesamt erheblich behindern, sind immer wesentlich. Dabei kommt es nicht darauf an, ob der Mangel selbst im Verhältnis zur Gesamtbaumaßnahme bedeutend erscheint. So bestätigte ein Gericht die Abnahmeverweigerung eines Bauherrn, der die Abnahme eines Hauses hauptsächlich deshalb verweigerte, weil das Haus wegen fehlender Trittstufen zum Eingang nicht gefahrlos betreten werden konnte. Wegen einer Beeinträchtigung der Benutzung des Hauses als Ganzes kann also der geringe Mangel eines nicht benutzbaren Hauseingangspodests von Bedeutung sein.

An sich noch so kleine Mängel können zudem wesentlich sein, falls sie einer Genehmigung der Verwaltungsbehörden oder einer notwendigen behördlichen Abnahme entgegenstehen.

Ein und derselbe Mangel kann in unterschiedlichen Fallkonstellationen ein wesentlicher oder ein unwesentlicher Mangel sein. Beispielsweise wird eine defekte Türklingel an einem schlüsselfertig errichteten Einfamilienwohnhaus keinen relevanten Mangel darstellen. Anders liegt der Fall, wenn sich der Auftrag darauf beschränkt, eine neue Klingelanlage zu installieren. Solange diese nicht funktioniert, besteht keine Abnahmereife. Dies zeigt, dass stets im Auge zu behalten ist, wie bedeutsam ein Mangel im Hinblick auf die Funktionsfähigkeit der geschuldeten Bauleistung ist.

Die Wesentlichkeit eines Mangels darf auch nicht nur an rein objektiven Gesichtspunkten festgemacht werden. So können subjektive Aspekte die Abnahme für **den Auftraggeber unzumutbar** machen. Wenn der Auftragnehmer etwa vom Auftraggeber konkret geäußerte Wünsche oder dessen – für den Auftragnehmer erkennbare – Bedürfnisse missachtet, wird dem Auftraggeber die Abnahme nicht zuzumuten sein. Wer für einen Bauherrn, der auf einen Rollstuhl angewiesen ist, einen barrierefreien Bungalow errichten soll, wird z. B. im Fall von mit dem Rollstuhl unüberwindlichen Schwellen nicht die Abnahme verlangen können – ganz gleich, ob das Gebäude ansonsten mangelfrei ist und mit wie geringem Aufwand die Barrierefreiheit nachträglich hergestellt werden kann.

Auch der Grad des Verschuldens des Auftragnehmers kann im Einzelfall eine Rolle spielen. Je weniger Schuld den Auftragnehmer an der Entstehung des Mangels trifft, umso eher hat der Auftraggeber den Mangel als unwesentlich hinzunehmen und das Werk trotz (bzw. unter Vorbehalt, vgl. ► Kapitel 7.2.4) des

Mangels abzunehmen. Leichtfertig oder z. B. aus grobem Desinteresse für die Belange des Bauherrn verschuldete Mängel vermitteln dagegen schneller ein Recht, die Abnahme zu verweigern.

Schließlich kann es eine Rolle spielen, mit welchen Beeinträchtigungen die Beseitigung eines Mangels verbunden ist. Auch eher überschaubare Mängelsachverhalte können der Abnahme entgegenstehen, sofern deren Sanierung mit massiven und/oder langwierigen baulichen Maßnahmen verbunden sind, die eine Nutzung des Werks erheblich beeinträchtigen.

**Hinweis**

Zusammengefasst ist ein Mangel immer dann wesentlich, wenn dem Auftraggeber die Abnahme unzumutbar ist. Das ist insbesondere dann der Fall, wenn die Werkleistung nicht funktionsfähig ist oder sonstige gewichtige technische, wirtschaftliche oder subjektive Gründe der Abnahme im Wege stehen.

***Beispiele für Mangelsachverhalte, welche die Abnahmeverweigerung (nicht) rechtfertigen***

**Beispiel**

**Eine Vielzahl an sich unwesentlicher Mängel** kommt stets einem wesentlichen Mangel gleich. Weisen z. B. vom Unternehmer verlegte Fliesen wenige kleinere Überzähne oder einzelne Fliesen Farbabweichungen auf, muss der Bauherr die Fliesenarbeiten abnehmen. Er kann vom Unternehmer selbstverständlich auch nach der Abnahme die Beseitigung der Überstände bzw. den Austausch von Fliesen mit Fehlfarben verlangen, wenn er sich die einzelnen Mängel bei der Abnahme vorbehält (vgl. ► Kapitel 7.2.4 zum Vorbehalt von Mängeln). Sollte aber nahezu jede Fliese Höhenunterschiede zur anliegenden Fliese aufweisen oder fast der gesamte Fliesenboden unter Farbfehlern leiden und möglicherweise gar noch zusätzlich Fehler im Fugenbild vorliegen, kann die Summe der für sich betrachteten unwesentlichen Mängel die Abnahmefähigkeit ausschließen. Konkret wurde von einem Gericht bei einem Anteil von 16 % Fliesen mit unzulässigen Farbabweichungen ein wesentlicher Mangel angenommen.

**Beispiel**

Ein **Verstoß gegen die allgemein anerkannten Regeln der Technik** hindert die Abnahmereife, es sei denn, der Verstoß betrifft nur unbedeutende Teilleistungen und kann beseitigt werden.

**Beispiel**

Ein wesentlicher Mangel liegt vor, wenn die **Bauleistung in relevantem Umfang dem Auftrag widerspricht**. Falls beispielsweise für eine einzubauende Heizungsanlage ein konkretes Fabrikat/System vereinbart ist, muss der Auftraggeber kein abweichendes Fabrikat abnehmen, auch wenn dieses möglicherweise genauso gut, genauso teuer, genauso geeignet und uneingeschränkt fachgerecht eingebaut ist. Niemand käme auf die Idee, dass der Käufer eines Neuwagens vom Autohändler ein technisch und preislich vergleichbares Modell eines anderen Herstellers annehmen müsste; genauso verhält es sich grundsätzlich auch im Werkvertragsrecht. Natürlich wird eine Abnahmeverweigerung ausscheiden, wenn das verwendete Fabrikat für den Auftraggeber keine große Rolle spielt oder schon in der vertraglichen Leistungsbeschreibung vermerkt ist, dass das Produkt XY "oder gleichwertig" installiert werden soll.

**Beispiel**

**Mängel, welche die Lebensdauer der Werkleistung signifikant senken** (gerichtlich entschieden für abweichend von der Ausschreibung ausgeführte Schweißnähte bei einer Lebensdauerreduzierung von 35 %), sind erheblich und stehen der Abnahme entgegen.

**Beispiel**

**Fehlende Unterlagen**, die erforderlich sind, um die Ordnungsmäßigkeit der Leistung zu belegen und/oder für die Benutzung notwendige Nachweise beinhalten, können zur fehlenden Abnahmereife der (ggf. technisch komplett mangelfreien) Bauleistung führen. Hat z. B. der Auftragnehmer nach dem Vertragsinhalt Revisionspläne zu übergeben, kann der Auftraggeber die Abnahme der (ggf. technisch einwandfreien) Bauleistung verweigern, bis er vom Auftragnehmer die geschuldeten Revisionspläne erhält. Wenn für die vertraglich vereinbarte oder vorausgesetzte Nutzung behördliche Genehmigungen oder Abnahmen nicht zu erhalten sind, weil vom Unternehmer beizusteuernde Unterlagen unvollständig sind, ist das Bauwerk ebenfalls nicht abnahmefähig.

**Beispiel**

Selbst **erhebliche optische Beeinträchtigungen** können genügen, um dem Bauherrn die Abnahme unzumutbar zu machen und einen wesentlichen Mangel zu begründen. Gerade Bauwerke und Bauwerksteile, die repräsentativen Zwecken dienen sollen, können durch optische Mängel ihre Funktionsfähigkeit verlieren und sind dann nicht abnahmereif. Wesentlich ist auch, ob die optischen Unzulänglichkeiten beseitigt werden können. Ist dies nicht der Fall, wird eher ein wesentlicher Mangel vorliegen (so gerichtlich entschieden für den Fall massiver, nicht mehr beseitigbarer Verschmutzungen von Steinmaterial) als bei korrigierbaren optischen Mängeln. Wenn der optische Fehler nachgebessert werden kann, wird dem Bauherrn regelmäßig die Abnahme unter Vorbehalt des Mangels zuzumuten sein; der Unternehmer muss die optischen Beeinträchtigungen dann nach der Abnahme beseitigen. Jedenfalls bei einem Zusammentreffen mit anderen Mängeln sind auch optische Mängel von Bedeutung.

**Beispiel**

Die Abnahmeverweigerung kann grundsätzlich nicht darauf gestützt werden, dass der Unternehmer das **Bauwerk verspätet hergestellt** und/oder zur Abnahme angeboten hat. Weist das Bauwerk zum Zeitpunkt des Abnahmeverlangens keine wesentlichen Defizite auf, muss der Bauherr die Abnahme erklären; allerdings können ihm wegen der verzögerten Ausführung selbstverständlich Schadensersatz- oder Vertragsstrafenansprüche gegen den Unternehmer zustehen.

## 6.3 Abnahmeverweigerung

Der Bauherr muss nicht nur die Abnahme, sondern auch die Abnahmeverweigerung gegenüber dem Unternehmer erklären. Dafür ist eine Mitteilung ausreichend, dass die Abnahme verweigert wird, derzeit nicht erfolgen kann, die Abnahmereife fehlt o. Ä. Dies kann schriftlich, mündlich oder schlüssig erfolgen, wenn der Bauherr dem Unternehmer durch sein Verhalten zu erkennen gibt, dass eine Abnahme nicht in Betracht kommt. Die Abnahmeverweigerung sollte schon zu Beweiszwecken schriftlich und mit Zugangsnachweis erklärt werden. Wenn der Bauherr die Abnahme explizit verweigert, sind zudem die fiktiven Abnahmeformen nach § 12 Abs. 5 VOB/B ausgeschlossen. Auch eine schlüssige Abnahme, etwa durch ungekürzte Bezahlung der Schlussrechnung oder Ingebrauchnahme, kann der Bauherr verhindern, indem er mit der Zahlung/Ingebrauchnahme die Abnahme ausdrücklich (am besten schriftlich und mit Zugangsnachweis) verweigert.

**Praxistipp**

Der Bauherr muss sich bei der Abnahme Rechte wegen aller ihm bekannten Mängel sowie Vertragsstrafen ausdrücklich und am besten schriftlich vorbehalten, um keinen Rechtsverlust zu erleiden (vgl. ► Kapitel 7.2.4). Dies gilt zwar nicht für eine begründete Abnahmeverweigerung. Allerdings kann es nach einer unberechtigten Abnahmeversagung zur fiktiven Abnahme kommen; dann droht ein Verlust nicht vorbehaltener Rechte wegen bekannter Mängel und Vertragsstrafen. Daher ist dem Bauherrn anzuraten, sicherheitshalber auch bei der Abnahmeverweigerung erkannte Mängel zu rügen und sich Vertragsstrafenansprüche vorzubehalten.

Zweckmäßig, aber nicht unbedingt erforderlich, ist bei BGB- und VOB-Bauverträgen, die bis zum 31.12.2017 abgeschlossen wurden, eine Begründung der Abnahmeverweigerung. Die Versagung der Abnahme ist berechtigt, wenn die Leistungen des Auftragnehmers rein objektiv nicht abnahmefähig sind. Mängel, die im Rahmen der Abnahmeverweigerung gar nicht zur Sprache kommen, können später nachgeschoben werden und die Nichtabnahme rechtfertigen. Dies gilt selbst für Mängel, die dem Auftraggeber bei der Abnahmeverweigerung noch gar nicht bekannt waren.

Das gibt dem „offensiv“ eingestellten Bauherrn die Möglichkeit, die Abnahme zu verweigern, obwohl bislang entdeckte Mängel dies nicht rechtfertigen, und darauf zu spekulieren, dass weitere Mängel zutage treten. Erst später erkannte Mängel können die Abnahmeverweigerung im Nachhinein begründen. Für Bauherren, die zahlreiche noch nicht wesentliche Mängel oder Anhaltspunkte für mögliche wesentliche Mängel entdecken, kann es günstig sein, die Abnahme zunächst zu verweigern. Allerdings muss klar sein, dass eine unberechtigte Versagung der Abnahme vertragswidrig ist und rechtliche Folgen nach sich ziehen kann (vgl. ► Kapitel 5.2.1).

Bei Bauverträgen, die seit dem 01.01.2018 abgeschlossen wurden, wird der Bauherr nach § 640 Abs. 2 Satz 1 BGB n. F. gezwungen sein, bei der Abnahmeverweigerung mindestens einen Mangel anzugeben (vgl. ► Kapitel 2.3). Ob es sich bei dem angegebenen Mangel um einen wesentlichen Mangel handeln muss oder ob die Benennung irgendeines Mangels genügt, solange nur ein anderer Mangel wesentlich ist, wird durch die Rechtsprechung zu klären sein.

## 6.4 Zustandsfeststellung nach § 650g BGB n. F.

Verweigert der Auftraggeber die Abnahme, stellt sich für den Auftragnehmer ein risikobehafteter Schwebezustand ein, insbesondere, wenn Streit besteht, ob das Bauwerk bereits vertragsgerecht hergestellt ist. Liegen eindeutige, wesentliche Mängel vor, liegt es am Auftragnehmer, diese zu beseitigen und den Auftraggeber anschließend zur Abnahme zu veranlassen. Sieht der Auftraggeber aber eine Ausführung als erheblich mangelhaft an, die aus der Warte des Auftragnehmers im Wesentlichen fach- und vertragsgerecht ist, wird der Auftragnehmer nicht nachbessern wollen.

Werden dann nach der Abnahme Beschädigungen festgestellt, muss der Auftragnehmer – mangels Abnahme und damit mangels Beweislastumkehr (vgl. ► Kapitel 7.2.3) – nachweisen, dass die Schädigung nachträglich vom Auftraggeber verursachte wurde; dieser Beweis ist dem Auftragnehmer häufig nicht möglich, selbst wenn die Schädigung des Bauwerks auf den

Auftraggeber zurückgeht. In diesem Fall ist der Auftragnehmer den Mängelrechten des Auftraggebers ausgesetzt.

Doch das ist noch nicht alles: Selbst wenn ein Schaden nicht vom Auftraggeber verursacht wurde, sondern von einem Dritten, oder ein Schaden ganz ohne Verschulden von irgendwem entstanden ist (z. B. Unwetterschäden), treffen die Folgen den Auftragnehmer; solange nicht abgenommen ist, trägt er das Risiko im Hinblick auf solche Zufallsschäden (vgl. ► Kapitel 7.2.2).

Hat der Auftraggeber die Abnahme trotz Abnahmereife zu Unrecht verweigert, befindet er sich im Abnahmeverzug (vgl. ► Kapitel 5.2.1). Aber auch das hilft dem Auftragnehmer kaum. Zwar geht die Gefahr von Zufallsschäden bei Abnahmeverzug auf den Auftraggeber über. Der Auftragnehmer ist aber einer doppelten Beweislast ausgesetzt, an der er sehr häufig scheitern wird. Zunächst einmal muss er belegen, dass das Bauwerk bereits abnahmereif fertiggestellt und der Auftraggeber in Verzug mit der Abnahme war. Und selbst wenn dieser erste Schritt gelingt, bleibt nachzuweisen, dass es sich nicht um einen Mangel, sondern um einen Zufallsschaden handelt. Im Fall einer berechtigten Abnahmeverweigerung bleibt die Gefahr für den Eintritt von Zufallsschäden ohnehin beim Auftragnehmer.

Das neue BGB-Bauvertragsrecht will dem Unternehmer in solchen Fällen helfen. Nach § 650g BGB n. F., der für alle Bauverträge gilt, die seit dem 01.01.2018 geschlossen werden, kann der Unternehmer nach verweigerter Abnahme vom Bauherrn verlangen, dass der Zustand des Bauwerks gemeinsam und beweiskräftig festgestellt wird; damit soll er sich davor schützen können, wegen nachträglicher Beschädigungen in Anspruch genommen zu werden. Die Vorschrift zur Zustandsfeststellung gilt – da die VOB/B keine abweichende Regelung beinhaltet – für BGB-Bauverträge und VOB-Bauverträge gleichermaßen.

Verweigert der Bauherr unter Angabe mindestens eines Mangels die Abnahme, hat er nach § 650g Abs. 1 Satz 1 BGB n. F. auf Verlangen des Unternehmers an einer gemeinsamen Feststellung des Zustands der Werkleistung mitzuwirken. Nach dem Wortlaut dieser neuen Vorschrift soll der Unternehmer keinen Anspruch auf eine Zustandsfeststellung haben, wenn der Bauherr die Abnahmeverweigerung ohne Angabe von Mängeln ausgesprochen hat. Denn: Wird dem Bauherrn eine Frist zur Abnahme gesetzt und lässt der Bauherr diese Frist schweigend verstreichen oder versäumt er bei Verweigerung der Abnahme das Benennen von mindestens einem Mangel, so tritt nach § 640 Abs. 2 BGB n. F. die Abnahme durch Fristablauf ein. In diesem Fall ist der Unternehmer aus der Warte des Gesetzgebers nicht auf eine Zustandsfeststellung angewiesen, da mit der fiktiven Abnahme grundsätzlich die Abnahmewirkungen eintreten, insbesondere der Übergang der Beweislast für Mängel sowie der Gefahr zufälliger Beschädigungen auf den Bauherrn.

**Hinweis**

An dieser Stelle scheinen Probleme vorprogrammiert: Rügt der Bauherr, der sich auf ein Abnahmeverlangen des Unternehmers gar nicht zur Abnahme geäußert oder diese ohne Angabe von Mängeln verweigert hat, nach dem Fristablauf wesentliche Mängel, läuft die Abnahme durch Fristablauf ins Leere. Die Beweislast und die Gefahr im Fall von Zufallsschäden bleiben beim Auftragnehmer; dieser findet sich damit wieder in der oben beschriebenen risikoträchtigen Position, ohne dem mittels einer Zustandsfeststellung nach § 650g BGB n. F. entgegenwirken zu können.

### Folgen einer Zustandsfeststellung

Wird dem Auftraggeber die Bauleistung nach einer Zustandsfeststellung zur Nutzung überlassen, steht der Auftragnehmer fortan unter dem Schutz des § 650g Abs. 3 BGB n. F. Ist im Protokoll der Zustandsfeststellung kein offenkundiger Mangel vermerkt, wird gesetzlich vermutet, dass dieser nach der Zustandsfeststellung entstanden und vom Auftraggeber zu vertreten ist.

Der erste Teil dieser doppelten Vermutung bewirkt, dass die Beweislast dafür, dass ein offensichtlicher Fehler des Bauwerks (anders als gesetzlich vermutet) ein Mangel und keine nachträgliche Beschädigung ist, nun beim Auftraggeber liegt. Damit tritt die eigentlich erst mit der Abnahme verbundene Beweislastumkehr teilweise (beschränkt auf offenkundige Mängel) schon mit der Zustandsfeststellung ein.

Daneben tritt der zweite Teil der gesetzlichen Vermutung nach § 650g Abs. 3 Satz 1 BGB n. F.. Der Auftraggeber ist nun in der (oft schwierigen) Situation, belegen zu müssen, dass er das Defizit des Bauwerks nicht verursacht hat. Damit bleibt zwar die Gefahr hinsichtlich von Zufallsschäden beim Auftragnehmer.

Dieser kann sich aber zurücklehnen, solange der Auftraggeber nicht nachweisen kann, dass die Beschädigung ohne sein Zutun entstanden ist.

Die beiden gesetzlichen Vermutungen kommen nach § 650g Abs. 3 Satz 2 BGB n. F. allerdings nicht zum Tragen, wenn der Mangel seiner Art nach nicht vom Auftraggeber verursacht worden sein kann. Zu denken ist dabei z. B. an Fälle, in denen der Auftragnehmer statt vereinbarter Qualitätsfabrikate nur Billigprodukte oder gar gänzlich ungeeignete Bauprodukte verwendet hat. Ebenso wird der Auftraggeber nicht für einen klaren handwerklichen Fehler (z. B. eine unvollständig oder fehlerhaft eingebrachte Gewebearmierung beim Verputzen) oder gar für einen Verstoß gegen die allgemein anerkannten Regeln der Technik (z. B. vorschriftswidrig ebenerdiger Anschluss einer Dachterrasse im Bereich einer Tür zur Terrasse) verantwortlich gemacht werden können.

Fraglich bleibt, was ein offenkundiger Mangel im Sinn des § 650g Abs. 3 Satz 1 BGB n. F. ist – insbesondere, wie klar dieser erkennbar sein muss und auf welche Kenntnisse es dabei ankommt. Ein unerfahrener Auftraggeber wird viele Mängel nicht erkennen können, die einem Fachmann sofort ins Auge stechen. Bei einem nicht fachkundig beratenen Auftraggeber wird daher ein eher auftraggeberfreundlicher Maßstab anzulegen sein. Offen bleibt jedoch z. B., ob es auf die Wahrnehmung des konkreten Auftraggebers oder die eines durchschnittlichen privaten Auftraggebers ankommt. Ebenso wird sich zeigen müssen, ob sich der Auftraggeber die Fachkompetenz seines Architekten oder eines sonstigen Beraters zurechnen lassen muss und – wenn ja – ob dies generell gilt, wenn dem Auftraggeber ein Architekt zur Seite steht, oder nur dann, wenn der Architekt bei der gemeinsamen Zustandsfeststellung zugegen war. Diese und weitere Unklarheiten wird die künftige Rechtsprechung zu beseitigen haben.

## Einseitige Zustandsfeststellung

Bleibt der Bauherr einem Termin zur gemeinsamen Zustandsfeststellung fern, der einvernehmlich festgelegt oder vom Unternehmer mit angemessenem Vorlauf bestimmt wurde, darf der Unternehmer die Zustandsfeststellung nach § 650g Abs. 2 Satz 1 BGB n. F. selbst vornehmen. Nur wenn der Bauherr den Termin unverzüglich aus einem relevanten Grund absagt, den er nicht zu vertreten hat, bleibt dem Unternehmer nach § 650g Abs. 2 Satz 2 BGB n. F. eine einseitige Zustandsfeststellung ohne den Bauherrn verwehrt.

Eine vom Unternehmer berechtigt vorgenommene einseitige Zustandsfeststellung hat dieselben Rechtswirkungen wie eine gemeinsame Zustandsfeststellung: Wird dem Bauherrn das Bauwerk verschafft und ist im Protokoll der Zustandsfeststellung des Unternehmers kein offenkundiger Mangel vermerkt, wird nach § 650g Abs. 3 BGB n. F. vermutet, dass dieser nach der Zustandsfeststellung entstanden und vom Auftraggeber zu vertreten ist. Wie die Rechtsprechung mit künftig zu erwartenden Fällen des Missbrauchs dieser Regelung umgeht, muss sich zeigen.

## Protokoll zur Zustandsfeststellung

Bei der Zustandsfeststellung muss in jedem Fall ein Protokoll erstellt werden, in das erkannte Mängel aufgenommen werden, gleich ob die Zustandsfeststellung gemeinsam oder einseitig erfolgt (§ 650g Abs. 1 Satz 2 BGB n. F.). Ebenso soll stets das Datum der Zustandsfeststellung auf dem Protokoll vermerkt werden. Das Protokoll einer gemeinsamen Zustandsfeststellung ist vom Bauherrn und vom Unternehmer zu unterzeichnen, das einer einseitigen selbstverständlich nur vom Unternehmer; in diesem Fall muss der Unternehmer dem Bauherr eine Kopie der einseitigen Zustandsfeststellung überlassen. Mehr regelt das neue BGB-Bauvertragsrecht zur Protokollierung der Zustandsfeststellung nicht.

**Hinweis**

Probleme sind zu erwarten, wenn bei einer gemeinsamen Zustandsfeststellung die Meinungen weit auseinandergehen und die Stimmung eskaliert. Klar ist, dass der Bauherr alles, was er als Mangel zu erkennen meint, im Protokoll vermerken muss; auch einen bloßen Mangelverdacht muss der Bauherr im eigenen Interesse protokollieren. Andernfalls läuft der Bauherr Gefahr, später von einem Gericht oder einem Gerichtssachverständigen zu hören, dass der Mangel, den er nur vermuten konnte, doch für jedermann offensichtlich sei. Bei einem fairen gegenseitigen Umgang wird es der Unternehmer hinnehmen, wenn der Bauherr strittige Themen oder bloße Verdachtsmomente in das Protokoll aufnimmt; ebenso wird es der Bauherr akzeptieren, wenn der Unternehmer seine Gegenposition im Protokoll festhält oder zu einem Mangelpunkt Vermerke wie „bestritten", „fachgerecht", „wie vereinbart" oder „innerhalb der Toleranzen" hinzusetzt.

Es bedarf wenig Fantasie, sich vorzustellen, dass die Gerichte sich künftig mit Fällen auseinanderzusetzen haben, in denen der Unternehmer die Mängelrügen des Bauherrn durchstreicht oder gar unleserlich macht, der Bauherr daraufhin das Protokoll nicht mehr an den Unternehmer zur Kommentierung herausgibt und dieser zu guter Letzt die Unterzeichnung verweigert oder das Protokoll zerstört, statt es zu unterschreiben. Klar ist dabei, dass es im beiderseitigen Interesse des Bauherrn und des Unternehmers ist, die Zustandsfeststellung kooperativ zu gestalten. Der Unternehmer sollte ein hohes Interesse an einer Zustandsfeststellung haben, um in den Genuss der oben beschriebenen Vorteile zu gelangen. Für den Bauherrn ist es wichtig, alle für ihn erkennbaren Mängel zu protokollieren.

# 7. Wirkungen der Abnahme

Autor: Svenja Loderer

Der zeitliche Ablauf eines Bauvertragsverhältnisses teilt sich in zwei Phasen: Im Arbeits- und Erfüllungsstadium führt der Auftragnehmer die vereinbarte Bauleistung aus. In der nachfolgenden Phase der Abwicklung und Gewährleistung geht es um die Abrechnung und Bezahlung des vollendeten Bauwerks und die Beseitigung eventueller Restmängel. Die Abnahme bildet die Grenze und den Wendepunkt zwischen diesen beiden Bereichen.

Die einzelnen Abnahmewirkungen sind in ► Kapitel 7.2 dargestellt. Im Grundsatz sind mit der Abnahme (egal ob beim BGB-Bauvertrag oder beim VOB-Bauvertrag) folgende rechtliche Wirkungen verbunden:

- Konkretisierung der Leistungspflicht (vgl. ► Kapitel 7.2.1)
- Gefahrübergang (vgl. ► Kapitel 7.2.2)
- Beweislastumkehr (vgl. ► Kapitel 7.2.3)
- Gefahr des Rechtsverlusts (vgl. ► Kapitel 7.2.4)
- Fälligkeitseintritt bzw. Schlussrechnungsfähigkeit (vgl. ► Kapitel 7.2.5)
- Verjährungsbeginn (vgl. ► Kapitel 7.2.6)
- Vertragserfüllungssicherheiten (vgl. ► Kapitel 7.2.7)
- Ende des Rechts zur freien Auftraggeberkündigung (vgl. ► Kapitel 7.2.8)
- Bauvertraglich vereinbarte Rechtsfolgen (vgl. ► Kapitel 7.2.9)

Die Abnahme ist Ausgangspunkt sowohl für die endgültige Abrechnung als auch für die Mangelbeseitigung durch den Auftragnehmer. Sie gestaltet die weitere Abwicklung des Bauvertrags und erzeugt erhebliche Rechtswirkungen. Daraus ergibt sich sowohl für den Auftraggeber als auch für den Auftragnehmer eine Vielzahl von Chancen, aber auch Risiken. Es gilt daher für beide Vertragsparteien, die Rechtswirkungen der Abnahme, v. a. aber die sich aus ihnen ergebenden Gestaltungsmöglichkeiten und Fallstricke genau zu kennen und zu beachten.

## 7.1 Eintritt der Abnahmewirkungen

Die Wirkungen der Abnahme sind von der Art der Abnahme prinzipiell unabhängig. Das heißt, die Abnahmewirkungen treten zumindest im Grundsatz bei förmlichen, ausdrücklichen, schlüssigen und fiktiven Abnahmen gleichermaßen ein.

Erklärt der Auftraggeber die Abnahme förmlich oder ausdrücklich, so treten ihre Wirkungen in dem Zeitpunkt ein, in welchem dem Auftragnehmer die Erklärung zugeht. Bei mündlicher, auch telefonischer Abnahmeerklärung kommen die Abnahmewirkungen also sofort zum Tragen. Bei schriftlicher Abnahme oder bei Abnahme per E-Mail treten die Rechtsfolgen erst dann ein, wenn der Auftragnehmer das Schriftstück oder die E-Mail erhält, in dem die Abnahme erklärt ist.

In den Fällen der schlüssigen Abnahme führt die Handlung/Nichthandlung die als Abnahme zu verstehen ist, zu den Abnahmewirkungen. Bei fehlender ausdrücklicher Abnahme kommen die Abnahmewirkungen also z. B. im Zeitpunkt der vorbehaltlosen und ungekürzten Bezahlung der Vergütung zum Tragen. Die Wirkungen der fiktiven Abnahme treten in dem Moment ein, in dem die Umstände vorliegen, aus denen rechtlich die fiktive Abnahme gefolgert wird. Setzt z. B. der Unternehmer eine Frist zur Abnahme nach § 640 Abs. 1 Satz 3 BGB a. F. bzw. § 640 Abs. 2 Satz 1 BGB n. F., führt allein der Fristablauf zu den Abnahmewirkungen (vgl. ► Kapitel 2.3). Im Zeitpunkt des Fristablaufs kommt es gleichzeitig auch zur Abnahme.

Da aus dem Eintritt der Abnahmewirkungen wichtige rechtliche Konsequenzen folgen, insbesondere Fristen in Gang gesetzt werden, ist der exakte Abnahmezeitpunkt häufig von entscheidender Bedeutung. Sowohl der Auftraggeber als auch der Auftragnehmer sollte daher unbedingt auf die bestmögliche Dokumentation des Abnahmezeitpunkts achten.

**Praxistipp**

Die Wirksamkeit von Willenserklärungen, etwa der Erklärung der Abnahme, hängt von deren Zugang beim Empfänger ab. Der Zugang einer Erklärung bietet oft erheblichen Zündstoff, da dieser häufig nicht mehr nachzuweisen ist. Der sicherste praktikable Weg, den Zugangsnachweis im Streitfall führen zu können, ist die Übergabe bzw. der Briefeinwurf direkt beim Empfänger durch einen Boten, z. B. einen Angestellten oder einen Bekannten. Dieser sollte eine Notiz über die Übergabe bzw. den Einwurf anfertigen (am besten auf einer Kopie des übergebenen Schriftstücks), um sich an den Vorgang auch Jahre später noch erinnern zu können.

Sollte die Übermittlung durch einen Boten nicht möglich sein, insbesondere bei größeren Entfernungen, empfiehlt sich die Vorab-Übersendung des Schriftstücks per Telefax. Der positive Sendebericht ist zwar kein Zugangsnachweis im engeren Sinn, hat aber doch zumindest Indizwirkung und wird dem Empfänger das Leugnen des Zugangs erschweren. Wer sichergehen will, kann den Empfänger zudem anrufen – noch besser durch einen Zeugen anrufen lassen – und nachfragen, ob die Nachricht vollständig und lesbar übermittelt wurde (Telefonnotiz nicht vergessen!).

Ein weiterer praktikabler Weg ist eine E-Mail. Ein seriöser Empfänger wird nicht abstreiten, eine richtig adressierte E-Mail erhalten zu haben. Wer bei einer E-Mail sichergehen will, kann den Empfänger um Bestätigung des Eingangs bitten und – falls diese ausbleibt – z. B. so lange telefonisch nachhaken, bis er die Bestätigung erhält.

Weniger praktikabel ist dagegen, zumindest bei möglicherweise unseriösen Empfängern, die Versendung von Einschreiben. Ein Einwurfeinschreiben erbringt keinen vollständigen Zugangsnachweis, und ein Übergabeeinschreiben kann von schlecht gesinnten Empfängern einfach nicht angenommen oder nicht abgeholt werden.

Zur bestmöglichen Vermeidung aller denkbaren Risiken kann schließlich die Vorab-Übermittlung des Schriftstücks per Telefax oder E-Mail mit einer Übersendung als Einwurfeinschreiben kombiniert werden. Der Inhalt des Einschreibens kann durch Zeugen weiter abgesichert werden, die beim Einlegen des Schriftstücks in den Umschlag zugegen sind, diesen dem Zustelldienst übergeben und eine Notiz über den Vorgang anfertigen. Abschließend ist daran zu denken, eine Einwurfnachricht des Postdienstleisters anzufordern und zu archivieren.

## 7.2 Abnahmewirkungen im Einzelnen

Im Folgenden sind die Wirkungen der Abnahme im Detail ausführlich dargestellt. Im Rahmen der ersten Abnahmewirkung, der so genannten „Konkretisierung der Leistungspflicht" des Auftragnehmers, werden wegen des sachlichen Zusammenhangs zudem die Mängelansprüche des Auftraggebers vor und nach der Abnahme bei BGB- und VOB-Bauverträgen in den Grundzügen behandelt.

### 7.2.1 Konkretisierung der Leistungspflicht und Mängelrechte des Auftraggebers

Der Unternehmer verpflichtet sich mit Abschluss des Bauvertrags zur Herstellung eines Bauwerks. Der Bauherr hat spiegelbildlich einen Anspruch auf Erfüllung dieser vertraglichen Schuld des Unternehmers. Mit der Abnahme erkennt der Bauherr an, dass der Unternehmer der Pflicht zur Werkherstellung im Wesentlichen nachgekommen ist. Der Unternehmer schuldet daher nach der Abnahme nur noch die Beseitigung von Mängeln im Rahmen der Gewährleistung. Das heißt juristisch ausgedrückt, seine Leistungspflicht konkretisiert sich auf das abgenommene Bauwerk.

Diese Grundsätze gelten für Bauverträge nach BGB und nach VOB/B gleichermaßen. In den Details unterscheiden sich die Regelungen des BGB und der VOB/B jedoch erheblich. Das gilt v. a. für die Ansprüche des Bauherrn, die aus den Erfüllungs- und Gewährleistungspflichten des Unternehmers folgen. Daher werden die Rechte und Pflichten der Parteien eines Bauvertrags im Fall von Mängeln getrennt für BGB- und VOB-Bauverträge dargestellt.

**Hinweis**

Das BGB n. F. beinhaltet gegenüber dem BGB a. F. in Bezug auf die Mängelrechte keine wesentlichen Änderungen; von einer gesonderten Darstellung wird daher abgesehen.

## BGB-Bauvertrag

Beim BGB-Bauvertrag ist der Auftragnehmer vor der Abnahme verpflichtet, dem Auftraggeber ein mangelfreies Bauwerk zu verschaffen. Das ergibt sich aus § 633 Abs. 1 und Abs. 2 BGB; dort ist der Begriff des Werkmangels definiert. Mängel sind vom Auftragnehmer zu beseitigen. Falls dies nicht möglich ist, muss der Auftragnehmer (wenn die Mängel die Abnahmereife hindern) das Bauwerk neu herstellen. Zusätzliche Vergütungsansprüche entstehen durch die Neuherstellung nicht. Die Mangelbeseitigung vor der Abnahme ist also nur Teil der Werkherstellung und damit der (Erst-)Erfüllung des Werkvertrags.

Mit der Abnahme erlischt der primäre Erfüllungsanspruch, und der Auftraggeber ist auf seine Mängelansprüche beschränkt. Das heißt, er kann vom Auftragnehmer regelmäßig nur noch die Beseitigung der bei der Abnahme vorbehaltenen oder erst nach der Abnahme auftretenden Mängel verlangen. Allerdings bleibt der Auftragnehmer auch nach der Abnahme verpflichtet, das Bauwerk neu herzustellen, wenn sich innerhalb der Gewährleistungsfrist ein erheblicher irreparabler Mangel zeigt. Der Auftragnehmer darf die Neuherstellung nur dann verweigern, wenn diese im Verhältnis zum Mangel unzumutbar ist. Die Pflichten des Auftragnehmers bei Werkmängeln (Beseitigung durch Reparatur oder Neuherstellung) vor und nach der Abnahme weichen also nur in Details voneinander ab.

Die Differenzierung zwischen Erfüllung vor und Gewährleistung nach der Abnahme ist beim BGB-Bauvertrag trotzdem nicht nur theoretischer Natur. Denn die Möglichkeiten des Bauherrn, wegen eines Mangels gegen den Unternehmer vorzugehen, unterscheiden sich deutlich.

**Vor der Abnahme** ist im BGB-Werkvertragsrecht grundsätzlich keine Mängelrüge (wie in § 4 Abs. 7 VOB/B) vorgesehen. Zwar wurde vertreten, dass der Auftraggeber vor der Abnahme die Mangelbeseitigung anmahnen, den Auftragnehmer dadurch in Verzug setzen und mit dem Verzugseintritt die Mängel auf Kosten des Auftragnehmers beseitigen kann. Dieser Ansicht hat der BGH jedoch inzwischen eine klare Absage erteilt. Die Mängelrechte der §§ 633 ff. BGB gelten damit erst ab der Abnahme, ab diesem Zeitpunkt jedoch für bei der Abnahme vorbehaltene und erst nach der Abnahme gerügte Mängel gleichermaßen.

**Praxistipp**

Beim BGB-Werkvertrag kann der Auftraggeber mit dem Auftragnehmer ein Mängelrügerecht auch vor der Abnahme vertraglich vereinbaren. Da das BGB-Werkvertragsrecht keine gesetzlichen Regelungen zu einer Mängelrüge vor der Abnahme enthält, ist durch ergänzende Vertragsauslegung zu ermitteln, welche Rechtsfolgen aus einem vertraglichen Mängelrügerecht vor der Abnahme folgen. Um Unklarheiten zu vermeiden, sollte deshalb im Werkvertrag konkret festgelegt werden, wie und in welcher Form die Mängelrüge vor der Abnahme erfolgen muss und welche Folgen eintreten, wenn der Auftragnehmer der Mängelrüge keine Beachtung schenkt. Zum Beispiel kann vereinbart werden, dass der Auftragnehmer auch vor der Abnahme schriftlich gerügte Mängel zu beseitigen hat und der Auftraggeber diese Mängel auf Kosten des Auftragnehmers beseitigen lassen kann, wenn er dem Auftragnehmer schriftlich eine angemessene Frist zur Mangelbeseitigung setzt und diese fruchtlos verstreicht. Ebenso denkbar ist ein Rechtsfolgenverweis auf die §§ 633 ff. BGB.

In jedem Fall kann der Auftraggeber auch schon vor der Abnahme nach § 641 Abs. 3 BGB einen angemessenen Teil ggf. ansonsten fälliger Abschlagszahlungen zurückzuhalten, in der Regel das Doppelte der voraussichtlichen Mangelbeseitigungskosten.

Nach den gesetzlichen Vorschriften kann der Auftraggeber beim BGB-Werkvertrag den Auftragnehmer unter angemessener Fristsetzung zur mangelfreien Fertigstellung des Bauwerks insgesamt auffordern und dabei selbstverständlich auch bereits erkannte Mängel benennen. Die Frist ist angemessen, wenn sie dem Auftragnehmer die Chance lässt, bei ordnungsgemäßer Förderung der Baustelle die Bauleistung fristgerecht zu vollenden; selbstverständlich spielen dabei auch etwaige vertragliche Ausführungsfristen eine Rolle. Der angemessene Zeitraum zur Fertigstellung hängt von den Umständen des konkreten Falls ab; pauschale Angaben sind hierzu nicht möglich.

Bei fruchtlosem Ablauf der Fertigstellungsfrist darf der Auftraggeber vom Vertrag zurücktreten (§ 323 BGB) und zudem Schadensersatz vom Auftragnehmer verlangen. Das **Rück-**

**trittsrecht des Auftraggebers** setzt aber voraus, dass nicht nur geringfügige Mängel vorliegen (§ 325 Abs. 5 Satz 2 BGB). Der Rücktritt vom Vertrag tritt nicht automatisch mit dem Ablauf der Fertigstellungsfrist ein, sondern muss vom Auftraggeber erklärt werden. Da der Auftraggeber sowohl das Setzen der Fertigstellungsfrist als auch die Erklärung des Rücktritts im Fall künftiger Meinungsverschiedenheiten mit dem Auftragnehmer belegen können muss, sollten Fristsetzung und Rücktritt stets schriftlich und mit Zugangsnachweis (vgl. ► Kapitel 7.1) erfolgen.

In den Rechtsfolgen kommt der Rücktritt einer Kündigung gleich. Er führt dazu, dass der Auftraggeber – selbst oder durch Dritte – die Werkleistung nun auf Kosten des Auftragnehmers fertigstellen und vorhandene Mängel beseitigen kann. Allerdings muss der Auftraggeber dem Auftragnehmer im Fall des Rücktritts bereits ausgeführte Teile der Bauleistung soweit möglich zurückgeben. Für Bauleistungen, die nicht zerstörungsfrei zurückgegeben werden können, muss der Auftraggeber Wertersatz leisten. Der Rücktritt kann und muss ggf. sogar auf die noch nicht ausgeführten Teile der Bauleistung beschränkt werden (§ 323 Abs. 5 Satz 1 BGB).

**Hinweis**

Der Rücktritt vom Werkvertrag ist für den Bauherrn ein sehr „scharfes Schwert“, das auch für ihn selbst sehr gefährlich werden und schwerwiegende negative Folgen haben kann!

Stellt sich im Nachhinein heraus, dass der Rücktritt nicht gerechtfertigt war, bleibt der Auftraggeber auf seinen Fertigstellungs- und Mangelbeseitigungskosten sitzen. Er muss dem Auftragnehmer dann sogar wegen des Rücktritts, der sich mangels Rücktrittsgrund als freie Auftraggeberkündigung darstellt, den „entgangenen Gewinn“ ersetzen (§ 649 Satz 2 BGB). Nach § 649 Satz 3 BGB wird vermutet, dass der „entgangene Gewinn“ 5 % der auf die nicht mehr ausgeführten Leistungen entfallenden Vergütung beträgt. Allerdings steht sowohl dem Auftraggeber als auch dem Auftragnehmer offen, einen niedrigeren bzw. höheren „entgangenen Gewinn“ nachzuweisen.

Der Rücktritt kann sich aus vielfältigen Gründen als unberechtigt erweisen, z. B. wenn

- die zuvor gesetzte Fertigstellungsfrist zu kurz bemessen war,
- der Auftraggeber die Versäumung der Frist mitverursacht hat,
- das Werk im Zeitpunkt des Rücktritts schon im Wesentlichen vertragsgemäß fertiggestellt (und damit abnahmereif) war oder
- der Auftragnehmer berechtigt war, die (möglicherweise unzumutbare) mängelfreie Restfertigstellung zu verweigern.

Der Bauherr sollte deshalb vor dem Rücktritt gut überlegen, ob er fachliche (technische oder juristische) Unterstützung benötigt.

Häufig wird schon die bloße Androhung des Rücktritts durch den Bauherrn zum Ziel führen und den Unternehmer zur zügigen, mängelfreien Fertigstellung der Werkleistung veranlassen. Der Bauherr kann den nicht fachgerecht arbeitenden Unternehmer auch mehrfach unter angemessener Fristsetzung und Rücktrittsdrohung zur Fertigstellung des Bauwerks auffordern. Zur Vermeidung von Unklarheiten sollte der Bauherr aber in jedem Schreiben, mit dem er dem Unternehmer eine Fertigstellungsfrist setzt, darauf hinweisen, dass die vertraglich vereinbarten Fristen, die Folgen von deren Versäumung sowie Vertragsstrafen von der gesetzten Fertigstellungsfrist unberührt bleiben.

Oft wird es für den Bauherrn zielführend sein, dem Unternehmer nach erfolgloser erster Fristsetzung – notfalls mehrfach – neue Fertigstellungsfristen zu setzen. Nur in Fällen, in denen sich der Unternehmer von diesen Fristsetzungen nicht nachhaltig beeindrucken lässt, sollte der Bauherr tatsächlich sein Rücktrittsrecht ausüben.

**Nach der Abnahme** kann der Auftraggeber dem Auftragnehmer bei Mängeln eine Frist zur Nacherfüllung setzen (§ 635 BGB). Sobald die Nacherfüllungsfrist wirkungslos abgelaufen ist, stehen dem Auftraggeber weitergehende Rechte zu. Konkret ist der Auftraggeber in Fällen, in denen der Auftragnehmer seine Pflicht zur Mangelbeseitigung nicht erfüllt, berechtigt,

- dies auf Kosten des Auftragnehmers selbst zu tun oder von Dritten erledigen zu lassen (Selbstvornahme, § 637 BGB),
- vom Vertrag zurückzutreten (dies wird nach der Abnahme in den seltensten Fällen vorteilhaft für den Auftraggeber und

deshalb vorwiegend für Fälle relevant sein, in denen eine Abnahme noch nicht erfolgt ist),

- den Werklohn zu mindern (§ 638 BGB; zur Berechnung des Minderungsbetrags ist vom theoretischen Wert des mangelfreien Bauwerks auszugehen und der infolge des Mangels verminderte Bauwerkswert zu ermitteln; die Differenz entspricht dem Minderungsbetrag) oder
- Schadensersatz zu verlangen (§ 636 i. V. m. §§ 280 ff. BGB; die Höhe des Schadensersatzes kann an den voraussichtlichen Mangelbeseitigungskosten zuzüglich eventueller weiterer Schäden im Einzelfall festgemacht werden).

**Praxistipp**

Neben den vorstehend dargestellten Mängelrechten darf sich der Auftraggeber, der vom Auftragnehmer die Mangelbeseitigung verlangen kann, darauf beschränken, nach § 641 Abs. 3 BGB einen angemessenen Teil der Vergütung als Mängeleinbehalt zurückzuhalten. Dies gilt für BGB-Bauverträge und VOB-Bauverträge gleichermaßen und sowohl vor als auch nach der Abnahme. In der Regel gilt das Doppelte der voraussichtlichen Mangelbeseitigungskosten als angemessener Mängeleinbehalt.

### VOB-Bauvertrag

Die Vorschriften der VOB/B sind bei Bauverträgen mit Verbrauchern stets an den AGB-rechtlichen Vorschriften der §§ 305 ff. BGB zu messen (vgl. ► Kapitel 2.4). Dies führt dazu, dass die Regelungen der VOB/B zur Gewährleistung für einen Auftraggeber, der unter den Verbraucher-Begriff fällt, teilweise unwirksam sind. Die Vorschriften der VOB/B sind deshalb bei Mängelansprüchen von Verbrauchern nur mit Vorsicht heranzuziehen.

Auch bei der Vereinbarung der VOB/B mit Bauherren, die keine Verbraucher sind, unterliegt die VOB/B der eingeschränkten Inhaltskontrolle des § 307 Abs. 1 und 2 BGB, es sei denn, die VOB/B ist (was eher selten vorkommt) ohne inhaltliche Abweichungen insgesamt in den Vertrag einbezogen (vgl. ► Kapitel 2.4). Allerdings halten die Vorschriften der VOB/B zu den Mängelrechten dieser eingeschränkten Inhaltskontrolle stand. Daraus ergeben sich für die Mängelansprüche von Verbrauchern und Nichtverbrauchern bei VOB-Bauverträgen Unterschiede.

Beim VOB-Bauvertrag findet sich – anders als beim BGB-Bauvertrag – in § 4 Abs. 7 VOB/B eine Regelung für **vor der Abnahme** auftretende Mängel. Der Bauherr kann demnach dem Unternehmer eine Frist zur Beseitigung des Mangels setzen. Dabei muss er dem Unternehmer androhen, ihm ansonsten den Auftrag zu kündigen (§ 4 Abs. 7 Satz 3 VOB/B). Nach Ablauf der Frist hat der Bauherr die Möglichkeit, dem Unternehmer den Auftrag zu kündigen (§ 8 Abs. 3 Nr. 1 Satz 1 VOB/B). Erst nach der Kündigung, die ausdrücklich und mit Zugangsnachweis erfolgen muss, darf der Bauherr zur Ersatzvornahme schreiten. Das heißt, er kann dann nach § 8 Abs. 3 Nr. 2 Satz 1 VOB/B die Bauleistung durch Dritte (oder selbst) auf Kosten des Unternehmers fertigstellen und dabei zugleich den gerügten Mangel beseitigen (lassen).

**Hinweis**

**Vorsicht:** Versäumt es der Bauherr, vor der Selbstvornahme der Mangelbeseitigung den scheinbar nur formalen Akt der (teilweisen) Kündigung nachweisbar zu vollziehen, hat er keinen Anspruch auf Erstattung der Selbstvornahmekosten. Der Bauherr darf die Kündigung auf Teilbauleistungen beschränken, allerdings nur auf in sich abgeschlossene Teile der Bauleistung (§ 8 Abs. 3 Nr. 1 Satz 2 VOB/B).

Zudem kann der Bauherr für die vom Unternehmer verschuldeten Mängel stets den Ersatz von Begleitschäden verlangen (§§ 4 Abs. 7 Satz 2 und 8 Abs. 3 Nr. 2 Satz 1 VOB/B). Das heißt, der Unternehmer muss dem Bauherrn neben den Kosten der Mangelbeseitigung alle Schäden ersetzen, die durch den Mangel entstanden sind und nicht schon durch die Mangelbeseitigung erledigt werden. Kam es etwa infolge einer mangelhaften Dachabdichtung zu einem Wassereintritt in das Gebäude, muss der Dachdecker nicht nur die Reparatur der Abdichtung bezahlen, sondern auch die Austrocknung und alle sonstigen Wasserschäden.

Der Bauherr hat nach der Kündigung auch die Möglichkeit, statt der Selbstvornahmekosten und des Ersatzes von Begleitschäden Schadensersatz wegen Nichterfüllung des ganzen Vertrags zu fordern, wenn die mangelfreie Fertigstellung des Bauwerks für ihn nicht mehr von Interesse ist. Das ergibt sich aus § 8 Abs. 3 Nr. 2 Satz 2 VOB/B. Dann muss der Unternehmer empfangene

Abschlagszahlungen zurückerstatten und den Bauherrn finanziell so stellen, als wäre der Bauvertrag ordnungsgemäß ausgeführt worden. Die Höhe des Schadensersatzes entspricht somit der Differenz zwischen dem Vermögensstand des Bauherrn im Fall der erfolgreichen Vertragsdurchführung und dem tatsächlichen Stand des Vermögens des Bauherrn.

**Nach der Abnahme** ergeben sich die Ansprüche des Bauherrn für bei der Abnahme vorbehaltene oder später aufgetretene Mängel aus § 13 Abs. 5, 6 und 7 VOB/B:

- Der Bauherr kann dem Unternehmer eine Frist zur Mangelbeseitigung setzen (§ 13 Abs. 5 Nr. 1 VOB/B) und – nach deren Ablauf – in die Selbstvornahme einsteigen (§ 13 Abs. 5 Nr. 2 VOB/B). Das heißt, er darf den Mangel auf Kosten des Unternehmers durch Dritte beseitigen lassen oder selbst nachbessern.
- Nach § 13 Abs. 6 VOB/B ist der Bauherr zu einer Minderung der Vergütung berechtigt, wenn der Unternehmer die Mangelbeseitigung als unzumutbar verweigert, weil sie technisch unmöglich oder wirtschaftlich unverhältnismäßig ist. Darüber hinaus darf der Unternehmer eine komplett sinnlose Mangelbeseitigung verweigern, z. B., wenn der Bauherr das Bauwerk insgesamt sowieso wegen eines Planungsmangels abbrechen und neu errichten muss. In den Fällen, in denen der Unternehmer die Mangelbeseitigung als unzumutbar verweigert, steht dem Bauherrn ein Minderungsrecht zu. Er darf auch selbst die Minderung initiieren, wenn ihm selbst die Mangelbeseitigung unzumutbar ist, etwa wenn er durch die Beseitigung von Mängeln in seiner Eigentumswohnung extrem und über längere Zeit belästigt werden würde.
- Der Bauherr kann aber auch Schadensersatz verlangen (§ 13 Abs. 7 VOB/B). Der Unternehmer muss nach Wahl des Bauherrn entweder
  - infolge des Mangels entstehende Begleitschäden ersetzen (diese Ersatzpflicht steht neben der Mangelbeseitigung, der Erstattung der Selbstvornahmekosten oder der Minderung) oder
  - Schadensersatz wegen Nichterfüllung des ganzen Vertrags leisten (diese Ersatzpflicht tritt an die Stelle der Selbstvornahmekosten bzw. der Minderung).

Voraussetzung eines Schadensersatzanspruchs aus § 13 Abs. 7 VOB/B ist jeweils, dass die Schäden auf der mangelhaften Bauleistung beruhen und der Unternehmer den Mangel verschuldet hat. Der Schadensersatzanspruch des Bauherrn aus § 13 Abs. 7 VOB/B erfasst ggf. zunächst alle Schäden an der baulichen Anlage sowie Schäden im Zusammenhang mit einer Verletzung von Leben, Körper und Gesundheit. Darüber hinausgehende Schäden, die weder an der baulichen Anlage selbst entstanden sind noch eine Verletzung von Leben, Körper und Gesundheit betreffen, sind nur ersatzfähig, wenn der Unternehmer

- vorsätzlich oder grob fahrlässig handelt,
- gegen die allgemein anerkannten Regeln der Technik verstößt,
- eine vereinbarte Beschaffenheit nicht erreicht oder
- den Schaden pflichtwidrig nicht versichert.

Diese mit der Vorschrift des § 13 Abs. 7 VOB/B verbundene Beschränkung der Schadensersatzansprüche dürfte gegenüber Verbrauchern AGB-rechtlich unwirksam sein. Einem Verbraucher als Bauherrn gegenüber haftet der Unternehmer daher wohl auch bei einem VOB-Bauvertrag ohne Rücksicht auf die Einschränkungen des § 13 Abs. 7 VOB/B (verschuldensabhängig) auf den Ersatz aller mangelbedingten Schäden.

**Praxistipp**

Auch beim VOB-Bauvertrag darf der Bauherr nach § 641 Abs. 3 BGB – anstelle der vorstehend dargestellten Mängelrechte – einen angemessenen Teil der Vergütung als Mängeleinbehalt zurückbehalten, in der Regel das Doppelte der voraussichtlichen Mangelbeseitigungskosten.

Die Mängelrechte des Bauherrn ändern sich sowohl beim VOB-Bauvertrag als auch beim BGB-Bauvertrag im Zeitpunkt der Abnahme; die Unterscheidung zwischen dem vor der Abnahme bestehenden vertraglichen Herstellungsanspruch und den nach der Abnahme in Betracht kommenden Gewährleistungsansprüchen ist deshalb von großer praktischer Bedeutung.

### 7.2.2 Gefahrübergang

Nicht selten kommt es bei der Durchführung von Bauverträgen zu Beschädigungen oder gar zur Zerstörung (auch „Untergang" genannt) des noch nicht oder gerade erst fertiggestellten Bauwerks. Dann stellt sich die Frage, wen die wirtschaftlichen Folgen des Schadens treffen.

Findet sich ein (zahlungsfähiger) Verantwortlicher für die Beschädigung/Zerstörung, egal ob es sich um den Auftraggeber, den Auftragnehmer oder einen Dritten handelt, spielt die Frage des Gefahrübergangs eine eher theoretische und damit untergeordnete Rolle. Denn dann trägt derjenige die Kosten der Schadensbehebung, der den Schaden verursacht hat.

Praktisch bedeutsam ist die Frage des Gefahrübergangs, wenn kein Schadensverantwortlicher existiert (etwa im Fall von Naturkatastrophen), dieser nicht identifiziert werden kann oder nicht zahlungsfähig ist. Alle Fälle, in denen der Schaden nicht vom Auftraggeber oder vom Auftragnehmer (oder von beiden) zu verantworten ist, werden mit den etwas ungenauen Begriffen einer „zufälligen Beschädigung" oder eines „zufälligen Untergangs" beschrieben. Dann stellen sich nämlich – neben den technischen Fragen der Reparatur bzw. Neuherstellung – zwei bedeutsame rechtliche Fragen:

- Hat der Auftragnehmer trotz der Beschädigung oder Zerstörung des Bauwerks Anspruch auf volle Vergütung (= Vergütungsgefahr)?
- Muss der Auftragnehmer die Bauleistung im Rahmen seiner bauvertraglichen Leistungspflicht und damit ohne zusätzliche Vergütung reparieren oder gar neu herstellen (= Leistungsgefahr)?

Das BGB regelt diese beiden Fragen in §§ 644, 645, 275 und 276 nicht etwa durch eine anteilige Aufspaltung des Risikos auf Auftragnehmer und Auftraggeber. Stattdessen legen diese Vorschriften einen Zeitpunkt fest, zu dem beide Gefahren vom Auftragnehmer auf den Auftraggeber übergehen. Dieser Zeitpunkt ist die Abnahme.

Allerdings kann es bei Bauverträgen, die seit dem 01.01.2018 geschlossen wurden, zu einer Zustandsfeststellung nach § 650g BGB n. F. kommen, welche die Gefahrtragung schon vor der

Abnahme mittels einer gesetzlichen Vermutung zulasten des Auftraggebers verschiebt (vgl. ▶ Kapitel 6.4). Eine Ausnahme gilt zudem für Fälle, in denen das Bauwerk infolge einer Anweisung des Bauherrn, eines von ihm gelieferten Baustoffs oder sonst aus von ihm zu verantwortenden Gründen untergeht (§ 645 BGB). Dann kann der Unternehmer in jedem Fall, also auch bei einem Zufallsschaden vor der Abnahme, die Vergütung verlangen und ist nicht zur (noch dazu unentgeltlichen) Schadensbehebung verpflichtet.

Beim VOB-Bauvertrag ist die Frage der Gefahrtragung vor der Abnahme noch differenzierter geregelt. Die Vergütungs- und Leistungsgefahr geht nach § 12 Abs. 6 VOB/B mit der Abnahme auf den Bauherrn über, soweit sie nicht schon zuvor gem. § 7 VOB/B beim Bauherrn angesiedelt war. Beim VOB-Bauvertrag gilt also grundsätzlich die Regel, dass der Unternehmer vor der Abnahme die Gefahr trägt, ebenso wie beim BGB-Bauvertrag. Und auch beim VOB-Bauvertrag wird künftig die Zustandsfeststellung nach § 650g BGB n. F. zu beachten sein.

§ 7 VOB/B bestimmt wichtige **Ausnahmen im Hinblick auf den Gefahrübergang bei Abnahme**: Für ganz oder teilweise ausgeführte Bauleistungen, die

- infolge unabwendbarer und vom Unternehmer nicht zu vertretender Umstände (höhere Gewalt, Krieg, Aufruhr etc.) beschädigt oder zerstört werden,
- nachdem der Unternehmer sie in das Gebäude eingebaut hat,

trägt der Bauherr schon vor der Abnahme die Gefahr. Die von den Vorschriften des BGB abweichende Gefahrverlagerung auf den Bauherrn verstößt gegen § 307 Abs. 2 Nr. 1 BGB und ist daher unwirksam, wenn der Bauherr Verbraucher ist. Gleiches gilt, wenn der Bauherr zwar kein Verbraucher ist, die VOB/B aber nicht vollständig oder mit inhaltlichen Abweichungen vereinbart wurde. In all diesen Fällen verbleibt es bei der Risikozuweisung der §§ 644 und 645 BGB.

Von § 7 VOB/B keinesfalls erfasst sind Beschädigungen durch Dritte, noch nicht eingebaute Stoffe und Bauteile sowie die Baustelleneinrichtung und Baubehelfe (z. B. Gerüste); die Gefahr verbleibt daher insofern stets bis zur Abnahme beim Unternehmer.

Kommt es zu den von § 7 VOB/B erfassten Baustellenschäden, darf der Unternehmer – soweit die VOB/B als Ganzes vereinbart und der Bauherr kein Verbraucher ist – den auf die geschädigte Bauleistung entfallenden Vergütungsteil vom Bauherrn beanspruchen (§§ 7 Abs. 1 und 6 Abs. 5 VOB/B), zudem muss der Bauherr in diesem Fall die Reparatur oder Neuherstellung der Bauleistung bezahlen.

**Praxistipp**

Bei allen Baumaßnahmen sollten Auftraggeber und Auftragnehmer den Abschluss einer Bauleistungsversicherung in Erwägung ziehen. Mit dieser kann die Gefahr von Zufallsschäden am Bauwerk bis zur Abnahme versichert werden. Versicherungsnehmer können der Auftraggeber, aber auch der Auftragnehmer sein. Letzterer sollte gerade beim BGB-Bauvertrag, aber auch, wenn der Bauherr Verbraucher ist oder die VOB/B nicht als Ganzes in den Bauvertrag einbezogen wurde, eine Bauleistungsversicherung abschließen.

Wenn der Bauherr kein Verbraucher ist und die VOB/B als Ganzes vereinbart wird, liegt die Bauleistungsversicherung v. a. im Interesse des Bauherrn. In Fällen, in denen verschiedene Unternehmer die Baumaßnahme durchführen, bietet es sich schon der Einfachheit halber an, dass der Bauherr eine Bauleistungsversicherung abschließt, die alle Teilgewerke umfasst. Der Bauherr kann dann mit den Unternehmern vertraglich eine Umlage für die Kosten der Bauleistungsversicherung vereinbaren.

Wie bei allen Versicherungsverträgen ist genau zu prüfen, ob die Versicherung alle relevanten Schadensrisiken abdeckt. Falls die Bauleistungsversicherung nicht alle realistisch zu befürchtenden Schadensursachen erfasst, sollte ein besseres/umfassenderes Versicherungsmodell gewählt oder über den Abschluss zusätzlicher Versicherungen, etwa einer Feuerversicherung, nachgedacht werden.

Beim BGB-Bauvertrag und beim VOB-Bauvertrag außerhalb des Anwendungsbereichs von § 7 VOB/B gilt:

Bis zur Abnahme trägt der Auftragnehmer die Gefahr von Zufallsschäden an der Bauleistung, für die niemand sonst verantwortlich gemacht werden kann. Der Auftragnehmer muss das

Bauwerk reparieren und fertigstellen, um die Vergütung zu verdienen; ein irreparabel beschädigtes Bauwerk muss er sogar komplett neu herstellen. Nachdem der Auftragnehmer die beschädigte/zerstörte Bauleistung fertiggestellt hat, steht ihm dennoch nur die Vergütung für die (Erst-)Herstellung des Bauwerks zu. Der Auftragnehmer schuldet also dem Auftraggeber bei Zufallsschäden die kostenlose (ggf. mehrfache) Schadensbehebung; dies gilt sowohl für die aufgewendete Arbeitszeit als auch für die zur Reparatur erforderlichen Materialien und Hilfsstoffe.

Diese Risikoverteilung zulasten des Auftragnehmers dreht sich mit der Abnahme und dem damit verbundenen Gefahrübergang um. Ab der Abnahme trifft die Gefahr zufälliger Schäden den Auftraggeber. Daraus folgt: Der Auftragnehmer ist weder zur Reparatur noch zur Neuherstellung verpflichtet.

Soweit bei der Abnahme Mängel festgestellt wurden oder solche nach der Abnahme auftreten, bleibt der Auftragnehmer im Rahmen der Gewährleistung zur Mangelbeseitigung verpflichtet. Falls das Bauwerk komplett zerstört wird, ist eine Mangelbeseitigung jedoch selbstverständlich nicht mehr möglich; die Gewährleistungspflichten des Auftragnehmers erlöschen damit praktisch.

Wünscht der Auftraggeber nach der Abnahme die Beseitigung von Zufallsschäden, muss er den Auftragnehmer hierzu – gegen erneute Vergütung – beauftragen. Dem Auftraggeber bleibt es aber unbenommen, einen Dritten mit der Schadensbehebung zu betrauen. Klar ist, dass der Auftraggeber dem Auftragnehmer die für die (Erst-)Herstellung des Bauwerks versprochene Vergütung bezahlen muss.

**Praxistipp**

**Praxistipp für den Auftraggeber**

Der Auftraggeber sollte bei der zufälligen Beschädigung der Bauleistung nach der Abnahme, aber vor Ablauf der Gewährleistungszeit, im eigenen Interesse den ursprünglichen Auftragnehmer mit der Reparatur beauftragen. Zwar ist er in der Auswahl des Anbieters, der die Reparatur ausführen soll, grundsätzlich frei. Treten jedoch nach der Schadensbehebung durch einen Dritten Mängel am Bauwerk auf, werden sich häufig der ursprüngliche Auftragnehmer und der Dritte, der die Reparatur ausgeführt hat, gegenseitig für die Mängel verantwortlich machen. Der Auftraggeber sitzt dann zwischen den Stühlen und wird nicht selten auf den Kosten der Beseitigung der Mängel sitzen bleiben. Wenn er dagegen den ursprünglichen Auftragnehmer mit der Reparatur eines Zufallsschadens beauftragt, kann sich dieser nicht auf eine Fremdverursachung der Mängel berufen. Er haftet wahlweise als Hersteller der Bauleistung oder als Reparateur.

**Praxistipp**

**Praxistipp für den Auftragnehmer**

Wenn der Auftraggeber mit dem Wunsch an den Auftragnehmer herantritt, einen Zufallsschaden zu beheben, sollte der Auftragnehmer für Klarheit sorgen. Der Auftraggeber könnte nach der Reparatur behaupten, es habe sich nicht um die Behebung eines Zufallsschadens, sondern um die Beseitigung eines Mangels gehandelt. Dann muss der Auftragnehmer sich die verdiente Vergütung für die Reparaturleistung mühsam erstreiten. Das kann der Auftragnehmer vermeiden, indem er vor der Schadensbehebung die Erteilung eines schriftlichen Reparaturauftrags mit Ausweis der geforderten Vergütung verlangt. Der Auftraggeber, der einen Reparaturauftrag erteilt, kann sich dann allenfalls in absoluten Ausnahmefällen nachträglich seiner Vergütungspflicht entziehen.

### 7.2.3 Beweislastumkehr

Die Beweislast für Mängel dreht sich mit der Abnahme um. Mit dem Rechtsbegriff der Beweislast ist die Frage angesprochen, wer das Risiko dafür trägt, dass ein streitiger Umstand, hier ein Mangel, belegt werden kann oder nicht. Muss der Bauherr beweisen, dass ein Mangel vorliegt, trifft ihn die Beweislast; gelingt es dem Bauherrn nicht, den Mangel nachzuweisen, ist zu seinen Lasten davon auszugehen, dass kein Mangel vorliegt. Muss jedoch der Unternehmer den Beweis führen, dass seine Bauleistung nicht unter einem Mangel leidet, ist er beweisbelastet. Falls er nicht belegen kann, dass seine Bauleistung keinen Mangel aufweist, ist von der Mangelhaftigkeit des Bauwerks auszugehen. Die Beweislast wird erst in „Pattsituationen“ relevant, in denen weder der Auftraggeber das Vorliegen noch der Auftragnehmer das Nichtvorliegen des Mangels beweisen kann.

Vor der Abnahme und damit auch noch im Abnahmetermin hat der Auftragnehmer nachzuweisen, dass seine Werkleistung vertragsgemäß und frei von Mängeln ist. Das ist für Bauverträge, die seit dem 01.01.2018 abgeschlossen werden, explizit in § 632a Abs. 1 Satz 3 BGB n. F. geregelt, gilt aber selbstverständlich auch für zuvor geschlossene Bauverträge. Falls dem Auftragnehmer dieser Nachweis nicht gelingt, kann der Auftraggeber Mängelrechte geltend machen (vgl. ► Kapitel 7.2.1) und bei fehlendem Nachweis der Abnahmereife des Bauwerks sogar die Abnahme verweigern.

Gerade beim Abnahmetermin kann die Beweislastverteilung Bedeutung gewinnen. Lehnt etwa der Auftraggeber die Abnahme wegen eines wesentlichen Mangels ab, muss der Auftragnehmer nachweisen, dass kein bzw. zumindest kein wesentlicher Mangel vorlag. Dies ist Voraussetzung der Abnahmeverpflichtung des Auftraggebers und damit der Fälligkeit der Vergütung (vgl. ► Kapitel 7.2.5). Gleiches gilt, wenn der Auftraggeber das Bauwerk zwar abnimmt, sich dabei aber die Beseitigung von Abnahmemängeln vorbehält. Dann muss der Auftragnehmer belegen, dass der vorbehaltene Mangel nicht vorliegt.

Mit der Abnahmeerklärung verlagert sich die Beweislastverteilung auf den Auftraggeber: Nach der Abnahme muss der Auftraggeber das Vorliegen von Mängeln nachweisen. Nach der Abnahme ist also davon auszugehen, dass der Auftragnehmer seine werkvertraglichen Leistungspflichten erfüllt hat und sein Werk mangelfrei ist. Alles andere, insbesondere das Vorliegen eines Mangels, muss der Auftraggeber beweisen. Der Auftraggeber kann Mängelrechte nur dann mit Aussicht auf Erfolg geltend machen, wenn ihm der Beleg eines Mangels gelingt.

Eine Ausnahme gilt für bei der Abnahme vorbehaltene Mängel: Behält sich der Auftraggeber bei der Abnahme die Beseitigung von Mängeln vor, so bleibt für die vorbehaltenen Mängel die Last des Beweises beim Auftragnehmer. Dieser muss belegen, dass die Mängelbehauptung des Auftraggebers unzutreffend und seine Leistung fachgerecht ist. Wichtig ist, dass der Auftraggeber den Mangel bei der Abnahme ausdrücklich rügt und dies im Abnahmeprotokoll dokumentiert. Zugleich sollte der Auftraggeber dem Auftragnehmer eine angemessene Nachbesserungsfrist einräumen (vgl. ► Kapitel 7.2.1). Diese wichtige Ausnahme von der Beweislastumkehr ist in der Baupraxis wenig bekannt und führt häufig zu Missverständnissen. Die Abnahme bewirkt auch für ausdrücklich vorbehaltene Mängel, dass die Vorschriften zu den Mängelrechten nach der Abnahme (§§ 633 ff. BGB bzw. 13 VOB/B; vgl. ► Kapitel 7.2.1) angewendet werden müssen; die Last des Beweises für einen vorbehaltenen Mangel bleibt aber beim Auftragnehmer.

Bei der Frage der Beweislast ist im Fall eines Bauvertragsabschlusses mit Datum ab dem 01.01.2018 auch an § 650g BGB n. F. zu denken: Ist es zu einer Zustandsfeststellung gekommen, wird bei offenkundigen Mängeln, die dort nicht dokumentiert sind, vermutet, dass diese erst nach der Zustandsfeststellung entstanden sind und damit dem Bauherrn zur Last fallen; etwas anderes gilt jedoch, wenn die Art des Mangels dieser Annahme im Weg steht (vgl. ► Kapitel 6.4).

Nicht zuletzt ist zu erwähnen, dass sich die Beweislast bei einer Selbstvornahme der Mangelbeseitigung vor der Abnahme – entgegen der Ansicht vieler Unternehmer – nicht auf den Bauherrn verlagert, sondern auch in diesem Fall erst mit der Abnahme. Allerdings hat der Bauherr bei der Selbstvornahme vor der Abnahme (als Ausfluss seiner Kooperationspflichten) dem Interesse des Unternehmers an der Beweissicherung besondere Beachtung zu schenken. Die Gerichte erlegen dem Bauherrn in diesem Fall die Obliegenheit auf, die Mängel vor der Beseitigung – je nach den konkreten Umständen des Einzelfalls – zu dokumentieren (am besten von unabhängiger sachverständiger Seite), dem Unternehmer die jederzeitige Beteiligung an der Mängeluntersuchung und -dokumentation zu ermöglichen und ausgetauschte Bauteile, die beweiserheblich sein können, aufzubewahren. Verstößt der Bauherr hiergegen, macht er sich einer Beweisvereitelung schuldig und verletzt seine Kooperationspflichten. Aus dieser Kooperationspflichtverletzung (und gerade nicht aus der Selbstvornahme der Mangelbeseitigung) folgern die Gerichte ggf. eine Umkehr der Beweislast zulasten des Bauherrn.

### 7.2.4 Mangel- und Vertragsstrafenvorbehalte

Der Auftraggeber darf bei der Abnahme keinesfalls vergessen, sich seine Rechte wegen

- aller ihm bekannten Mängel und
- verwirkter Vertragsstrafen

ausdrücklich schriftlich vorzubehalten.

***Vorsicht:*** Hier droht dem Auftraggeber Rechtsverlust!

Die Abnahme bildet den Schnittpunkt zwischen der Arbeits- und der Abwicklungsphase des Bauvertrags. Beim Übergang von der Bauwerksherstellung zur Vergütungsabrechnung und Restmängelbeseitigung werden dem Auftraggeber vom Gesetz Dokumentationspflichten für bekannte Mängel und Vertragsstrafen auferlegt. Beachtet der Auftraggeber diese Pflichten nicht, ergeben sich für ihn gravierende negative Folgen.

**Mangelvorbehalt**

Der Auftraggeber muss sich bei der Abnahme seine Rechte hinsichtlich aller ihm vor oder während der Abnahme bekannt gewordenen Mängel ausdrücklich und am besten schriftlich vorbehalten. Sonst verliert er für die „vergessenen" Mängel wichtige Gewährleistungsansprüche (§ 640 Abs. 2 BGB a. F. bzw. § 640 Abs. 3 BGB n. F.). Dies gilt, obwohl diese Vorschrift nur im BGB zu finden ist, für BGB- und VOB-Bauverträge gleichermaßen.

Rügt der Bauherr bei der Abnahme einen ihm bekannten Mangel nicht, verliert er beim BGB-Bauvertrag seine verschuldensunabhängigen Rechte auf

- Nacherfüllung (§ 634 Nr. 1 BGB),
- Ersatz der Mangelbeseitigungskosten (§ 634 Nr. 2 BGB),
- Rücktritt (§ 634 Nr. 3 Alternative 1 BGB) und
- Minderung (§ 634 Nr. 3 Alternative 2 BGB).

Erhalten bleibt dem Bauherr jedoch der Schadensersatzanspruch aus §§ 634 Abs. 4, 636 und 280 ff. BGB; dieser setzt allerdings ein Verschulden des Unternehmers voraus (vgl. zu den Mängelrechten ► Kapitel 7.2.1).

Allerdings geht die Beweislast nur für bei der Abnahme vorbehaltene Mängel nicht auf den Bauherrn über, sondern verbleibt beim Unternehmer (vgl. ► Kapitel 7.2.3). Versäumt also der Bauherr bei der Abnahme die Rüge bekannter Mängel, führt dies nicht nur zum Verlust von Mängelrechten, sondern auch zu einer für den Bauherrn ungünstigeren Beweislastverteilung. Gerade das Zusammenwirken des Verlusts der verschuldensabhängigen Mängelrechte und der Beweislastumkehr kann für den Bauherrn fatal sein und seine Ansprüche wegen eines Mangels praktisch entwerten.

Ähnlich sind die Folgen eines vergessenen Mangelvorbehalts beim VOB-Bauvertrag: Dem Bauherrn bleiben die verschuldensabhängigen Schadensersatzansprüche aus § 13 Abs. 7 VOB/B erhalten. Er verliert jedoch seine (von einem Verschulden des Unternehmers unabhängigen) Ansprüche auf Mangelbeseitigung bzw. Erstattung der Mangelbeseitigungskosten (§ 13 Abs. 5 VOB/B) und Minderung (§ 13 Abs. 6 VOB/B).

**Praxistipp**

Bei der konkreten Mangelrüge kommt es nicht darauf an, den Mangel technisch korrekt und (scheinbar) sachverständig zu „begutachten". Wer etwa ein neu errichtetes Haus abnimmt und dabei einen feuchten Wandbereich entdeckt, sollte nicht mutmaßen, woher dieser stammt und z. B. einen vermeintlichen Rohrbruch rügen. Was, wenn statt des vermuteten Rohrbruchs ein undichtes Dach für den Wasserfleck verantwortlich ist? Ein Mangel am Dach ist von der Rüge eines Rohrbruchs nicht abgedeckt und damit nicht korrekt vorbehalten. Zwar kann der Auftraggeber dann argumentieren, die Undichtigkeit des Dachs sei ihm nicht bekannt gewesen, sodass er entsprechende Gewährleistungsrechte nicht verloren habe. Einer unangenehmen und zudem unnötigen Diskussion über den Ausschluss seiner Gewährleistungsansprüche (§ 640 Abs. 2 BGB a. F. bzw. § 640 Abs. 3 BGB n. F.) und zudem der in ► Kapitel 7.2.3 beschriebenen Beweislastumkehr kann der Auftraggeber aber dennoch nicht entgehen.

In Fällen wie dem vorstehenden Beispiel sollte der Auftraggeber – wie stets – primär das für ihn wahrnehmbare Mangelbild, die Mangelsymptome, dokumentieren. Die Suche nach der Mangelursache kann der Auftraggeber dem in der Regel ohnehin sachkundigeren Auftragnehmer überlassen. Sobald sich der Auftraggeber seine Rechte wegen des erkannten Mangelsymptoms vorbehält, sind nach der „Symptomrechtsprechung" des Bundesgerichtshofs (vgl. BGH, BauR 2003, 693, 694) auch alle Mangelursachen vom Mangelvorbehalt erfasst.

Jedem Auftraggeber – wie auch jedem Auftragnehmer – ist stets zu empfehlen, auf ein schriftliches Abnahmeprotokoll zu bestehen. Die Protokollierung des Abnahmetermins ist für die förmliche Abnahme in § 12 Abs. 4 VOB/B geregelt und für jede ausdrückliche Abnahme dringend anzuraten (vgl. ► Kapitel 2.5.1). Vonseiten des Auftraggebers ist strikt darauf zu achten, dass dort alle bis zur und bei der Abnahme erkannten Mängel möglichst klar dokumentiert werden.

**Praxistipp**

Der Auftraggeber darf sich auch von – scheinbar noch so fachkundigen – Ausführungen des Auftragnehmers, es läge kein Mangel vor, nicht beeindrucken lassen. Soweit der Auftraggeber der Meinung ist, dass ein Mangel besteht, muss er diesen dokumentieren/vorbehalten. Ist der Auftragnehmer anderer Meinung, so kann er das seinerseits im Abnahmeprotokoll zum Ausdruck bringen und die Beseitigung des Mangels verweigern.

Anmerkungen des Auftragnehmers zu Mängelrügen in Abnahmeprotokollen, wie „innerhalb der Toleranz", „bestritten", „kein Mangel" oder „betrifft anderes Gewerk", kann der Auftraggeber erst einmal gelassen hinnehmen. Denn: Rechtswirkungen entfalten solche Meinungsäußerungen des Auftragnehmers auch im Abnahmeprotokoll nicht. Wenn sich der Auftraggeber im Abnahmeprotokoll einen Mangel vorbehält, muss der Auftragnehmer nachweisen, dass ein Mangel nicht vorliegt oder ein anderes Gewerk betrifft; daran können auch Kommentare des Auftragnehmers nichts ändern. Der Auftraggeber kann derartige Anmerkungen des Auftragnehmers daher ignorieren und ist nicht gehalten, zu widersprechen.

Wer im Abnahmetermin dennoch zunächst auf ein Abnahmeprotokoll verzichtet, muss jedenfalls bei Entdeckung von Mängeln umgehend und noch während des Termins ein Abnahmeprotokoll anfertigen.

Der Auftraggeber muss auch solche Mängel bei der Abnahme nochmals rügen, die ihm schon vor dem Abnahmetermin – unter welchen Umständen auch immer – bekannt geworden sind. Dies gilt unabhängig davon, ob der Auftraggeber die Mängel vor der Abnahme schriftlich gerügt hat oder nicht. Diese sind im Abnahmeprotokoll (nochmals) ausdrücklich zu benennen, wobei eine klare und eindeutige Bezugnahme auf eine bereits erfolgte schriftliche Mangelrüge genügt.

Einige Auftraggeber vermerken im Abnahmeprotokoll stets vorsorglich, dass alle im geführten Schriftverkehr vor dem Abnahmetermin gerügten Mängel vorbehalten bleiben. Die Wirksamkeit derartiger Formulierungen ist zweifelhaft, deren Verwendung schadet dem Auftraggeber aber zumindest nicht. Keinesfalls jedoch darf ein solcher Pauschalvorbehalt die ausdrückliche Dokumentation aller dem Auftraggeber bei der Abnahme bekannten Mängel ersetzen; so viel Mühe sollte sich jeder Auftraggeber unter allen Umständen machen.

**Praxistipp**

Dem Auftraggeber ist bei umfangreichen Bauvertragsverhältnissen, bei denen oft schon vor der Abnahme zahlreiche Mängel diskutiert werden, dringend zu empfehlen, vor dem Abnahmetermin eine vollständige Liste bereits thematisierter Mängelsachverhalte zu erstellen. Dann muss er beim Abnahmetermin hinsichtlich dieser bereits benannten Mängel nur noch darauf achten, dass alle auf der Liste vermerkten Mängel auch tatsächlich kontrolliert und – falls weiter vorhanden – nochmals explizit vorbehalten werden.

Für den Eintritt der Abnahmewirkungen kommt es im Grundsatz nicht auf die Art an, in der die Abnahme erfolgt. Diese Regel gilt für den Verlust nicht vorbehaltener Mängelrechte nur eingeschränkt. Der Auftraggeber verliert seine Ansprüche wegen „vergessener“ Mängel nur bei der ausdrücklichen und förmlichen Abnahme sowie bei den fiktiven Abnahmeformen des § 12 Abs. 5 VOB/B (vgl. hierzu § 12 Abs. 5 Nr. 3 VOB/B sowie

► Kapitel 2.4.2), nicht dagegen bei konkludenter Abnahme und Fristablauf (§ 640 Abs. 1 Satz 3 BGB a. F. bzw. § 640 Abs. 2 BGB n. F., vgl. ► Kapitel 2.3). Daraus folgt aber: Der Auftraggeber verliert selbst bei einer fiktiven Abnahme nach § 12 Abs. 5 VOB/B Gewährleistungsansprüche, wenn er sich ihm bekannte Mängel nicht vor Fristablauf bzw. Inbetriebnahme ausdrücklich vorbehält.

Wer als Auftraggeber ein Verhalten an den Tag legt, das auch nur entfernt als fiktive Abnahme gewertet werden könnte, sollte sicherheitshalber gleichzeitig schriftlich gegenüber dem Auftragnehmer klarstellen, dass er mit der betreffenden Handlung nicht die Abnahme erklärt bzw. die Abnahme ausdrücklich verweigert. Zudem sollte sich der Auftraggeber in diesem Schreiben eine etwaige Vertragsstrafe vorbehalten. Weiter ist es vorteilhaft, dort zugleich unter Angabe vorhandener Mängel und angemessener Fristsetzung die Mangelbeseitigung und/oder Fertigstellung zu verlangen (vgl. ► Kapitel 7.2.1).

**Vertragsstrafenvorbehalt**

Die Grundsätze zum Vorbehalt von Gewährleistungsansprüchen für erkannte Mängel gelten sinngemäß auch für vom Auftragnehmer während der Vertragsdurchführung verwirkte Vertragsstrafen. Behält sich der Auftraggeber bei der ausdrücklichen Abnahme oder in den Fällen der fiktiven Abnahme nach § 12 Abs. 5 VOB/B nicht ausdrücklich (und stets dringend anzuraten schriftlich) seine Vertragsstrafenansprüche vor, gehen diese verloren. Das ergibt sich für BGB-Bauverträge aus § 341 Abs. 3 BGB und für VOB-Bauverträge aus § 11 Abs. 4 VOB/B. Im Unterschied zu den Mängelvorbehalten ist ein Vertragsstrafenvorbehalt auch bei der konkludenten Abnahme und bei der Abnahme durch Fristablauf geboten.

Beim Vertragsstrafenvorbehalt empfiehlt sich im Gegensatz zu den Mängelvorbehalten eine möglichst pauschal gehaltene Formulierung; eine Begründung oder Erläuterung der Vertragsstrafenansprüche ist nicht erforderlich, sondern eher schädlich.

**Praxistipp**

Die Gefahr des Rechtsverlusts sollte den Auftraggeber gerade bei unübersichtlichen Bauvorhaben mit langer „Geschichte" und umfangreichem Schriftwechsel zu einer sorgfältigen Vorbereitung des Abnahmetermins veranlassen. Dabei können im Schriftverkehr zwischen den Vertragsparteien und mit Dritten (z. B. mit Planern) Hinweise auf zwischenzeitlich in Vergessenheit geratene Mängelsachverhalte zu finden sein. Auch die Vertragsunterlagen können relevant werden, etwa die vertraglichen Bestimmungen zur Beschaffenheit des Bauwerks, zu den vom Auftragnehmer geschuldeten Unterlagen oder Dokumentationen, zur Gewährleistung und zu Vertragsstrafen. Für den Auftragnehmer lohnt es sich ebenso, den Abnahmetermin gewissenhaft vorzubereiten, schon aus Gründen der „Waffengleichheit".

Das Erfordernis eines Mängelvorbehalts und eines Vertragsstrafenvorbehalts bei der Abnahme kann zumindest individualvertraglich ausgeschlossen werden; in Allgemeinen Geschäftsbedingungen ist ein Ausschluss dagegen nur sehr eingeschränkt möglich (vgl. ► Kapitel 2.6.6).

### 7.2.5 Fälligkeit der Vergütung

Die abschließende Vergütung des Unternehmers, d. h. die Schlusszahlung des Bauherrn, wird grundsätzlich erst mit oder nach der Abnahme fällig. Vor der Abnahme kann der Unternehmer unter den Voraussetzungen der § 632a BGB und § 16 Abs. 1 VOB/B Abschlagszahlungen verlangen. Ein Subunternehmer kann unter bestimmten Bedingungen bereits vor der Abnahme einen fälligen Anspruch auf die vollständige Vergütung durch den Generalunternehmer erwerben („Durchgriffsfälligkeit", § 641 Abs. 2 BGB). Der Gesetzgeber hat die Rechte des Unternehmers auf Abschlagsvergütungen und die Fälle einer „Durchgriffsfälligkeit" mehrfach ausgeweitet. Des Weiteren haben die Gerichte Fallkonstellationen herausgearbeitet, in denen das Vertragsverhältnis ohne eine Abnahme in ein Abrechnungsverhältnis übergeht und damit die Vergütung des Unternehmers unabhängig von einer Abnahme fällig wird (vgl. ► Kapitel 4.4.

### Abschlagsvergütung nach BGB a. F.

Bei BGB-Bauverträgen, die bis zum 31.12.2017 abgeschlossen wurden, kann der Auftragnehmer in der Höhe Abschlagszahlungen verlangen, in der der Auftraggeber durch seine Bauleistungen bereits einen Wertzuwachs erhalten hat (§ 632a Abs. 1 Satz 1 BGB a. F.). Voraussetzung ist aber, dass das Bauwerk keinen wesentlichen Mangel aufweist; in diesem Fall schuldet der Auftraggeber nämlich überhaupt keine Abschlagszahlungen nach § 632a Abs. 1 Satz 1 BGB a. F.; wegen anderer, nicht wesentlicher Mängel kann der Auftraggeber die Leistung von Abschlägen nicht komplett verweigern (§ 632 a Abs. 1 Satz 2 BGB a. F.). Er hat aber nach § 632a Abs. 1 Satz 3 BGB a. F. in Verbindung mit § 641 Abs. 3 BGB das Recht, einen angemessenen Mangeleinbehalt (regelmäßig in doppelter Höhe der voraussichtlichen Nachbesserungskosten) vorzunehmen.

Abrechenbar sind alle Leistungen des Auftragnehmers am Bauvorhaben des Auftraggebers, die den Wert des Objekts steigern. Für das Bauvorhaben angelieferte, angefertigte und bereitgestellte Baustoffe und Bauteile, die in das Eigentum des Auftraggebers übergegangen sind oder für die dem Auftraggeber Sicherheit geleistet ist, kann der Auftragnehmer nach § 632 Abs. 1 Satz 5 BGB a. F. in seine Abschlagsrechnungen aufnehmen. Die Höhe der Abschlagsvergütung richtet sich nach dem Wertzuwachs, den der Auftraggeber durch die Leistungen, Baustoffe und Bauteile erhält. In der Praxis ist eine Ermittlung dieses Wertzuwachses schwierig. Häufig wird sich der Wertzuwachs mit dem Anteil der Gesamtvergütung des Auftragnehmers decken, der auf die erbrachten Leistungen bzw. gelieferten/gefertigten Bauteile und Baustoffe entfällt. Nach § 632 Abs. 1 Satz 4 BGB a. F. hat der Auftragnehmer in seinen Abschlagsrechnungen seine Leistungen so aufzustellen und nachzuweisen, dass dem Auftraggeber eine rasche und sichere Beurteilung der abgerechneten Leistungen möglich ist.

### Abschlagsvergütung nach BGB n. F.

Da sich die Bemessung der Höhe geschuldeter Abschläge auf die Vergütung anhand des Wertzuwachses in der Baupraxis als unpraktikabel erwiesen hat, gilt für seit dem 01.01.2018 abgeschlossene BGB-Bauverträge eine an die entsprechenden VOB-Regelungen angepasste Rechtslage:

Der Unternehmer kann nach § 632a Abs. 1 Satz 1 BGB n. F. Abschlagszahlungen in Höhe des anteiligen Werts der von ihm erbrachten Leistungen hinsichtlich der laut Vertrag geschuldeten Gesamtleistungen verlangen; der schwer greifbare Wertzuwachs ist kein Kriterium mehr.

Die Regelung, nach der der Bauherr bei wesentlichen Mängeln die Vergütungsabschläge ganz verweigern kann (§ 632a Abs. 1 Satz 2 BGB a. F.) ist ersatzlos gestrichen. Stattdessen sieht § 632 Abs. 1 Satz 2 BGB n. F. nun vor, dass der Bauherr bei Mängeln (gleich ob erheblich oder unerheblich), einen angemessenen Teil des Abschlags verweigern kann. Ergänzend verweist § 632a Abs. 1 Satz 4 BGB n. F. auf § 641 Abs. 3 BGB, sodass der angemessene Abzug in der Regel dem Doppelten der voraussichtlichen Mängelbehebungskosten entspricht. Klarstellend erwähnt § 632a Abs. 1 Satz 3 BGB n. F., dass die Beweislast für Mängel bis zur Abnahme beim Unternehmer bleibt. § 632 Abs. 1 Satz 4 BGB a. F. (nachvollziehbare Abrechnung) ist als § 632 Abs. 1 Satz 5 BGB n. F. unverändert erhalten geblieben (ebenso § 632 Abs. 1 Satz 5 BGB a. F. nun als § 632 Abs. 1 Satz 6 BGB n. F.).

Weitere Neuerung erfährt das BGB-Bauvertragsrecht in § 650l BGB n. F., der künftig § 632a BGB ergänzt, soweit der Bauherr Verbraucher ist und auch die übrigen Voraussetzungen eines Verbraucherbauvertrags vorliegen. Künftig ist die Gesamthöhe an Abschlagszahlungen, die ein Unternehmer von einem Verbraucher verlangen kann, nach § 650l Abs. 1 BGB n. F. auf 90 % der vereinbarten Gesamtvergütung zuzüglich der Vergütung etwaiger Nachtragsleistungen begrenzt. Etwa wie bisher nach § 632a Abs. 3 und Abs. 4 BGB a. F. ist der Bauherr nach § 650l Abs. 2 BGB n. F. bereits bei der ersten Abschlagszahlung berechtigt, als Sicherheit für die rechtzeitige Herstellung des Werks ohne wesentliche Mängel eine Sicherheit in Höhe von 5 % der Gesamtvergütung zu verlangen. Erhöht sich die Vergütung infolge nachträglich vereinbarter Nachtragsleistungen um mehr als 10 %, muss der Unternehmer die Sicherheit bis zur Höhe von 5 % der erhöhten Gesamtvergütung aufstocken, ggf. auch mehrfach. Die Sicherung kann nach Wahl des Unternehmers in Form einer Bankbürgschaft oder durch einen Einbehalt des Bauherrn erfolgen (§ 650l Abs. 2 Satz 3 und Abs. 3 BGB n. F.).

Zu beachten ist, dass die Obergrenze für Abschlagsforderungen nach § 650l Abs. 1 BGB n. F. und der Anspruch auf eine Vertragserfüllungssicherheit nebeneinander stehen. Der Unternehmer kann daher vor der Abnahme ohne Stellung einer Vertragserfüllungsbürgschaft nur maximal 85 % der Gesamtvergütung als Abschlagszahlungen verlangen, falls er eine Vertragserfüllungsbürgschaft stellt, maximal 90 % der Gesamtvergütung.

**Abschlagsvergütung nach VOB/B**

Nach § 16 Abs. 1 VOB/B stehen dem Unternehmer beim VOB-Bauvertrag in möglichst kurzen Zeitabständen zu gewährende Abschlagszahlungen zu. Ansonsten ähnelt die Rechtslage der nach BGB n. F. mit feinen Unterschieden im Detail. Der Unternehmer kann demnach alle ausgeführten Leistungen, auch für das Bauvorhaben angefertigte und bereitgestellte Bauteile sowie auf die Baustelle angelieferte Baustoffe und Bauteile, die er in das Eigentum des Bauherrn gegeben oder hierfür Sicherheit geleistet hat, in seine Abschlagsrechnungen aufnehmen. Dort muss er seine Leistungen einschließlich der abgerechneten Baustoffe und Bauteile durch eine prüfbare Aufstellung nachweisen, die dem Bauherrn eine rasche und sichere Beurteilung der Leistungen erlaubt. Die Abschlagszahlungen werden binnen 21 Kalendertagen fällig. Mit der Bezahlung einer Abschlagsrechnung ist keine Abnahmeerklärung des Bauherrn verbunden.

**Schlussvergütung**

Beim BGB-Bauvertrag ist, sofern dieser bis zum 31.12.2017 abgeschlossen wurde, die Fälligkeit der (Schluss-)Vergütung grundsätzlich nur von der Abnahme abhängig (§ 641 Abs. 1 Satz 1 BGB). Das heißt, mit der Abnahme ist die Vergütung zu bezahlen. Eine Abrechnung des Werklohns ist dafür aus werkvertraglicher Sicht regelmäßig nicht erforderlich (anders selbstverständlich aus steuerrechtlicher und tatsächlicher Sicht).

Für Bauverträge mit Vertragsdatum ab dem 01.01.2018 gilt: Für die Fälligkeit der Schlussvergütung des Auftragnehmers ist als weitere Voraussetzung neben der Abnahme nach § 650g Abs. 4 Satz 1 BGB n. F. die Stellung einer prüfbaren Schlussrechnung erforderlich. Die Schlussrechnung ist nur dann prüfbar, wenn sie eine übersichtliche Aufstellung der erbrachten Leistungen enthält und für den Auftraggeber nachvollziehbar ist (§ 650g Abs. 4 Satz 2 BGB n. F.).

Der Auftraggeber muss rasch eruieren, ob die Schlussrechnung prüfbar ist, und widrigenfalls binnen 30 Kalendertagen nach dem Rechnungszugang begründete Einwendungen gegen die Prüfbarkeit erheben (Zugangsnachweis!). Ansonsten gilt selbst eine Schlussrechnung mit gravierenden Prüfbarkeitsdefiziten nach § 650g Abs. 4 Satz 3 BGB n. F. als prüfbar.

Lediglich bei Werkverträgen, die keine Bauverträge sind, bleibt es auch nach neuem BGB-Werkvertragsrecht dabei, dass die Fälligkeit ungeachtet einer Schlussabrechnung mit der Abnahme eintritt.

Beim VOB-Bauvertrag wird der Auftragnehmer ebenfalls erst durch die Abnahme in die Lage versetzt, die Schlussrechnung zu stellen. Die Leistungen des Auftragnehmers werden mit der Abnahme „schlussrechnungsfähig“. Die Fälligkeit der Vergütung tritt beim VOB-Bauvertrag aber erst 30 Tage nach dem Zugang einer prüfbaren Schlussrechnung beim Auftraggeber ein (§ 16 Abs. 3 Nr. 1 Satz 1 VOB/B). Die Abnahme ist nach den Vorschriften der VOB/B also (wie bei Bauverträgen nach neuem BGB-Recht) nur die erste von zwei Voraussetzungen der Werklohnfälligkeit.

Nach § 641 Abs. 4 BGB hat der Bauherr eine in Geld festgesetzte Vergütung von der Abnahme an zu verzinsen; das ist – wenn man so will – eine weitere eigenständige Abnahmewirkung. Diese Vorschrift hat jedoch bisher kaum praktische Bedeutung erlangt. Eine in Geld festgesetzte Vergütung ist nur bei Vereinbarung einer pauschalen Vergütung anzunehmen. Zudem gilt § 641 Abs. 4 BGB nicht für VOB-Bauverträge; dort ist die Fälligkeit und Verzinsung bei Verzug abweichend geregelt. Mit dem neuen BGB-Bauvertragsrecht wird die Bedeutung von § 641 Abs. 4 BGB weiter abnehmen, da nach § 650g Abs. 4 BGB n. F. schon die Fälligkeit der Schlussvergütung von einer prüfbaren Schlussrechnung abhängt; das muss wohl erst recht für eine Verzinsung gelten.

**Durchgriffsfälligkeit**

Nach § 641 Abs. 2 BGB kann die Vergütung eines Subunternehmers unter der Voraussetzung der „Durchgriffsfälligkeit“ schon vor der Abnahme fällig werden. Diese Vorschrift gilt für BGB-Bauverträge und VOB-Bauverträge gleichermaßen.

Nach § 641 Abs. 2 BGB tritt – ungeachtet der Frage der Abnahme – die Fälligkeit der Vergütung des Subunternehmers spätestens ein, wenn und soweit

- der Generalunternehmer von seinem Auftraggeber oder von Dritten für die Subunternehmerleistung die – komplette oder teilweise – Vergütung erhalten hat,
- der Auftraggeber des Generalunternehmers die Bauleistung des Generalunternehmers abgenommen hat oder
- der Subunternehmer dem Generalunternehmer eine angemessene Frist zur Auskunft über die von ihm vereinnahmten Vergütungen oder die Abnahme der Leistungen des Generalunternehmers gesetzt hat, falls diese Frist fruchtlos verstreicht.

Die „Durchgriffsfälligkeit" nach § 641 Abs. 2 BGB greift jedoch in Fällen, in denen der Generalunternehmer seinem Auftraggeber Sicherheit für etwaige Mängel geleistet hat, nur, wenn der Subunternehmer entsprechende Sicherheit leistet.

**Übergang in das Abrechnungsverhältnis ohne Abnahme**

Die Gerichte bejahen in einigen Fallkonstellationen die Fälligkeit der Vergütung trotz fehlender Abnahme, da das Vertragsverhältnis auch ohne Abnahme in ein Abrechnungsverhältnis übergegangen sei. Diese Fälle werden zum Teil auch unter der ungenau formulierten Rubrik „Entbehrlichkeit der Abnahme" geführt (vgl. ► Kapitel 4.4).

Beseitigt etwa der Auftraggeber der Abnahme im Wege stehende Mängel im Rahmen der Selbstvornahme, kann eine Abnahme des Bauwerks ausscheiden, da der Unternehmer kein im Wesentlichen mangelfreies Werk erstellt hat. Dennoch wird die Vergütung des Unternehmers ungeachtet der fehlenden Abnahme fällig, da das Vertragsverhältnis nun auch ohne Abnahme in ein Abrechnungsverhältnis übergeht. Gleiches gilt für andere Fallkonstellationen, in denen der Bauherr das nicht abnahmereife Bauwerk ohne (weitere) Mangelbeseitigung durch den Unternehmer behalten will und nur noch finanzielle Mängelansprüche (Vorschuss der Selbstvornahmekosten, Schadensersatz statt der Leistung oder Minderung; vgl. ► Kapitel 7.2.1) verfolgt.

Nach anderer Ansicht (vgl. ► Kapitel 6.2) soll der Bauherr in den vorstehend beschriebenen Fällen zur Abnahme der nicht abnahmereifen Leistung verpflichtet sein und ggf. in Abnahmeverzug geraten, obwohl der Unternehmer kein abnahmefähiges Bauwerk erstellt hat; auch auf diesem Weg erhält der Unternehmer mit der Abnahme einen fälligen Vergütungsanspruch.

## 7.2.6 Verjährungsbeginn

### Verjährung der Vergütung

Wie im ► Kapitel 7.2.5 dargestellt, ist die Abnahme beim BGB-Bauvertrag, soweit dieser bis einschließlich 31.12.2017 abgeschlossen wurde, regelmäßig einzige Voraussetzung der Vergütungsfälligkeit. Da das BGB a. F. an die Fälligkeit eines Zahlungsanspruchs auch dessen Verjährung anknüpft, beginnt mit der Abnahme der Bauleistung automatisch die Verjährung der Vergütung. Konkret verjährt die Vergütung des Auftragnehmers dann mit dem Ablauf des dritten Jahrs nach der Abnahme. Das ergibt sich im Einzelnen aus §§ 195 und 199 BGB.

Das bedeutet: Wurde bei einem im Jahr 2017 abgeschlossenen BGB-Bauvertrag im Jahr 2018 die Abnahme erklärt, gleich ob im Januar oder im Dezember, dann verjährt der Vergütungsanspruch des Auftragnehmers mit Ablauf des Jahres 2021.

Anders bei VOB-Bauverträgen und bei BGB-Bauverträgen, die seit dem 01.01.2018 abgeschlossen werden: Dort hängt die Fälligkeit der Vergütung vom Zugang einer prüfbaren Schlussrechnung beim Auftraggeber ab. Der Auftragnehmer ist von der Abnahme an berechtigt, eine Schlussrechnung zu stellen. Beim BGB-Bauvertrag wird die Vergütung mit dem Zugang der Schlussrechnung beim Auftraggeber fällig (§ 650g Abs. 4 Satz 1 BGB n. F.), beim VOB-Bauvertrag erst nach Ablauf der daran anschließenden 30-tägigen Schlussrechnungsprüfungsfrist (§ 16 Abs. 3 Nr. 1 VOB/B), und die Verjährung beginnt.

In besonderen Fällen und bei ausdrücklicher Vereinbarung kann nach VOB/B die Schlussrechnungsprüfungsfrist auf bis zu 60 Tage verlängert werden (§ 16 Abs. 3 Nr. 1 Satz 2 VOB/B). In § 16 Abs. 3 Nr. 1 Satz 3 VOB/B wird (ähnlich wie in § 650g Abs. 4 Satz 3 BGB n. F.) vorgeschrieben, dass der Bauherr die fehlende Prüfbarkeit spätestens innerhalb von 30 bzw. 60 Tagen rügen muss. Der Bauherr muss daher zeitnah nach dem Zugang der Schlussrechnung des Unternehmers verifizieren, ob er nidiese prüfen kann. Zudem muss er dem Unternehmer spätestens innerhalb von 30 bzw. 60 Tagen unter Angabe der Gründe mitteilen, welche Teile der Schlussrechnung bzw. welche dortigen Angaben nicht nachvollziehbar sind. Versäumt der Bauherr die rechtzeitige Rüge (Zugangsnachweis!), kann er sich später nicht mehr auf die fehlende Prüfbarkeit und damit die fehlende Fälligkeit der Schlussrechnung berufen.

Im Jahr 2018 fällig gewordene Vergütungen verjähren damit bei einem VOB-Bauvertrag oder bei einem BGB-Bauvertrag, der seit dem 01.01.2018 abgeschlossen wurde, mit Ablauf des Jahres 2021.

Doch Vorsicht: Prüft der Bauherr beim VOB-Bauvertrag die Schlussrechnung des Unternehmers bereits vor Ablauf der Prüfungsfrist und übergibt er dem Unternehmer die geprüfte Schlussrechnung, so wird die Vergütung mit dem Zugang der geprüften Schlussrechnung beim Unternehmer fällig. Daraus ergibt sich bei einer im Dezember 2017 gestellten Schlussrechnung, dass der Werklohnanspruch schon Ende 2020 verjährt, wenn der Unternehmer die Schlussrechnung noch im Dezember 2017 geprüft zurückerhalten hat. Schöpfte der Bauherr dagegen die Prüfungsfrist aus und prüfte die Rechnung erst im Januar 2018, so tritt die Verjährung des Werklohns erst Ende 2021 ein.

**Beginn der Gewährleistungsfrist**

Bekannter und für die Praxis wohl noch bedeutsamer als der Beginn der Verjährung des Vergütungsanspruchs ist der Beginn der Gewährleistungsfrist. Nach § 634a Abs. 2 BGB und nach § 13 Abs. 4 Nr. 3 VOB/B beginnt die Verjährungsfrist für die Mängelansprüche des Auftraggebers mit der Abnahme. Abweichende Zeitpunkte für den Verjährungsbeginn sind individualvertraglich möglich. In Allgemeinen Geschäftsbedingungen darf der Beginn der Verjährung jedenfalls nicht vor die Abnahme verlegt und nur sehr eingeschränkt auf einen späteren Zeitpunkt verschoben werden (vgl. ► Kap. 2.7.1).

Die Dauer der Gewährleistungsfrist für Bauleistungen beträgt nach BGB (§ 634a Abs. 1 Nr. 2) 5 Jahre und nach VOB/B (§ 13 Abs. 4 Nr. 1 Satz 1) i. d. R. 4 Jahre; regelmäßig wird jedoch auch bei VOB-Bauverträgen eine mindestens 5-jährige Gewährleistungsfrist vereinbart.

Im Detail beläuft sich die Gewährleistungsfrist beim VOB-Bauvertrag für Bauwerke auf 4 Jahre (§ 13 Abs. 4 Nr. 1 Alternative 1 VOB/B); allerdings bestehen die Ausnahmen einer nur zweijährigen Gewährleistung für feuerberührte Teile von Feuerungsanlagen (§ 13 Abs. 4 Nr. 1 Alternative 3 VOB/B) sowie für bestimmte elektrotechnische und elektronische Anlagen (§ 13 Abs. 4 Nr. 2 VOB/B). Für Bauleistungen, die keine Bauwerke darstellen (z. B. bei Grundstücksarbeiten) beträgt die Gewährleistungsfrist ebenfalls nur 2 Jahre (§ 13 Abs. 4 Nr. 1 Alternative 2 VOB/B).

**Individualvereinbarungen zu Gewährleistungsfristen**

Die Parteien eines Bauvertrags können abweichende Gewährleistungsfristen von wenigen Monaten bis zu vielen Jahren individuell vereinbaren. Längere Verjährungsfristen als 30 Jahre dürfen aber nicht vereinbart werden. Zudem darf die Haftung für vorsätzliche Schädigungen nicht durch verkürzte Gewährleistungsfristen eingeschränkt werden. In Allgemeinen Geschäftsbedingungen ist der Spielraum der Vertragsparteien deutlich enger: Nach §§ 309 Nr. 8b ff. BGB ist gegenüber Verbrauchern eine auch nur indirekte Verkürzung der Gewährleistungsfristen unwirksam. Dies führt insbesondere dazu, dass in Bauverträgen mit Verbrauchern jede Verkürzung der Gewährleistung für Bauleistungen in Allgemeinen Geschäftsbedingungen wie der VOB/B unwirksam ist. Selbst wenn die VOB/B als Ganzes in den Bauvertrag einbezogen ist, bleibt es damit bei der fünfjährigen Gewährleistung nach § 634a Abs. 1 Nr. 2 BGB; die Verkürzungen der Gewährleistung in § 13 Abs. 4 VOB/B sind bei Verbrauchern unwirksam. Nur gegenüber Nichtverbrauchern ist eine Gewährleistungsverkürzung über den Einbezug der VOB/B als Ganzes möglich.

Eine Verlängerung der Gewährleistungsdauer ist in Allgemeinen Geschäftsbedingungen des Auftraggebers nur dann möglich, wenn der Ausdehnung ein berechtigtes Interesse des Auftraggebers zugrunde liegt (gerichtlich zugelassen wurde z. B. eine AGB-Klausel, die für Flachdacharbeiten eine Gewährleistungsdauer von 10 Jahren vorsieht).

**Ablauf der Gewährleistungsfrist**

Mit Ablauf der Gewährleistungsfrist ist der Auftraggeber im Grundsatz endgültig gehindert, den Auftragnehmer wegen eines Mangels zur Verantwortung zu ziehen, gleich, ob dieser schon bei der Abnahme gerügt war oder erst nach der Abnahme entstanden ist oder erkannt wurde. Beim VOB-Bauvertrag bleibt der Unternehmer auch nach Ablauf der (ursprünglichen) Gewährleistungsfrist noch zur Nacherfüllung verpflichtet, wenn der Bauherr den Mangel vor Ablauf der Gewährleistungsfrist gerügt hat (vgl. ► Kapitel 7.5). Auch beim BGB-Werkvertrag kann der Bauherr noch nach Ablauf der Gewährleistungspflicht berechtigt sein, die Mangelbeseitigung zu verlangen, wenn der Unternehmer diese Mängel (nach der Abnahme) schon einmal nachgebessert und damit anerkannt hat (vgl. ► Kapitel 7.5).

Des Weiteren kann der Bauherr auch nach Ablauf der Gewährleistungsfrist mit Aussicht auf Erfolg gegen den Unternehmer vorgehen, wenn dieser ihn über einen Mangel **arglistig getäuscht** hat. Dies gilt für BGB- und VOB-Bauverträge gleichermaßen. In diesem Fall verjähren die Mängelansprüche zum Ende des dritten Jahrs, nachdem der Bauherr von dem Mangel Kenntnis erlangt oder grob fahrlässig nicht erlangt (§§ 634a Abs. 3 Satz 1, 195 und 199 Abs. 1 BGB; keinesfalls jedoch vor Ablauf der Gewährleistungsfristen aus § 634a BGB bzw. § 13 Abs. 4 VOB/B) bzw. – ungeachtet jeder Kenntnis/Nichtkenntnis – zum Ende des zehnten Jahrs nach der Anspruchsentstehung (§ 199 Abs. 3 Nr. 1 BGB). Der Unternehmer verschweigt einen Mangel arglistig, wenn er den Mangel kennt und schweigt oder sogar die Mangelfreiheit aktiv vortäuscht; selbst die Verharmlosung eines Mangels kann ausreichen.

Der Bundesgerichtshof geht darüber mit der Rechtsprechung zum **Organisationsverschulden** noch weit hinaus: Er verlangt vom Unternehmer, die organisatorischen Voraussetzungen dafür zu schaffen, sachgerecht überprüfen zu können, ob das Bauwerk bei der Abnahme mangelhaft ist. Damit verpflichtet er den Unternehmer, die Herstellung zu überwachen oder überwachen zu lassen (etwa durch seine Bauleitung) und das Bauwerk vor der Abnahme zu überprüfen, um den Bauherrn jedenfalls auf gravierende Mängel aufmerksam machen zu können. Verstöße gegen diese Organisationspflicht, die dazu führen, dass ein Mangel vor und bei der Abnahme unentdeckt bleibt, stellt der Bundesgerichtshof der arglistigen Täuschung gleich. Die Ansprüche des Bauherrn verjähren daher auch bei einem Organisationsverschulden des Unternehmers frühestens zum Ende des dritten Jahres, nachdem der Bauherr von dem Mangel Kenntnis erlangt oder grob fahrlässig nicht erlangt (§§ 634a Abs. 3 Satz 1, 195 und 199 Abs. 1 BGB) und ungeachtet der Frage der Kenntnis spätestens mit Ablauf des zehnten Jahres nach der Entstehung des Anspruchs (§ 199 Abs. 3 Nr. 1 BGB).

### 7.2.7 Rückgabe von Vertragserfüllungssicherheiten

Dem Auftraggeber kann aus gesetzlichen oder vertraglichen Regelungen eine Vertragserfüllungssicherheit zustehen. Eine Vertragserfüllungssicherheit sichert die Ansprüche des Auftraggebers auf rechtzeitige und vertragsgerechte Ausführung der vertraglich geschuldeten Bauleistung durch den Auftragnehmer. Der Auftraggeber muss dem Auftragnehmer die Vertragserfüllungssicherheit in vielen Fällen mit der Abnahme zurückgeben; aus den konkreten vertraglichen Abreden können sich jedoch auch andere Rückgabezeitpunkte ergeben.

Nach den Vorschriften des § 632a Abs. 3 und Abs. 4 BGB a. F. bzw. § 650l Abs. 2 bis Abs. 4 BGB n. F., die auch für VOB-Bauverträge gelten, hat der Auftraggeber Anspruch auf eine Vertragserfüllungssicherheit, wenn der Auftraggeber Verbraucher ist und der Bauvertrag die Errichtung oder den Umbau eines Hauses oder eines vergleichbaren Bauwerks zum Gegenstand hat. Mangels abweichender Vereinbarung ist davon auszugehen, dass die Vertragserfüllungssicherheit mit der Abnahme zurückzugeben ist.

Beim VOB-Bauvertrag regelt § 17 Abs. 8 Nr. 1 VOB/B, der zum Zug kommt, soweit vertraglich nichts Abweichendes vereinbart ist, den Zeitpunkt der Rückgabe der Vertragserfüllungssicherheit. Dort ist vorgesehen, dass die Vertragserfüllungssicherheit zurückzugeben ist, wenn die Bauleistung abgenommen ist, der Bauherr eine Gewährleistungssicherheit erhalten hat und alle Ansprüche des Bauherrn, die nicht von der Gewährleistungssicherheit umfasst sind, erledigt sind.

Außerhalb des Verbraucherbauvertrags haben Bauherren keinen gesetzlichen Anspruch auf eine Vertragserfüllungssicherheit. In allen derartigen Fällen kann der Bauherr nur dann eine Vertragserfüllungssicherheit verlangen, wenn er dies mit dem Unternehmer vereinbart hat. Dabei sind die Vertragsparteien in der Ausgestaltung der Vertragserfüllungssicherheit frei und können den Rahmen der gesicherten Rechte, die Modalitäten der Inanspruchnahme der Sicherheit und deren Rückgabe weitgehend selbst festlegen. Es ist jedoch bei der Vertragsgestaltung darauf zu achten, dass eine Überschneidung von Vertragserfüllungs- und Gewährleistungssicherheit ausgeschlossen ist; andernfalls kann es zu einer Unwirksamkeit der gesamten Vereinbarung über die Sicherheiten kommen. Fehlt eine vertragliche

Rückgaberegelung, ist der Zeitpunkt der Rückgabe – außerhalb des § 17 Abs. 8 Nr. 1 VOB/B – durch Auslegung zu ermitteln. Diese Auslegung wird regelmäßig zu den oben für die Rückgabe einer Vertragserfüllungssicherheit nach § 632a Abs. 3 BGB ausgeführten Ergebnissen führen. Die Sicherheit ist mit der Abnahme zurückzugeben.

**Andere Sicherheiten**

Die Baupraxis kennt einige weitere Arten von Sicherheiten, z. B. die vom Auftraggeber zu stellende Bauhandwerkersicherung nach § 648a BGB a. F. bzw. § 650f BGB n. F. sowie die vom Auftragnehmer zu übergebenden Anzahlungs- und Gewährleistungssicherheiten. Von besonderer praktischer Bedeutung ist die Gewährleistungssicherheit, welche die Mängelansprüche des Auftraggebers insbesondere für den Fall der Insolvenz des Auftragnehmers sichert.

Der Auftraggeber hat nur dann Anspruch auf eine Gewährleistungssicherheit, wenn die vertraglichen Vereinbarungen eine solche vorsehen. Einen gesetzlichen Anspruch auf eine Gewährleistungssicherheit gibt es nicht. Ebenso wenig existieren gesetzliche Vorgaben für den Sicherungsumfang und die Rückgabe der Sicherheit; beides muss deshalb vertraglich genau festgelegt werden.

Hinzu kommt, dass die Ansprüche des Auftraggebers gegen den Bürgen verjähren können, bevor die Gewährleistungsfrist abgelaufen ist.

**Beispiel**

Der Auftraggeber eines Bauwerks hat mit dem Auftragnehmer u. a. eine Gewährleistungsfrist von 5 Jahren und die Stellung einer Gewährleistungsbürgschaft vereinbart. Nach der Abnahme am 31.03.2018, mit welcher der Auftraggeber die Schlussrechnung begleicht und als Gewährleistungssicherheit eine Bankbürgschaft erhält, verjähren die Mängelansprüche eines Bauherrn am 01.04.2023.

Der Auftraggeber rügt bereits am 15.04.2018 einen kurz nach der Abnahme entdeckten Mangel und fordert die Beseitigung des Mangels bis zum 29.04.2018. Der Auftragnehmer beseitigt den Mangel nicht. Nach einem darauf folgenden jahrelangen Gerichtsprozess, in dem der Auftraggeber die Erstattung der Selbstvornahmekosten verlangt, wird – noch bevor ein Urteil gefunden ist – am 20.01.2022 das Insolvenzverfahren über das Vermögen des Auftragnehmers eröffnet. Der Auftraggeber hat nun zwar noch einen unverjährten Anspruch gegen den Auftragnehmer, doch dieser ist mangels Solvenz nicht mehr durchsetzbar.

Nun erinnert sich der Auftraggeber an die Gewährleistungssicherheit, die er ja gerade für den Fall der Auftragnehmerinsolvenz verlangt hat, und fordert von der bürgenden Bank die Regulierung des Mangels. Inzwischen kann die Bank jedoch mit Aussicht auf Erfolg die Verjährung des Anspruchs des Auftraggebers aus der Bürgschaft einwenden. Denn: Der Anspruch des Auftraggebers aus der Bürgschaft verjährt in der gesetzlichen dreijährigen Gewährleistungsfrist, beginnend zum Ende des Jahres, in dem der Anspruch entstanden ist (§§ 195 und 199 BGB).

Ansprüche aus der Bürgschaft entstehen erst, wenn finanzielle Ansprüche des Auftraggebers gegen den Auftragnehmer fällig werden, da der Bürge nur die finanzielle Mängelregulierung schuldet. Finanzielle Ansprüche stehen dem Auftraggeber gegen den Auftragnehmer seit dem fruchtlosen Ablauf der Mangelbeseitigungsfrist am 30.04.2018 zu. Die Verjährungsfrist begann somit auch für die Ansprüche aus der Bürgschaft am 31.12.2018, 24:00 Uhr, und endete am 31.12.2021, 24:00 Uhr. Nun, am 20.01.2022, sind die Ansprüche des Auftraggebers gegen den Bürgen aus der Bürgschaft verjährt. Der Auftraggeber hat somit weder gegen den Auftragnehmer noch gegen den Bürgen durchsetzbare Ansprüche.

Noch leichter kann es zu einer Verjährung der Ansprüche aus der Bürgschaft vor Ablauf der Gewährleistungsfrist durch die verlängerten Gewährleistungsfristen des § 13 Abs. 5 Nr. 1 VOB/B z. B. nach einer Mängelrüge kommen.

Um die mit der Vereinbarung einer Gewährleistungssicherheit erstrebte Absicherung auch tatsächlich zu erreichen, muss der Auftraggeber bereits im Bauvertrag die erforderlichen Anforderungen an den Inhalt der Sicherheit stellen und darauf achten, dass die vom Auftragnehmer übergebene Sicherheit diesen Maßgaben genügt.

Im Einzelnen sollte der Bauvertrag vorsehen, dass die Gewährleistungssicherheit zumindest die Erfüllung aller Ansprüche wegen Gewährleistungsmängel einschließlich aller diesbezüglichen Schadensersatzansprüche sicherstellt. Bei Sicherheitsleistung durch Bürgschaft sollte der Bauvertrag verlangen, dass diese unbefristet, unbedingt sowie unter einem weitgehenden Einredeverzicht ausgestellt und die Hinterlegungsbefugnis des Bürgen ausgeschlossen ist. Zudem ist bereits im Bauvertrag zu fordern, dass die Bürgschaft Erklärungen beinhaltet, nach denen die Ansprüche aus der Bürgschaft nicht vor den gesicherten Mängelansprüchen verjähren. Des Weiteren muss der Auftraggeber selbstverständlich kontrollieren, ob eine ihm übergebene Gewährleistungssicherheit diesen vertraglichen Anforderungen auch tatsächlich genügt.

### 7.2.8 Ende des Rechts zur freien Auftraggeberkündigung

Der Auftraggeber hat – soweit dies nicht wirksam vertraglich ausgeschlossen ist – bis zur Abnahme jederzeit das Recht, den Bauvertrag zu kündigen (§ 649 Satz 1 BGB a. F., § 648 Satz 1 BGB n. F.). Er hat dem Auftragnehmer dann allerdings den „entgangenen Gewinn“ zu erstatten, genauer: Der Auftraggeber behält seinen Anspruch auf die Vergütung, muss sich aber anrechnen lassen, was er sich kündigungsbedingt an Arbeits- und Materialaufwand sowie sonstigen Kosten erspart hat. Eine solche freie Kündigung ergibt allenfalls vor der Abnahme einen Sinn und ist auch rechtlich nur im Zeitraum vor der Abnahme möglich. Eine Kündigung aus wichtigem Grund (§ 648a BGB n. F.) dürfte auch nach der Abnahme möglich sein, jedenfalls dann, wenn das Werk trotz Abnahme noch nicht zu 100 % fertiggestellt ist. Die Bedeutung der Kündigung aus wichtigem Grund ist nach der Abnahme allerdings gering.

### 7.2.9 Bauvertraglich vereinbarte Abnahmewirkungen

Die Parteien des Bauvertrags sind in der Gestaltung der Vertragsbeziehung im Rahmen der zwingenden gesetzlichen Bestimmungen frei. Deshalb können sie der Abnahme eine Vielzahl weiterer Rechtswirkungen zukommen lassen. Die Grenze bilden nur die zwingenden Vorschriften des geltenden Rechts. Beim VOB-Bauvertrag ist allerdings zu beachten, dass Vertragsklauseln, die in das Regelwerk der VOB/B eingreifen, selbst dann zu einer Inhaltskontrolle der VOB/B an den Regelungen zu den Allgemeinen Geschäftsbedingungen in § 307 Abs. 1 und Abs. 2 BGB führen, wenn der Auftraggeber kein Verbraucher ist (vgl. ► Kapitel 2.3). Weitere Abnahmewirkungen können explizit oder auch schlüssig vereinbart werden.

**Einige Beispiele:**

**Beispiel**

- Bei einem VOB-Pauschalvertrag kann die Fälligkeit der Vergütung abweichend von § 16 Abs. 3 Nr. 1 VOB/B schon für den Zeitpunkt der Abnahme vereinbart werden. Die Erteilung einer prüfbaren Schlussrechnung ist gerade für den Pauschalvertrag als Formalismus zu betrachten und daher als Fälligkeitsvoraussetzung verzichtbar (vgl. aber ► Kapitel 2.3).
- Mitunter behält sich der Bauherr vor, das Bauwerk anderen Interessenten als Anschauungsobjekt (z. B. Musterwohnung) zu präsentieren oder Fotos für Werbezwecke anzufertigen. Wird ein solches Recht des Unternehmers vereinbart, sollte auch festgelegt werden, wann dieses Recht endet – sinnvollerweise mit der Abnahme. Fehlt eine ausdrückliche Vereinbarung, bis wann der Unternehmer das Bauwerk als Muster oder für die Erstellung von Werbematerial verwenden darf, wird die Vereinbarung dahin auszulegen sein, dass die Abnahme das Ende derartiger Nutzungen markiert.
- Der Auftragnehmer kann sich verpflichten, nach der Abnahme Planunterlagen des Auftraggebers zurückzugeben oder zu vernichten, z. B., wenn der Bauunternehmer im Keller einer Bank Tresorräume einrichtet. Derartige Regelungen ergeben sich aus den Besonderheiten des Bauwerks oder aus speziellen Bedürfnissen der Vertrags-

parteien und können deshalb so vielfältig sein wie die Bauleistungen selbst.
- Baustellen sind Gefahrstellen und deshalb zu sichern. Diese Pflicht trifft zunächst einmal den Bauherrn. Der Bauherr kann die Baustellensicherungspflicht jedoch im Bauvertrag an den Unternehmer delegieren. Mangels einer Vereinbarung, wann die Sicherungspflicht des Unternehmers endet, kann es (v. a. in der Endphase eines Bauvorhabens) zu Unschärfen kommen. Das Ende der Baustellensicherung durch den Unternehmer sollte daher vertraglich fixiert werden. Ein sinnvoller Zeitpunkt ist insofern die Abnahme. Ein Gewinn an Klarheit ist damit jedoch nur verbunden, wenn die Abnahme ausdrücklich, am besten förmlich erfolgt und damit auch zeitlich klar dokumentiert ist.

**Praxistipp**

Der Bauherr sollte bei Bauprojekten, die öffentlich zugängliche Bereiche gefährden können, über den Abschluss einer Bauherrenhaftpflichtversicherung nachdenken. Dies übrigens auch dann, wenn er die Baustellensicherungspflicht an den Unternehmer übertragen hat. Denn: Gegenüber geschädigten Dritten haftet der Bauherr dennoch. Er kann zwar den Unternehmer in Regress nehmen, ist damit aber dem Risiko der zwischenzeitlichen Insolvenz des Unternehmers ausgesetzt.

Der zusätzlichen Vereinbarung von Abnahmewirkungen sind jedoch auch Grenzen gesetzt. So darf das Recht des Auftragnehmers, eine Bauhandwerkersicherheit nach § 648a BGB a. F. zu verlangen, nicht auf die Zeit vor der Abnahme beschränkt werden (§ 648a Abs. 1 Satz 3 und Abs. 7 BGB a. F.).

Auch in Bezug auf den Eigentumsübergang besteht wenig Gestaltungsspielraum. Vom Auftragnehmer in das Gebäude des Auftraggebers eingebaute Bauleistungen gehen mit dem Einbau kraft Gesetzes in das Eigentum des Auftraggebers über (§§ 946, 93 und 94 BGB). Eine Vertragsklausel, die den Eigentumsübergang von der Abnahme oder gar von der Vergütungszahlung abhängig macht, geht daher in aller Regel ins Leere.

## 7.3 Die Abnahme aus Sicht des Bauherrn

Die Interessen von Bauherr und Unternehmer in Bezug auf die Abnahme sind entgegengesetzt. Das spiegelt sich in den gesetzlichen Regelungen zur Abnahme deutlich wider. Daraus folgen auf Bauherrn- und auf Unternehmerseite sehr unterschiedliche Chancen und Risiken, die eine getrennte Betrachtung erfordern.

Bauherr und Unternehmer sollten dennoch gemeinsame Interessen nicht aus den Augen verlieren, für welche die Abnahme als rechtliche „Einrichtung" (Rechtsinstitut) zumindest mit geschaffen wurde. Hier können und sollen die Weichen für die einvernehmliche Restabwicklung des Bauvertrags gestellt werden. Nachlässigkeiten und Fehler, die bei der Abnahme gemacht werden, können dazu beitragen, dass später unnötiger Streit über die Bauleistung und ihre Beschaffenheit sowie v. a. über die Abrechnung entsteht. Die genaue und lückenlose Dokumentation der Ergebnisse des Abnahmetermins und der von Bauherr und Unternehmer abgegebenen Erklärungen bewahrt beide Parteien später vor unnötigen Diskussionen. Wertvolle Helfer können dabei gute Muster und Formulare für Abnahmeprotokolle sein.

Um die Nachteile der Abnahme auf das Unvermeidbare zu beschränken und die sich ergebenden Chancen bestmöglich zu nutzen, sollte der Bauherr vor und bei der Abnahme Folgendes beachten:

Bereits im Vorfeld der Abnahme muss der Bauherr diese gründlich vorbereiten. Häufig wird dem Bauherrn zu empfehlen sein, zum Abnahmetermin Fachleute beizuziehen. Dies kann ein Sachverständiger, aber auch jede andere geeignete Person sein. Bei Bauleistungen, etwa der Errichtung eines Wohnhauses, gehört es ohnehin oft zu den Aufgaben des Architekten, die Abnahme des Bauherrn unterstützend technisch zu begleiten. Zudem kann es Aufgabe des Architekten sowie auch von Fachplanern sein, die rechtsgeschäftliche Abnahme durch vorgelagerte technische Abnahmen, gemeinsame Aufmaße mit beteiligten (Sub-)Unternehmern, Funktionsprüfungen, Testläufe etc. vorzubereiten. Die Betreuung und Vorbereitung der rechtsgeschäftlichen Abnahme gehört zur Architektenleistung der Objektüberwachung. Wer als Bauherr auf die Hilfe des Architekten bei der Abnahme Wert legt, muss deshalb bereits beim

Abschluss des Architektenvertrags darauf achten, dass sich der Architekt zur vollständigen Objektüberwachung (Leistungsphase 8, § 34 Abs. 3 Nr. 8 HOAI) verpflichtet.

Bei der Abnahme muss es das Ziel des Auftraggebers sein, alle im Zeitpunkt der Abnahme vorhandenen und erkennbaren Mängel/Mängelrisiken zu entdecken und zu dokumentieren, da sich sonst die Beweislast auf ihn verlagert.

**Praxistipp**

Jedem Bauherrn ist dringend anzuraten, beim Abnahmetermin ein Abnahmeprotokoll zu erstellen (vgl. ► Kapitel 2.5.1). Wenn beim Abnahmetermin kein Abnahmeprotokoll angefertigt wird oder der Unternehmer sich weigert, das Abnahmeprotokoll zu unterzeichnen, müssen Mängelrügen dennoch unbedingt belegbar dokumentiert werden. Dazu bietet es sich für den Bauherrn an, dem Unternehmer umgehend schriftlich zu bestätigen, dass die Abnahme nur unter Vorbehalt der (im Einzelnen aufzuführenden) gerügten Mängel erteilt wurde; auch an den Vorbehalt verwirkter Vertragsstrafen ist zu denken. Wichtig ist zudem, dass der Zugang dieses Schreibens beim Unternehmer später belegt werden kann (vgl. ► Kapitel 7.1).

Bei der Bezeichnung der Mängel sollte der Bauherr immer das für ihn wahrnehmbare Mängelbild, die Mängelsymptome bezeichnen. Auf Vermutungen über Mängelursachen kann und sollte der Bauherr dagegen verzichten (vgl. ► Kapitel 7.2.4).

Vorsorglich kann der Auftraggeber im Abnahmeprotokoll vermerken, dass alle vor dem Abnahmetermin im Schriftverkehr gerügten Mängel vorbehalten bleiben, um die Ansprüche für im Abnahmeprotokoll „vergessene" Mängel zu retten. Wesentlich besser und sicherer ist es freilich, alle betreffenden Mängel noch einmal konkret zu benennen (vgl. ► Kapitel 7.2.4). Weiter sollte schon mit der Abnahme eine Aufforderung zur Beseitigung aller gerügten Mängel binnen angemessener Frist erfolgen. Nur wenn der Auftragnehmer eine Mangelbeseitigungsfrist verstreichen lässt, steht dem Auftraggeber das Recht zu, die gerügten Mängel auf Kosten des Auftragnehmers selbst zu beseitigen oder beseitigen zu lassen (vgl. ► Kapitel 7.2.1).

**Praxistipp**

Um abschätzen zu können, wie viel Zeit dem Unternehmer zur Mangelbeseitigung gegeben werden muss, kann der Bauherr zunächst den Unternehmer um dessen Einschätzung bitten, wie lange die Mangelbehebung voraussichtlich dauern wird. Ist die Beseitigung verschiedener Mängel für den Auftraggeber von unterschiedlicher Wichtigkeit oder bringt die Art der Mängel verschieden aufwendige bzw. zeitraubende Beseitigungsmaßnahmen mit sich, kann der Auftraggeber gestaffelte Mangelbeseitigungsfristen setzen. Zum Beispiel kann der Bauherr die Behebung besonders lästiger oder gar gefährlicher Mängel binnen einiger Tage, die Erledigung weiterer „normaler“ Mängel innerhalb von 2 oder 3 Wochen und die Beseitigung eines Mangels, welcher nur nach vorhergehender Sanierungsplanung möglich ist, innerhalb von 2 oder 3 Monaten verlangen. Bei Mängeln, die z. B. erst bei dauerhaft warmer und trockener Witterung behoben werden können, kann es im Winter geboten sein, dem Unternehmer z. B. bis zum 31.04. oder 31.05. des folgenden Frühlings Zeit zu geben.

Keinesfalls darf der Bauherr versäumen, sich bei der Abnahme Vertragsstrafen vorzubehalten. Wenn sich der Bauherr bei der Abnahme nicht ausdrücklich (schriftlich) Vertragsstrafenansprüche vorbehält, gehen diese – mangels abweichender vertraglicher Regelung – verloren (§§ 341 Abs. 3 BGB und 11 Abs. 4 VOB/B).

Zum Teil versuchen Unternehmer, in Abnahmeprotokollen Klauseln zur Verjährung der Gewährleistung zu platzieren, die für den Bauherrn negativ vom Bauvertrag abweichen; häufig werden dort kürzere Gewährleistungsfristen genannt, die der Bauherr durch Unterzeichnung des Abnahmeprotokolls bestätigen soll. Daher muss der Bauherr die bauvertraglich vereinbarten Gewährleistungsfristen kennen und vom Unternehmer überlassene Abnahmeprotokolle auf Übereinstimmung mit dem Bauvertrag prüfen. Das gilt selbstverständlich auch für alle anderen Bereiche der bauvertraglichen Vereinbarungen. Beachtet der Bauherr diese Gefahr nicht, kann sich der Inhalt des Bauvertrags noch mit der Abnahme für ihn nachteilig ändern; jedenfalls muss er sich dann mit dem Unternehmer auf lästige Auseinandersetzungen über den tatsächlichen Vertragsinhalt einlassen.

**Praxistipp**

Weder dem Unternehmer noch dem Bauherrn ist zu raten, zu versuchen, bei der Abnahme neue oder von den ursprünglichen Vereinbarungen abweichende Vertragsbestimmungen in den Bauvertrag einzuführen. Damit werden nur künftige Streitigkeiten vorprogrammiert.

Wer sich nicht sicher ist, ob im Abnahmeprotokoll enthaltene Angaben vertraglicher Art mit dem abgeschlossenen Bauvertrag übereinstimmen, sollte diese streichen. Es besteht auch gar kein beachtliches Interesse, im Abnahmeprotokoll vertragliche oder gesetzliche Regelungen zu dokumentieren bzw. zu wiederholen; zur Niederlegung der Rechte und Pflichten der Parteien eines Werkvertrags dient der Bauvertrag (ergänzend gelten die gesetzlichen Bestimmungen), nicht das Abnahmeprotokoll.

Daneben muss der Auftraggeber gut überlegen, ob es für ihn günstig ist, zur Abnahme nicht selbst zu erscheinen und lediglich einen Vertreter zu entsenden. Die Abnahme stellt einen zentralen Punkt im Verlauf eines Werkvertrags dar. Der Bauherr sollte sich daher die Zeit für die Teilnahme am Abnahmetermin nehmen. Fachleute, etwa der Architekt oder ein fachlich versierter Mitarbeiter des Bauherrn, können und sollen vom Bauherrn unterstützend zur Abnahme zugezogen, aber nicht allein zur Abnahme entsandt werden.

## 7.4 Die Abnahme aus Sicht des Unternehmers

Mit der Abnahmeerklärung verbinden sich für den Auftragnehmer zahlreiche positive Rechtsfolgen (vgl. Einleitung zu ► Kapitel 6). Ziel des Auftragnehmers im Rahmen der Abnahme ist es deshalb primär, eine schriftlich dokumentierte Abnahmeerklärung des Auftraggebers zu erlangen. Die Abnahme und der Abnahmezeitpunkt können dann im möglichen späteren Streitfall einfach belegt werden. Obwohl die Abnahme insgesamt für den Auftragnehmer positive Wirkungen entfaltet, gilt es, gewisse Fallstricke zu meiden. Der Auftragnehmer sollte außerdem auch die teilweise parallelen Interessen des Auftraggebers erkennen (vgl. ► Kapitel 7.3).

Bereits im Vorfeld der Abnahme muss der Unternehmer prüfen, welche Personen beim Abnahmetermin anwesend sein müssen. Größere Bauunternehmen werden in aller Regel den verantwortlichen Bauleiter oder Projektleiter zur Abnahme entsenden. Nimmt der Geschäftsführer/Inhaber des Bauunternehmens selbst an der Abnahme teil, ist es dennoch hilfreich, einen eventuell besser über die konkrete Baumaßnahme informierten Projektleiter, Bauleiter oder Polier beizuziehen. Genauso wie der Bauherr kann selbstverständlich auch der Unternehmer die Hilfe eines Sachverständigen in Anspruch nehmen. Wichtig ist, dass der Unternehmer oder dessen Vertreter beim Abnahmetermin

- genaue Kenntnis von der vertraglich vereinbarten Beschaffenheit des Bauwerks und dem sonstigen Inhalt des Bauvertrags hat,
- die ausgeführte Bauleistung technisch übersehen und erläutern kann (erforderliche Unterlagen und Pläne müssen bei der Abnahme bereitliegen) und
- die „Geschichte“ des Bauvorhabens, insbesondere den wechselseitigen Schriftverkehr, kennt.

**Praxistipp**

Der Auftragnehmer kann sich schon vor dem Abnahmetermin gegen eine unberechtigte Abnahmeverweigerung schützen. Dazu muss er mit dem Abnahmeverlangen zugleich eine angemessene Frist zur Abnahme setzen (§ 640 Abs. 1 Satz 3 BGB a. F. bzw. (§ 640 Abs. 2 BGB n. F.). Falls seine Bauleistung abnahmereif ist, bewirkt der Fristablauf die Abnahme oder zumindest einen Abnahmeverzug zulasten des Auftraggebers.

Der Bauherr wird beim Abnahmetermin die aus seiner Sicht bestehenden Mängel dokumentieren und deren Beseitigung verlangen. Der Unternehmer kann das nicht verhindern; er hat gegen den Bauherrn selbst bei einem mangelfreien Bauwerk keinen Anspruch auf vorbehaltlose Abnahme. Allerdings schuldet der Unternehmer selbstverständlich nicht die Bearbeitung von unzutreffenden oder nicht seine Leistungen betreffenden Mängelrügen. Der Auftragnehmer kann zudem schon die Mängelliste des Auftraggebers im Abnahmeprotokoll mit kurzen Kommentaren versehen; eine Rechtswirkung kommt diesen Anmerkungen allerdings nicht zu.

Der Auftragnehmer muss vom Auftraggeber verwendete Abnahmeprotokolle (auch Formulare/Vordrucke) genauestens überprüfen. Es ist dabei besonders darauf zu achten, dass diese keine für den Auftragnehmer nachteiligen Abweichungen vom vereinbarten Vertragsinhalt – etwa verlängerte Verjährungsfristen – und v. a. keine ungewollten Anerkenntnisse für strittige Mängel enthalten. In jedem Fall schadet es dem Auftragnehmer, wenn er Mängelsachverhalte anerkennt; der Auftraggeber hat keinen Anspruch auf solche Anerkenntnisse, und der Auftragnehmer sollte sie nicht abgeben.

Häufig versuchen Generalunternehmer, die Abnahme des Subunternehmers mit der Begründung zu verweigern, die Abnahme im Verhältnis zwischen dem Bauherrn (oder einem übergeordneten Generalunternehmer bzw. Generalübernehmer) und dem Generalunternehmer sei abzuwarten. Diese Argumentation muss der Subunternehmer nicht gelten lassen. Der Generalunternehmer hat das Subunternehmerwerk abzunehmen, wenn es im Wesentlichen vertragsgemäß fertiggestellt ist; andere Umstände sind – wenn nicht im Einzelfall wirksam abweichend vereinbart (vgl. ► Kapitel 2.6) – irrelevant.

Ein Unternehmer, der dem Bauherrn eine Vertragserfüllungssicherheit (insbesondere eine Bürgschaft) übergeben hat, wird diese regelmäßig mit der Abnahme zurückverlangen dürfen (§ 17 Abs. 8 Nr. 1 VOB/B sowie ► Kapitel 7.2.7).

## 7.5 Mangelbeseitigung und deren Abnahme

Mangelbeseitigungsleistungen und deren Abnahme erzeugen Rechtsfolgen, die den unkundigen Bauherrn oder Unternehmer überraschen können. Die Abnahme von Mangelbeseitigungsarbeiten ist im BGB nicht vorgesehen, wird aber in der VOB/B in § 13 Abs. 5 Nr. 1 Satz 3 ausdrücklich erwähnt.

Sowohl beim BGB-Vertrag als auch beim VOB-Vertrag umfasst die Abnahme alle vorher durchgeführten Mangelbeseitigungsleistungen. Sind diese aus Sicht des Bauherrn ungenügend und besteht der Mangel fort, so muss ihn der Bauherr bei der Abnahme erneut rügen, da ggf. nach wie vor ein Mangel vorliegt (vgl. ► Kapitel 7.2.4).

**Nach der Abnahme gilt:**

Im **BGB** ist die Abnahme von Nachbesserungsarbeiten nicht geregelt. Der Auftraggeber ist deshalb nach der Abnahme nicht verpflichtet, spätere Mangelbeseitigungsmaßnahmen gesondert abzunehmen. Der Auftragnehmer ist bei erfolgreicher Mangelbeseitigung auch nicht auf eine besondere Nachabnahme angewiesen. Er kann seinen eventuell noch offenen Vergütungsanspruch uneingeschränkt geltend machen. Der Auftraggeber verliert das Recht, einen Gewährleistungseinbehalt gem. § 641 Abs. 3 BGB vorzunehmen.

Die Mangelbeseitigung ist für die Verjährung von erheblicher Bedeutung: Die Rechtsprechung legt der Mangelbeseitigung die Bedeutung eines Anerkenntnisses des Unternehmers bei, dass der gerügte Mangel tatsächlich besteht. Ein derartiges Anerkenntnis führt nach den allgemeinen Vorschriften des BGB (§ 212 Abs. 1 Nr. 1) dazu, dass die Verjährung des (Mängel-) Anspruchs von Neuem beginnt. Das heißt, mit der Beseitigung eines Mangels durch den Unternehmer beginnt eine neue (soweit nicht zulässig abweichend vereinbart; vgl. ► Kapitel 7.2.6) fünfjährige Gewährleistungsfrist, beschränkt auf den beseitigten Mangel. Es verlängert sich dadurch nicht die Gewährleistungspflicht für andere Mängel. Als Folge der Symptomrechtsprechung ergibt sich jedoch, dass bereits Versuche des Unternehmers, ein Mangelsymptom zu beseitigen, ein Anerkenntnis der Mangelursache an sich darstellen und damit die Gewährleistungsfrist für alle infolge der Mangelursache notwendigen Mangelbeseitigungsmaßnahmen verlängern können.

**Praxistipp**

**für den Bauherrn:**

Der Bauherr muss bei Mängelrügen vor, bei und nach der Abnahme vorsichtig sein. Stellt sich heraus, dass die gerügten Mängel nicht im Verantwortungsbereich des Unternehmers liegen, kann er dem Unternehmer zum Schadensersatz verpflichtet sein (Untersuchungs-, Fahrtkosten etc.). In der Rechtsprechung wird die Schadensersatzpflicht des Bauherrn unterschiedlich beurteilt. Während manche Gerichte den Bauherrn nur dann zum Schadensersatz verpflichten, wenn die Mängelrüge willkürlich oder ins Blaue hinein erfolgte, sprechen andere Gerichte dem Unternehmer Schadensersatz zu, wenn der Bauherr nur fahrlässig handelt.

**für den Unternehmer:**

Der Unternehmer kann vor der Beseitigung von Mängeln darauf hinweisen, dass er die Mangelrüge des Bauherrn für unbegründet hält, seine Nacharbeiten kulanzhalber und ohne jedes Anerkenntnis erfolgen und er seine Leistungen in Rechnung stellen wird, falls sich herausstellt, dass kein Mangel vorliegt oder dieser nicht von ihm zu verantworten ist. Der Unternehmer kann sich zwar nicht darauf verlassen, dass ein Gericht nicht doch von einem stillschweigenden Anerkenntnis ausgeht. Schädlich ist dieser Hinweis jedoch keinesfalls.

In der **VOB/B** ist in § 13 Abs. 5 Nr. 1 Satz 2 vorgesehen, dass bei einer Mängelrüge innerhalb der vierjährigen Frist des § 13 Abs. 4 VOB/B eine weitere, zweijährige Verjährungsfrist ab Zugang der Mangelbeseitigungsaufforderung beim Unternehmer beginnt. Diese endet nicht vor Ablauf der Verjährungsfrist aus § 13 Abs. 4 VOB/B bzw. der an ihrer Stelle vereinbarten Frist, kann also nie zu einer Verkürzung der Verjährungsfristen führen.

Dies lässt sich an einem Beispiel erläutern: Der Unternehmer muss einen nach 3 ½ Jahren gerügten Mangel, der später erneut auffällt, auch nach 5 ½ Jahren noch beseitigen, also selbst nach Ablauf der (ggf. auf 5 Jahre verlängerten) Verjährungsfrist des § 13 Abs. 4 VOB/B.

§ 13 Abs. 5 Nr. 1 Satz 3 VOB/B bestimmt weiter, dass mit der Abnahme einer Mangelbeseitigungsleistung für den betreffenden Mangel eine weitere Verjährungsfrist von 2 Jahren beginnt. Diese neue Verjährungsfrist endet ebenfalls nicht vor der Regelverjährungsfrist aus § 13 Abs. 4 VOB/B oder der an ihrer Stelle vereinbarten Frist.

**Beispiel**

An einem **Beispiel** erklärt, folgt aus § 13 Abs. 5 Nr. 1 Satz 3 VOB/B:

Ein Bauherr rügt 3 ½ Jahre nach der Abnahme einen Mangel, den der Unternehmer nach weiteren 1 ½ Jahren, insgesamt also nach 5 Jahren, beseitigt. Der Bauherr nimmt die Mangelbeseitigung umgehend ab. Schon mit der Mängelrüge verlängerte sich die Gewährleistungspflicht um 2 Jahre, gerechnet ab dem Zeitpunkt der Rüge (insgesamt also auf 5 ½ Jahre). Der Mangel war damit im Zeitpunkt der Mangelbeseitigung nach 5 Jahren nicht verjährt. Mit der Abnahme der Mangelbeseitigung beginnt nach § 13 Abs. 5 Nr. 1 Satz 3 VOB/B eine neue zweijährige Verjährungsfrist. Diese endet erst insgesamt 7 Jahre nach der Abnahme.

# Technik

# Abnahme-Checklisten: Die Gewerke formen ein Ganzes

Jeder verantwortliche Teilnehmer einer Abnahme, egal, ob nun auf Auftraggeber- oder Auftragnehmerseite, ist gut beraten, bestens vorbereitet in eine Abnahme zu gehen. Der erste Schritt sollte dabei immer mit dem Soll anhand der beauftragten Leistungsbeschreibung und den genehmigten Ausführungsunterlagen beginnen. Was wurde bestellt bzw. geplant? Welche Beschaffenheit ist vereinbart? Erst danach kommt das Ist. Also, wie wurde alles handwerklich umgesetzt? Nach dem ausführlichen Studium der Planungsunterlagen erfolgt die gemeinsame Begehung. Nur so lässt sich die handwerkliche Umsetzung überprüfen und kontrollieren. Denn erst mit der Begehung und Funktionsprobe stellt sich letztendlich heraus, ob alles in einem einwandfreien Zustand ist und problemlos funktioniert.

Anhand dieser Vorgehensweise stellt sich dann heraus, ob alle vertraglichen Leistungen vollständig, mangelfrei und in Übereinstimmung mit der Leistungsbeschreibung erbracht worden sind, was zu guter Letzt in einem gemeinsamen Abnahmeprotokoll mündet. Werden Mängel festgestellt, so müssen diese in dem Protokoll beschrieben werden, und es muss eine angemessene Frist für die Mängelbeseitigung festgelegt werden.

„Das Baustellenhandbuch Abnahme“ versucht, mit seinen Checklisten das Abnahme-Prozedere zu systematisieren und nachvollziehbarer zu machen. Es vereint wichtige Gewerke, die ein Bauwerk letztendlich nutzbar werden lassen. Dabei erheben diese Checklisten keinen Anspruch auf Vollständigkeit. Dafür ist das Bauen zu umfassend, und letztendlich entsteht auch immer ein Einzelstück. In den Checklisten werden die wichtigsten Fragen aufgeführt, die man sich bei der Abnahme des jeweiligen Gewerks unbedingt stellen sollte. Zusätzlich wird bei kritischen Punkten die fachgerechte Ausführung erläutert und/oder auf besonders häufige Ausführungsmängel hingewiesen. So bieten die Checklisten einen wesentlichen Überblick über die wichtigsten Bauschritte und Ausführungsdetails, die nahtlos ineinandergreifen und die es von Anfang an zu überwachen gilt.

Im Bauwesen existieren oft unterschiedliche Ausführungsvarianten, die zwar den technischen Regeln entsprechen, jedoch unterschiedliche Qualitäten besitzen. Aus diesem Grund werden im „Baustellenhandbuch Abnahme" auch mehrfach die Mindestanforderungen möglicher Ausführungsvarianten benannt.

**Hinweis**

**Für alle Ausschnitte aus und Bezüge auf DIN-Normen gilt:**

Wiedergegeben mit Erlaubnis des DIN Deutsches Institut für Normung e. V. Maßgebend für das Anwenden der DIN-Normen ist deren Fassung mit dem neuesten Ausgabedatum, die bei der Beuth Verlag GmbH, Saatwinkler Damm 42/43, 13627 Berlin, erhältlich ist.

# Abdichtungsarbeiten

Autoren: Uwe Morchutt, Christian Fichtl

## Geltungsbereich

Bei der Abnahme von Abdichtungsarbeiten sind die Vorgaben der *DIN 18336 VOB Vergabe- und Vertragsordnung für Bauleistungen – Teil C: Allgemeine Technische Vertragsbedingungen für Bauleistungen (ATV); Abdichtungsarbeiten* zu beachten.

Ergänzend gilt die *ATV DIN 18299 Allgemeine Regelungen für Bauarbeiten jeder Art*, Abschnitte 1 bis 5. Kommt es zu Widersprüchen, gehen die Regelungen der ATV DIN 18336 vor.

Die ATV DIN 18336 gilt für Abdichtungen von Dächern, Balkonen, Loggien und Laubengängen, von befahrbaren Verkehrsflächen aus Beton, von erdberührten Bauteilen (auch als nachträgliche Abdichtung) sowie von Innenräumen, Behältern und Becken. Sie gilt auch für Abdichtungen unter Begrünungen und Trocknungsarbeiten bei Abdichtungsarbeiten.

Die ATV DIN 18336 **gilt allerdings nicht für:**

- Beton mit hohem Wassereindringwiderstand (WU-Beton) – ATV DIN 18331 Betonarbeiten
- Gussasphaltarbeiten – ATV DIN 18354 Gussasphaltarbeiten
- Abdichtungen der Fahrbahntafeln von Brücken, die zu öffentlichen Straßen gehören
- Abdichtungen von Deponien, Erdbauwerken und Bauwerken, die in geschlossener Bauweise erstellt werden

Darüber hinaus gelten folgende ausführungstechnischen Grundlagen und Hinweise:

# Abnahme in der Praxis

Machen Sie sich vor der Abnahme mit dem geforderten Leistungsumfang und den Ausführungsunterlagen vertraut, damit ein Soll-Ist-Vergleich möglich ist!

**Hatte der Auftragnehmer vor Beginn der Arbeiten Bedenken wegen:**

- □ **ungeeigneter Beschaffenheit bzw. ungenügender Tragfähigkeit des Untergrunds?**
- □ **fehlender Höhenfestpunkte?**
  Achten Sie auf Zwangspunkte, wie bei Eingängen und Türen.
- □ **Sind Arbeiten bei Minusgraden ausgeführt worden?**
  Falls Arbeiten bei Frost ausgeführt wurden, bedurfte es der vorherigen Zustimmung des Auftraggebers!
- □ **Liegen die Abweichungen innerhalb der zulässigen Maßtoleranzen?**
  Alle Abweichungen müssen gem. DIN 18202 in den Grenzen der zulässigen Maßtoleranzen liegen.
  **Hinweis:** Wurden an die Ebenheit erhöhte Anforderungen gegenüber der DIN 18202, Tabelle 3, Zeile 1 oder 5, oder sonstige erhöhte Anforderungen an die Maßgenauigkeit, die über die Werte in den genannten Normen hinausgehen, gestellt, so sind die getroffenen Maßnahmen Besondere Leistungen.
- □ **Kam es zu Arbeiten bei extremen Witterungsverhältnissen?**
  Bei Temperaturen unter 5 °C, Feuchtigkeit, Nässe, Schnee und Eis, scharfem Wind und Frost dürfen generell keine Klebe- oder Mörtelarbeiten erfolgen (Qualitätssicherung).

**Abdichtung von erdberührten Bauteilen von Gebäuden**

- □ **Wurde die Querschnittsabdichtung in oder unter Wänden richtig ausgeführt?**
  Querschnittsabdichtungen in bzw. unter Wänden sind nicht nur über den gesamten Querschnitt der Wände zu verlegen, sondern müssen so breit bemessen werden, dass Feuchtigkeitsbrücken (Putzbrücken!) zuverlässig verhindert werden. Die Abdichtung ist so breit zu verlegen, dass die Abdichtung der Außenwände mit ihnen verbunden werden kann. Hier muss dann entweder ein Überdecken oder ein Verkleben beider stattfinden.

Da heute insbesondere großformatige Mauersteine im Dünnbettverfahren verlegt werden, ist die Querschnittsabdichtung i. d. R. unter den Wänden zu verlegen (auf der Bodenplatte).

☐ **Ist die Abdichtung gegen Bodenfeuchte in oder unter Wänden einlagig mit besandeten Bitumenbahnen R 500 nach DIN EN 13969 ausgeführt worden?**
Auch hier muss die Abdichtung so bemessen werden, dass Feuchtigkeitsbrücken zuverlässig ausgeschlossen werden. Die Querschnittsabdichtung kann ebenso mit einer 2 mm dicken mineralischen Dichtungsschlämme ausgebildet werden, die jedoch rissüberbrückende Eigenschaft benötigt.

☐ **Ist die Bodenplatte gegen Bodenfeuchte oder nicht drückendes Wasser einlagig mit lose verlegten Bitumen-Schweißbahnen G 200 S 4 KTG S4 nach DIN 18533-2, Tabelle 10 ausgeführt worden?**
Die Überdeckungen der Bahnen müssen miteinander verschweißt sein.

☐ **Ist gegen drückendes Wasser bis 4 m Einbindetiefe richtig abgedichtet worden?**
Hierbei muss auf vertikalen oder mehr als 1:1 geneigten Flächen zunächst ein Voranstrich erfolgen. Die Abdichtung kann aus zwei Lagen Polymerbitumen-Dachdichtungsbahnen PYE-PV 200 DD nach DIN/TS 20000-202 bestehen.

☐ **Sind die Bewegungsfugen des Fugentyps I bei Bodenfeuchte und nicht drückendem Wasser fachgerecht abgedichtet worden?**
Bei Kunststoff- oder Elastomerbahnen sind Bewegungsfugen mit einem auf das Abdichtungssystem abgestimmten Fugenband abzudichten. Bei Flächenabdichtungen aus PMBC können im Bereich der Außenwandflächen bitumenverträgliche Streifen aus Kunststoff-Dichtungsbahnen, die eine Vlies- oder Gewebekaschierung zum Einbetten in die KMB (PMBC) besitzen, eingesetzt werden.

☐ **Ist die Abdichtung gegen drückendes Wasser über Bewegungsfugen richtig ausgeführt worden?**
Die Abdichtungen aus zwei Lagen Polymerbitumenbahnen müssen so über die Fugen geführt werden, dass beide Seiten der Abdichtung durch Streifen aus Polymerbitumenbahnen mit Trägereinlage aus Polyestervlies (mindestens 500 mm breit), mittig über der Fuge angeordnet, verstärkt werden.

☐ **Sind Anschlüsse an Durchdringungen, Übergänge und Abschlüsse korrekt ausgeführt worden?**
Falls KMB (PMBC) zum Einsatz kommt, so muss diese hohlkehlenartig an die Durchdringung angearbeitet werden. Je nach Wassereinwirkungsklasse müssen die Anschlüsse an Durchdringungen abgestimmt hergestellt werden. Bei hoher Beanspruchung können Los- und Festflanschkonstruktionen zum Einsatz kommen. Abschlüsse an aufgehenden Bauteilen müssen mit Klemmschienen versehen werden.

☐ **Ist die Spritzwasserzone richtig ausgeführt worden?**
Im Spritzwasserbereich muss die Abdichtung mindestens 300 mm über Gelände hochgeführt sein. Nach der Geländeanpassung muss die Abdichtung mindestens 150 mm über Geländeoberkante reichen, sodass ein geeigneter Sockelputz oder Ähnliches angebracht werden kann. Sind Dichtungsschlämme zum Einsatz gekommen, so müssen diese mit der KMB (PMBC) mindestens 100 mm überlappt werden.

☐ **Sind die Abdichtungen richtig angeordnet?**
Die DIN 18533-1 gibt Prinzipskizzen zur Anordnung von Abdichtungen an und dient der Information, z. B. bei Boden-Wand-Anschluss, Sockelabschluss oder für typische Abdichtungsbauweisen.

☐ **Sind Maßnahmen zum Schutz der Abdichtung während der Bauphase vorgenommen worden?**
Immer wieder kommt es vor, dass fertiggestellte Abdichtungen nachträglich beschädigt werden. Hier sind von Fall zu Fall geeignete Schutzmaßnahmen zu treffen. Beispielsweise dürfen auf ungeschützten Abdichtungen keine Lasten, wie z. B. Baustoffe, Geräte oder Gerüste, einwirken.
KMB (PMBC) sind darüber hinaus vor intensiver Sonneneinstrahlung und bis zur endgültigen Trocknung vor Regen und Frosteinwirkung geeignet zu schützen.
**Beachte:** Unsachgemäßes Hinterfüllen kann die Abdichtung ebenfalls beschädigen.

☐ **Sind alle Dokumente zur sachgerechten Abnahme der KMB (PMBC) erstellt worden und vorhanden?**
Für die Herstellung von Abdichtungen mit KMB (PMBC) sind ein umfassendes Ausführungsprotokoll und die Durchtrocknungsprüfung mit geeigneter Referenzprobe vorzulegen. Bei Abdichtungen nach DIN 18533 und Wassereinwirkungsklasse W2.1-E sind die „Prüfung der Nassschichtdicke“ in Form der Schichtdickenkontrolle, der Materialverbrauch sowie die Durchtrocknung explizit zu dokumentieren.

A B D E F K M P S T V W Z

☐ **Welche Wassereinwirkungsklasse liegt vor?**
Laut DIN 18533-1 Abdichtung von erdberührten Bauteilen – Teil 1: Anforderungen, Planungs- und Ausführungsgrundsätze gibt es folgende Einteilung:
- W1-E: Bodenfeuchte und nicht drückendes Wasser
- W2-E: drückendes Wasser
- W3-E: nicht drückendes Wasser auf erdüberschütteten Decken
- W4-E: Spritzwasser und Bodenfeuchte am Wandsockel sowie Kapillarwasser in und unter Wänden

**Hinweis:** Auskunft geben das Baugrundgutachten und das hydrologische Gutachten!

☐ **Welche Raumnutzungsklasse liegt vor?**
Laut DIN 18533-1 Abdichtung von erdberührten Bauteilen – Teil 1: Anforderungen, Planungs- und Ausführungsgrundsätze gibt es folgende Einteilung:
- RN1-E: geringe Anforderung, z. B. bei offenen Werk- oder Lagerhallen oder bei Tiefgaragen
- RN2-E: übliche Anforderungen, wie bei Lagerräumen von feuchteempfindlichen Gütern (z. B. Keller und Lager in üblichen Wohn- und Bürogebäuden) oder bei Aufenthaltsräumen im Keller
- RN3-E: hohe Anforderungen, wie bei Aufstellräumen von Zentralrechnern

☐ **Sind die Anforderungen an den Untergrund nach DIN 18533 erfüllt worden?**
Nur ein gut vorbereiteter Untergrund sichert den Abdichtungserfolg. Bauwerksflächen, auf die die Abdichtung aufgebracht wird, müssen frostfrei, fest, eben, frei von Nestern und klaffenden Rissen, Graten und frei von schädlichen Verunreinigungen sein. Kommen aufzuklebende Abdichtungen zur Anwendung, so muss die Oberfläche trocken sein.

☐ **Werden die Rissüberbrückungsklassen eingehalten?**
Die gewählten Abdichtungen müssen die Rissüberbrückungsklassen RÜ1-E bis RÜ4-E besitzen, die dem tatsächlichen Untergrund und den daraus resultierenden Rissklassen entsprechen. Besteht der Abdichtungsuntergrund z. B. aus erddruckbelastetem Mauerwerk, so ist eine Rissbildung bzw. Rissbreitenänderung von ≤ 0,5 mm anzunehmen. Dies entspricht der Rissklasse R2-E nach DIN 18533-1.

☐ **War der Untergrund fest, eben, frostfrei, tragfähig und frei von trennenden Substanzen?**
Scharfkantige Unebenheiten wie Kanten und Vertiefungen (größer 5 mm) müssen beseitigt bzw. geschlossen werden.

Gegebenenfalls muss ein geeigneter Voranstrich (Haftbrücke) aufgetragen werden. Gleiches gilt für zu raue, zu porige, zu glatte, zu feuchte und zu saugende Flächen.
**Beachte:** Besonders häufig treten Mängel bei Durchdringungen, Abläufen oder Bewegungsfugen auf.

☐ **Wurde eine Dränage nach DIN 4095 vorgesehen?**
**Richtwerte für Regelausführung** z. B.: Bei schwach durchlässigem Boden – Einbautiefe 3 m. Bei einem 15 m hohen Gebäude sollte die Länge der Dränleitung (Ringdränage) zwischen Hoch- und Tiefpunkt (Freispiegelleitung, Gefälle: größer 0,5 %, besser 1 %) maximal 60 m betragen.

☐ **Ist die Ableitung des Dränagewassers im Vorfeld geklärt worden?**
Das Dränagewasser wird i. d. R. zu einem Vorfluter geleitet. Es darf sich kein Wasser in die Dränage zurückstauen.

☐ **Wurden die Arbeiten bei Temperaturen unter +5 °C ausgeführt?**
Oftmals wird bei der Ausführung vergessen, dass sich bei Bauwerksabdichtungen ungünstige Witterungsverhältnisse, wie z. B. Temperaturen unter +5 °C, Schnee oder Eis, nachteilig auf die zu erbringende Abdichtungsleistung auswirken können! Unter +5 °C müssen besondere Maßnahmen ergriffen werden.

☐ **Wurde die Mindesttrockenschichtdicke bei KMB (PMBC) eingehalten?**
Kunststoffmodifizierte Bitumendickbeschichtungen (KMB) oder auch Polymer Modified Bituminous Thick Coatings (PMBC) müssen in mindestens zwei Arbeitsgängen lastfallbedingt mit oder ohne Verstärkungseinlage ausgeführt werden. Es ist darauf zu achten, dass der Auftrag fehlstellenfrei, gleichmäßig und je nach Lastfall entsprechend dick ausgeführt wird. Die vorgeschriebene Mindesttrockenschichtdicke von 3 mm bei Bodenfeuchte, nicht drückendem Wasser und Spitzwasser am Sockel bzw. 4 mm bei drückendem Wasser und nicht drückendem Wasser auf erdüberschütteten Decken darf an keiner Stelle unterschritten werden.
**Beachte:** Die Unterschreitung der Mindestschichtdicken kann später zu Undichtigkeiten führen!
**Abnahmetipps:**

1. Die Schichtdickenkontrolle hat im frischen Zustand über mindestens 20 Messpunkte und die Kontrolle des Materialverbrauchs zu erfolgen.

2. Bei Abdichtungen und Wassereinwirkungsklasse W2.1-E nach DIN 18533 sind die Schichtdickenkontrollen, der Materialverbrauch sowie die Durchtrocknung zu dokumentieren!

**Vorsicht:** Besonders häufig treten Mängel im Bereich Boden-Wand-Anschluss mit hervorstehender Bodenplatte auf: Hier ist die KMB (PMBC) aus dem Wandbereich über die Bodenplatte bis rund 100 mm auf die Stirnseite der Bodenplatte herunterzuführen.

☐ **Wurden Rückstellproben genommen?**
Rückstellproben von z. B. Abdichtungsbahnen dokumentieren die Materialeigenschaften und können bei eventuellen späteren Auffälligkeiten hilfreich sein.

**Abdichtung von Behältern**

☐ **Ist der Behälter oder das Becken richtig abgedichtet worden?**
Die Abdichtung muss mindestens mit einer mineralischen Dichtungsschlämme (mindestens 2,0 mm dick) hergestellt werden.

**Abdichtung von Flachdächern, Balkonen, Loggien und Laubengängen**

☐ **Sind optische Beschädigungen sichtbar?**
Hier ist eine Sichtprüfung durchzuführen! Besonderes Augenmerk sollte dabei auf Einfassungen, Anschlüsse, Abschlüsse, Übergänge und Durchdringungen gelegt werden.

☐ **Stimmt das Dachgefälle?**
Laut Flachdachrichtlinie ist ein Gefälle von mindestens 2 % zu planen. Die DIN 18531 fordert zusätzlich, dass auch in den Kehlen ein Gefälle ausgeführt werden muss, wenn das Dach der Anwendungsklasse K2 entsprechen soll. Nur in besonderen Fällen (z. B. bei Bestandsgebäuden oder bei intensiv begrünten Dächern mit Anstaubewässerung) darf das Mindestgefälle unterschritten werden.

☐ **Liegt der Nachweis der Befestigung für die Wärmedämmung vor?**
Der Befestigungsnachweis der Wärmedämmung hat bei Abnahme vorzuliegen!
Besonders ist auf die Wärmedämmung an Brandwänden zu achten. Wärmedämmungen haben überdies ausreichend druckfest zu sein.

☐ **Sind ausreichend Einläufe vorhanden?**
Laut DIN EN 12056-3 sind ausreichend Flachdacheinläufe vorzusehen. Einläufe sind an Tiefpunkten bzw. vertieft anzuordnen, damit das Wasser ablaufen kann.

☐ **Wurden beheizte Einläufe fachgerecht ausgeführt?**
Beheizte Einläufe lassen insbesondere im Winter das gefrorene Wasser (Eisschollen) schneller ablaufen. Die Dachhaut wird zudem geschont (Scherkräfte!).

☐ **Sind ausreichend Notüberläufe vorhanden?**
Bei umlaufender Attika und Ausbildung einer Wannensituation sind unabhängig von der Größe des Dachs Notüberläufe anzuordnen. Dies gilt auch für Balkone.

☐ **Sind Einbauten und Durchdringungen korrekt abgedichtet worden?**
Hier kommt es oft zu Undichtigkeiten.
**Hinweis:** Typische Dachaufbauten sind z. B. Durchdringungen, Entlüftungsrohre und Blitzschutzanlagen. Hier wird eine Einfassung mit Aufkantung gefordert.

☐ **Wurden Rückstellproben genommen?**
Rückstellproben von z. B. Dachabdichtungsbahnen dokumentieren die Materialeigenschaften und können bei eventuell späteren Auffälligkeiten hilfreich sein.

☐ **Haben Gebäudetrennfugen genügend Bewegungsspielraum?**
Die Ausbildung der Gebäudetrennfuge (Bewegungsfuge) muss so erfolgen, dass die Bewegungen abgefangen werden können (Rissgefahr).

☐ **Sind die niveaugleichen Türschwellenbereiche (Hauseingangstür sowie Terrassen- und Balkontür) fachgerecht abgedichtet worden?**
Insbesondere im unteren Türbereich und im Bereich der Zarge und Laibung muss exakt abgedichtet werden. Sind Aufkantungshöhen z. B. bei barrierefreien Hauseingängen nicht herstellbar, so sind die Schwellenabschlüsse durch zusätzliche Maßnahmen wie Vordächer, Fassadenrücksprünge oder unmittelbar entwässerte Rinnen mit Gitterrost zusätzlich zu schützen.
**Beachte:** Beim Einbau von Fertigteil-Lichtschächten ist auf eine funktionierende Entwässerung (Rückstausicherung!) und auf die exakte höhenmäßige Anbindung zu achten. Grundsätzlich sollte das umgebende Gelände nicht in den Lichtschacht entwässern und das Oberflächenwasser aus Lichtschächten nicht über Dränanlagen abgeleitet werden (nicht zulässig!).

☐ **Sind Bitumenbahnen richtig ausgeführt?**
Ist zunächst ein Voranstrich auf dem Abdichtungsuntergrund aufgebracht worden? Die eigentliche Abdichtung muss, wenn nichts anderes vereinbart ist, zweilagig aus Bitumen-Dichtungsbahnen nach DIN 18533-2, Tabelle 12 mit einer Lage G 200 S4 und einer Oberlage PYE PV 200 S5 ausgeführt werden. Die Abdichtung muss zum besseren Schutz eine beschieferte Oberfläche besitzen. Auf Dämmstoffen kann oft nicht geschweißt werden und die Unterlage muss dann mindestens eine kaltselbstklebende Polymerbitumenbahn als PYE KTG KSP 2,8 sein.

☐ **Ist die Abdichtung von Balkonen richtig ausgeführt worden?**
Balkone und Loggien werden wie genutzte Dächer innerhalb der DIN 18531 geregelt.
Auch bei Balkonen muss die Abdichtung an aufgehenden Bauteilen wie den Außenwänden hochgeführt werden. Dies führt bei Wärmedämm-Verbundsystemen oft zu Beanstandungen.

☐ **Sind die Dampfsperren richtig ausgeführt?**
Dampfsperren müssen immer luftdicht ausgeführt sein. Dies gilt für alle Stöße, An- und Abschlüsse und Durchdringungen. Bei Dampfsperren aus Bitumenbahnen sind diese mindestens aus einer Lage Bitumen-Schweißbahn G 200 S4 Al auszuführen. Aus Polyethylenfolie muss diese mindestens 0,4 mm dick sein und der DIN EN 13984 entsprechen.

☐ **Wurde die Auflage richtig ausgeführt?**
Der Kies muss die Körnung 16/32 mm erfüllen und mindestens 5 cm dick sein. Schwerer Oberflächenschutz aus Plattenbelägen ist aus Betonplatten 500 x 500 x 50 mm, in mindestens 30 mm dickem Splittbett der Körnung 5/8 mm zu verlegen, wobei der gesamte Aufbau auf einer Schutzlage aus Kunststoffvlies 300 g/m$^2$ zu ruhen hat.

☐ **Wurde die Dachbegrünung korrekt ausgeführt?**
Der Oberflächenschutz, aufbauend auf den Schichtenaufbau für Dachbegrünungen, hat gem. *DIN 18915 Vegetationstechnik im Landschaftsbau – Bodenarbeiten* zu erfolgen.

☐ **Wurden die Dachabläufe fachgerecht ausgeführt?**
Dachabläufe müssen wärmegedämmt und mit Kiesfang, bei wärmegedämmten Dachflächen zweiteilig, ausgeführt werden.

☐ **Wurden die Anschlüsse von Dichtungsbahnen am oberen Rand fachgerecht ausgeführt?**
Sämtliche Anschlüsse von Dichtungsbahnen müssen am oberen Rand mit biegesteifen Aluminiumprofilen hergestellt werden, wobei sie alle 200 mm befestigt und zusätzlich gegen Niederschlagswasser abgedichtet werden müssen.

☐ **Sind die Randaufkantungen fachgerecht ausgeführt?**
Randaufkantungen sind mit Abdeckungen auf Haltebügeln zu verwahren, dabei sind Ecken und Übergangsstücke mit Formstücken herzustellen.

☐ **Liegt der statische Nachweis der Windsogsicherung vor und wurde die Windsogsicherung danach ausgeführt?**

☐ **Sind lineare Befestigungen fachgerecht ausgeführt?**
Wenn horizontale Kräfte auf die Dachabdichtung einwirken, so ist bei Randbereichen eine lineare Befestigung notwendig, die mindestens aus drei Befestigungselementen pro Meter besteht.

**Dachabdichtungen mit Bitumenbahnen**

☐ **Wurde an die Haftbrücken gedacht?**
Auf Beton, Metall oder ähnlichem Untergrund muss zur besseren Haftung ein Voranstrich auf Lösungsmittel aufgebracht werden. Sämtliche Dampfbremsen müssen aus Bitumen-Schweißbahnen G 200 S 4 nach DIN EN 13707 ausgeführt werden. Dämmschichten müssen aus Wärmedämmstoffen der Mindestdruckbelastbarkeit dm und dem Anwendungsgebiet DAA bestehen. Der so genannte Dampfdruckausgleich ist durch streifenweises oder punktweises Aufkleben der ersten Lage der Dachabdichtung auszuführen.

☐ **Wurden die Anforderungen an die Dachbahnen erfüllt?**
Die zulässigen Kombinationen von Bitumen- und Polymerbitumenbahnen in Abhängigkeit von der Anwendungsklasse, vom Anwendungsbereich, vom Gefälle und von der Beanspruchungsklasse sind in Tabelle 1 der DIN 18531-3 vorgegeben.

☐ **Wurden Randaufkantungen etc. fachgerecht realisiert?**
Sämtliche Anschlüsse an Randaufkantungen, Wänden und anderen Bauteilen müssen mit

- Dämmstoffkeil, in den Maßen 50/50 mm,
- Polymerbitumen-Schweißbahn PYE G 200 S 4 (DIN EN 13707) mit rund 330 mm Zuschnitt,
- Polymerbitumen-Schweißbahn PYE PV 200 S 5, beschiefert (DIN EN 13707) mit rund 500 mm Zuschnitt

hergestellt werden.

**Beachte:** Anschlüsse an Lichtkuppeln u. Ä. müssen zusätzlich mit einem Streifen aus einer Polymerbitumen-Schweißbahn PYE PV S 5 (DIN EN 13707) angeklebt werden. Bei Scherbeanspruchungen ist ein zusätzlicher, 100 m breiter Trennstreifen zu verlegen.

☐ **Sind die kritischen Stellen der Dachabdichtungen über Bewegungsfugen korrekt ausgeführt worden?**

Alle Dachabdichtungen über Bewegungsfugen erfordern hohe Aufmerksamkeit, so z. B.:
- zwei Dämmstoffkeile zur Anhebung
- Trennstreifen, rund, 330 mm breit
- Polymerbitumen-Schweißbahn PYE PV 200 S 5 (DIN EN 13707), mit 500 mm Zuschnitt
- Polymerbitumen-Schweißbahn PYE PV 200 S 5, beschiefert (DIN EN 13707), mit 750 mm Zuschnitt

**Beachte:** Bei Stoßfugen in der Tragkonstruktion sind über den Auflagern Abdeckstreifen aus Glasvlies-Bitumendachbahn V 13 (DIN EN 13707), mindestens 200 mm breit, aufzulegen und zusätzlich gegen Verschieben durch einseitiges Verkleben zu sichern.

**Dachdichtungen mit Kunststoffbahnen**

Hier kommen verstärkte Bahnen aus Polyvinylchlorid PVC-P-BV-V-(PV/GG/PG), mindestens 1,5 mm dick, lose verlegt, mit mechanischer Befestigung, zum Einsatz.

Sämtliche Anschlüsse an Randaufkantungen, Wände und andere Bauteile sind mit den gleichen Materialien wie die Flächenabdichtungen mit ca. 330 mm breiten Streifen im Übergangsbereich zwischen Dachfläche und Wand zu realisieren.

☐ **Ist die Dampfsperre richtig ausgeführt?**

Dampfsperren sind aus normal entflammbarer Polyethylen-Folie mit 0,4 mm Dicke lose verlegt herzustellen.

☐ **Wurden die Nähte kontrolliert?**

Alle Nähte sind auf ausreichende Nahtfügung zu kontrollieren. Die Nahtbreite ist materialabhängig. Die Nahtkontrolle ist zu dokumentieren.

**Dachabdichtungen mit Flüssigkunststoff**

☐ **Wurden Trennlagen eingebaut?**
Auf Holzschalungen, Holzwerkstoffen oder auf unkaschierten Wärmedämmungen darf Flüssigkunststoff nicht direkt aufgebracht werden. Hier ist der Einbau einer Trennlage notwendig, die mindestens aus einer Bitumenbahn G 200 DD nach DIN EN 13707 bestehen muss.

☐ **Sind die Mindestanforderungen eingehalten?**
Dachabdichtungen aus Flüssigkunststoff sind mindestens herzustellen aus Zwei-Komponenten-Polyurethanharz mit Kunststofffaservlieseinlage, Mindestgewicht 110 g/m² sowie einer Mindestdicke von 2,1 mm. Die Ränder müssen scharf begrenzt sein.

# Aufzugsanlagen (Förderanlagen)

Autoren: Uwe Morchutt, Christian Fichtl

## Geltungsbereich

Bei der Abnahme von Aufzugsanlagen sind die Vorgaben der *DIN 18385 VOB Vergabe- und Vertragsordnung für Bauleistungen – Teil C: Allgemeine Technische Vertragsbedingungen für Bauleistungen (ATV) – Aufzugsanlagen, Fahrtreppen und Fahrsteige sowie Förderanlagen* zu beachten. Ergänzend gilt die *ATV DIN 18299 Allgemeine Regelungen für Bauarbeiten jeder Art*, Abschnitte 1 bis 5. Kommt es zu Widersprüchen, gehen die Regelungen der ATV DIN 18385 vor.

## Abnahme in der Praxis

Je nach Bundesland wird ein Aufzug ab fünf oder sechs Vollgeschossen verlangt.

Machen Sie sich vor der Abnahme mit den geforderten Leistungen vertraut und prüfen Sie die Ausführungsunterlagen.

- ☐ **Liegt das Zertifikat der zugelassenen Überwachungsstelle vor?**
  Aufzugsanlagen dürfen nur von dafür berechtigten Personen abgenommen werden.
- ☐ **Funktioniert der Aufzug einwandfrei?**
  Führen Sie eine Funktionsprobe unter Last und ohne Last durch.
- ☐ **Liegt die Abnahme der zugelassenen Überwachungsstelle vor?**
- ☐ **Sind alle Protokolle und Nachweise vorhanden?**
- ☐ **Ist eine korrekte Beschilderung und Ausschilderung vorhanden?**
- ☐ **Sind Warnhinweise vorhanden?**
- ☐ **Ist die zulässige Last ausgewiesen?**
- ☐ **Sind Schleifgeräusche zu vernehmen?**

- ☐ **Sind ein einwandfreies Anfahren und Abbremsen möglich?**
- ☐ **Stimmt die Aufzugsgeschwindigkeit?**
- ☐ **Sind alle Sicherheitsaspekte von der zugelassenen Überwachungsstelle überprüft worden?** (DIN EN 81) und zwar:
- ☐ **Funktioniert die Notrufeinrichtung/das Alarmsignal?**
- ☐ **Stoppt der Aufzug im Notfall/Brandfall?**
- ☐ **Sicherheitsgarantie: Der Aufzug darf nur laufen, wenn die Türen geschlossen sind!**
- ☐ **Ist der Schallschutz eingehalten worden?**
  Kontrolle laut Ausführungsunterlagen!
  **Beachte:** *VDI 2566 Lärmminderung an Aufzugsanlagen*
- ☐ **Sind alle Anforderungen der DIN 4109 berücksichtigt worden?**
  **Hinweis:**
  - Zu Wohn- und Schlafräumen maximal zulässige A-bewertete Schalldruckpegel 30 dB
  - Zu Unterrichts- und Arbeitsräumen maximal zulässige A-bewertete Schalldruckpegel 35 dB

  **Abnahmetipp:** Achten Sie auf Nachweise, Prüfzeugnisse, Schallschutzmessungen und Schallschutzgutachten!
  **Vorsicht:** Die DIN 4109 stellt nur die einzuhaltenden Mindestanforderungen dar. Oft sind höhere Anforderungen an den Schallschutz gestellt.
- ☐ **Sind Revisionstüren vorhanden?**
  Sichtkontrolle und Überprüfung laut Vorgaben! Revisionstüren sind für Wartungs- und Reinigungsarbeiten vorzusehen (insbesondere in vollverglasten Aufzügen).
- ☐ **Sind die Unter- und Überfahrten korrekt ausgeführt worden?**
  Kontrolle anhand der Projektplanung!
- ☐ **Schließen die Türen vorschriftsmäßig?**
  Die Türen dürfen nicht verkanten und müssen fest verankern.
- ☐ **Ist die Bodenwanne den Vorgaben entsprechend ausgeführt worden?**
  Korrekte Beschichtung der Bodenwanne (rutschfest)!
- ☐ **Ist eine Schachtbe- und -entlüftung vorhanden?**
  Kontrolle anhand der Ausführungsunterlagen und Überprüfung der tatsächlichen Maße vor Ort unter Berücksichtigung der freien Querschnitte durch eventuelle Gitter, Lamellen und Abdeckungen!
- ☐ **Ist der Brandschutz eingehalten worden?**
  Kontrolle laut Aufzugsprojekt!

A B D E F K M P S T V W Z

☐ **Liegt ein Brandschutz-Abnahmeprotokoll vor?**
☐ **Ist der Fahrstuhl behindertengerecht ausgerüstet?**

Führen Sie eine Funktionsprobe durch und achten Sie dabei besonders auf Folgendes:

☐ **Stimmt die Höhe der Bodenwanne des Aufzugs mit der Oberkante des Fußbodens an den einzelnen Haltepunkten überein?**
☐ **Sind Bedienknöpfe für Rollstuhlfahrer vorhanden und sind diese in der richtigen Höhe angeordnet?**
☐ **Ist an der Stirnseite ein Spiegel zur Orientierung beim Rückwärtsfahren nach DIN EN 81-70 vorhanden?**
☐ **Sind die Mindestmaße des Fahrkorbs für Rollstuhlfahrer von 110 cm Breite und 140 cm Tiefe nach DIN 18040 eingehalten und entspricht er dem Typ 2 der DIN EN 81-70?**
☐ **Liegt ein Wartungsvertrag mit der Aufzugsfirma vor?**
☐ **Sind der Schacht- und Triebwerksraum frostsicher oder ist eine Beheizung notwendig?**
☐ **Ist die Dokumentation vollständig?**
Der Unternehmer hat eine Vielzahl an Unterlagen zur Dokumentation aufzustellen und zu übergeben. Die betrifft alle für einen sicheren und wirtschaftlichen Betrieb erforderlichen Bedienungs- und Wartungsanleitungen und die Protokolle der behördlichen Abnahme.

# Betonarbeiten

Autoren: Uwe Morchutt, Christian Fichtl

## Geltungsbereich

Bei der Abnahme von Betonarbeiten sind die Vorgaben der *DIN 18331 VOB Vergabe- und Vertragsordnung für Bauleistungen – Teil C: Allgemeine Technische Vertragsbedingungen für Bauleistungen (ATV) – Betonarbeiten* zu beachten.

Ergänzend gilt die *ATV DIN 18299 Allgemeine Regelungen für Bauarbeiten jeder Art*, Abschnitte 1 bis 5. Kommt es zu Widersprüchen, gehen die Regelungen der ATV DIN 18331 vor.

## Abnahme in der Praxis

Machen Sie sich vor der Abnahme mit dem geforderten Leistungsumfang und den Ausführungsunterlagen vertraut, damit ein Soll-Ist-Vergleich möglich ist!

☐ **Gab es besonders kritische Punkte beim Betonieren auf der Baustelle?**
Zum Beispiel:
- Gründungstiefe, Gründungsarten und Lasten benachbarter Bauwerke
- Ausbildung von Baugruben
- Art und Lage sowie konstruktive Ausbildung benachbarter Bauteile, gegen die betoniert werden sollte
- Zu eng liegende Bewehrung – waren ausreichende Betonieröffnungen oder Rüttelgassen vorhanden?

☐ **Gab es bei den Betonarbeiten an irgendeiner Stelle Probleme mit der Betonqualität?**
Nur eine gleichbleibend gute Betongüte und deren fachgerechter Einbau und Nachbehandlung sichern das gewünschte Betonierergebnis!

☐ **Ist die Betonqualität lückenlos dokumentiert worden?**

☐ **Liegen beispielsweise alle Belege (u. a. Lieferscheine) über die verwendeten Betonlieferungen, Expositions-**

**klassen, Konsistenz, w/z-Wert, Gesteinskörnung bzw. Zuschläge, Würfeldruckfestigkeit (nach 28 Tagen) zur Einsichtnahme und Kontrolle vor?**

☐ **Liegen die Protokolle über die Frisch- und Festbetoneigenschaften entsprechend der geforderten Überwachungsklasse vor?**
Das Bauunternehmen hat diese Überprüfung vorzunehmen; je nach Betonart und Überwachungsklasse.

☐ **Kam es irgendwann zu unvorhergesehenen Unterbrechungen in der Betonanlieferung, z. B. bei der Herstellung der Bodenplatte?**
Gerade bei der Bodenplatte ist darauf zu achten, dass ohne Unterbrechungen an einem Stück betoniert wird, sodass keine unnötigen Fugen (Arbeitsfugen) eingearbeitet werden müssen. Da die Fundamentplatte i. d. R. aus weichem oder sehr weichem Beton hergestellt wird, genügt eine leichte Verdichtung, z. B. „Schwabbeln" mit einem Betonschieber.
**Beachte:** Die Lage der Arbeitsfugen ist mit dem Auftraggeber abzustimmen!
Grundsätzlich gilt: Beton muss eingebracht und verdichtet werden, bevor er ansteift!

☐ **Ist im Gründungsbereich (Fundamentstreifen) die Frostgrenze eingehalten und richtig verdichtet worden?**
Bei nicht unterkellerten Gebäuden ist darauf zu achten, dass die Frostgrenze, die bei größer 80 cm liegt, eingehalten wird. Denn nicht frostfrei gegründete Fundamente gefährden die Tragfähigkeit des gesamten Bauwerks.

☐ **Wie hoch war die Fallhöhe des Betons beim Einbringen?**
Bei Fallhöhen größer zwei Meter besteht die Gefahr der Entmischung des Betons. Hier empfiehlt sich der Einsatz von Rutschen oder Ähnlichem.

☐ **Ist die Gründungsfläche, z. B. aufgelockerte Sohle, ausreichend verdichtet worden?**
Vor dem Betonieren muss die Verdichtung der Sohle kontrolliert werden. Gegebenenfalls ist dies zu dokumentieren.

☐ **Liegt ein entsprechendes Verdichtungsprotokoll vor?**
Die Einhaltung der Verdichtungsqualität im Bereich der Bodenplatte sollte immer nachgewiesen werden!

☐ **Sind die Einbautemperaturen eingehalten worden?**
Der Schutz des „jungen" Betons gegen Witterungseinflüsse aller Art bis zum genügenden Erhärten stellt oftmals ein Problem dar. Frost kann die Festigkeitsentwicklung zum Stillstand bringen. Bei +5 °C und niedriger benötigt der Beton beispielsweise die doppelte Zeit, bis er die gleiche Festigkeit erzielt hat wie

bei 20 °C. Bei heißer Witterung im Sommer hingegen, wo die Temperatur des Frischbetons steigt, steift der Beton schneller an. Hier ist z. B. die Frischbetontemperatur möglichst niedrig zu halten.

**Beachte:** Sind Anforderungen an den Wasser-Zement-Wert gestellt, darf dem Beton auf der Baustelle nachträglich kein Wasser zugefügt werden.

☐ **Ist an allen Stellen die Betondeckung eingehalten worden?**
Hier ist der Abstand zwischen Betonoberfläche und Außenkante Stahl gemeint. Eine zu geringe Betondeckung kann bei Oberflächenschäden schnell zur Korrosion der Bewehrungsstähle führen. Diese wiederum beeinflusst die Tragfähigkeit negativ. Obendrein kann ungehindert Wasser eindringen und bei Minusgraden den Beton zerstören. Übliche Frost-Tau-Wechsel in Winterperioden führen dann schnell zum Abplatzen der Betondeckung.

☐ **Gab es hinsichtlich der Rissbreite Beschränkungen?**
Kommt beim Bau von Kellergeschossen WU-Beton zum Einsatz, wird beispielsweise eine Rissbreitenbeschränkung gefordert, damit die Forderungen hinsichtlich der Wasserundurchlässigkeit erfüllt werden.

☐ **Kam es bei der Auswahl und dem Einsatz der Schalung zu irgendwelchen Problemen, die bei der Abnahme angesprochen werden müssen?**
Die Wahl der Schalung nach Art und Ausführung ist i. d. R. dem Auftragnehmer vorbehalten. Nicht geschalte Flächen sind roh abzuziehen. Geschalte Flächen blieben nach dem Ausschalen unbearbeitet. Schalungssteine sind als verlorene Schalung standsicher zu verarbeiten.

**Hinweis:** Zu Problemen kommt es in der Praxis immer wieder, wenn die Schalhaut der Schalungen nicht sorgfältig gepflegt wird. Die Reinigung der Schalung nach dem Betonieren ist daher ganz wichtig, da alte Betonreste die neue Betonoberfläche beschädigen können. Zudem können Probleme beim Ausschalen entstehen.

☐ **Wurden die Ausschalfristen eingehalten?**
Die Ausschalfristen sind im Bautagebuch festzuhalten und müssen den statischen Vorgaben entsprechen.

☐ **Sind die Sichtbetonflächen entsprechend behandelt worden?**
Hier kann beispielsweise das Oberflächengefüge eine Rolle spielen. Hier sollte man sich ggf. die Beschreibung des Schalungs- und Schalhautsystems erläutern lassen.

☐ **Sind die Farbtönung sowie die Flächengliederung in Ordnung?**
Betoneinfärbungen verlieren mit der Zeit ihre Wirkung. Durch Auswaschungen und durch die Luftverschmutzung verliert die Farbe oftmals relativ schnell ihre Wirkung.
**Hinweis:** Eine Möglichkeit, die Einfärbung vorab zu testen, sind Erprobungsflächen sowie eine Auswahl von Referenzflächen.

☐ **Sind Fugen, Kanten, Anker und Ankerlöcher sowie Schalungsstöße sauber und korrekt ausgebildet?**
Beispielhaft werden nachfolgend einige Punkte genannt, deren Qualität geprüft werden sollte:
- Neigung, Krümmung und Höhensprünge von Flächen
- Besonderheiten bei der Bewehrungsführung, wie erhöhter Bewehrungsgrad für deckengleiche Unterzüge
- Zulässige Toleranzen bei der Verlegung der Bewehrung nach DIN EN 13670 in Verbindung mit DIN 1045-3 eingehalten?
- Besonderheiten von Bewehrungsstößen, wie Schweiß- und Schraubverbindungen
- Art, Lage, Maße und Anzahl von Aussparungen
- Art, Lage, Maße und Ausbildung von Bewegungs-, Bauwerks- und Bauteilfugen
- Vorgaben für das Betonieren gegen bestehende Bauteile, wie maximale Steiggeschwindigkeit beim Betonieren
- Art, Ausführung und Maße von Schrägen (Vouten) an Decken, Wänden, Balken und Unter- und Überzügen oder Konsolen und Auskragungen
- Erhöhte Betondeckung der Stahleinlagen zur werksteinmäßigen Bearbeitung
- Besondere Anforderungen an Abstandhalter
- Art, Beschaffenheit und Festigkeit des Untergrunds, wie Art, Dicke und Zusammendrückbarkeit von Dämmstoff-, Trenn- und Schutzschichten sowie Abdichtungen
- Besondere Ausbildung der Bauteile und Beschaffenheit der Oberfläche des Betons, wie für Abdichtungen und Beschichtungen
- Besondere Oberflächenbehandlung nicht geschalter Flächen, wie Maschinenglättung oder Einstreuungen
- Anforderungen an den Brand-, Schall-, Wärme-, Feuchte- und Strahlenschutz
- Ebenheitstoleranzen gem. *DIN 18202 Toleranzen im Hochbau* eingehalten?

**Hinweis:** Die DIN 18202 sieht keine Vorgaben für Höhenversätze vor, z. B. bei Unterseiten von 2 benachbarten Halbfertigteilen. Hier sind einzuhaltende Toleranzen gesondert zu vereinbaren.

☐ **Ist der Beton gründlich und ausreichend nachbehandelt worden?**

Die Druckfestigkeit des Betons reicht allein nicht aus und sichert daher auch keine Dauerhaftigkeit. Um diese Eigenschaften zu erreichen, ist der Beton gründlich und ausreichend lange nachzubehandeln. Der Frischbeton ist bis zur ausreichenden Erhärtung vor schädigenden Einwirkungen zu schützen, z. B. gegen:

- Vorzeitiges Austrocknen
- Extreme Temperaturen und Temperaturwechsel
- Mechanische Beanspruchungen
- Erschütterungen

Der frische Beton, hier v. a. die freiliegende Oberfläche, muss vor Regen geschützt werden.

**Hinweis:** Bei Beton mit besonderen Eigenschaften muss auf der Baustelle eine schriftliche Arbeitsanweisung vorliegen, die alle Nachbehandlungsarbeiten enthält.

☐ **Kann die Frisch- und Festbetongüte lückenlos nachgewiesen werden?**

☐ **Sind während der Bauausführung alle Nachweise erbracht worden, die die Güteprüfung sichern helfen?**

☐ **Wurden Betonerhaltungsmaßnahmen ausgeführt?**

Bei Arbeiten im Bestand gelten die Vorgaben des DAfStb für die Instandsetzung von Betonbauteilen. Hier werden Vorgaben für die Vorbereitung des Betonuntergrundes und der Behandlung des Bewehrungsstahls bei Korrosion gegeben.

☐ **Entspricht die Betonzusammensetzung den Anforderungen?**

Die Güteprüfung bezieht sich dabei auf den Frisch- und Festbeton. Die Ausgangsstoffe, wie Zement, Gesteinskörnung bzw. Zuschlag und Zusätze, müssen güteüberwacht sein. Für eine lückenlose Kontrolle müssen während des Betonierens Betonproben entnommen werden, anhand derer die Prüfung der Konsistenz und des w/z-Werts aus verschiedenen Mischerfüllungen vorgenommen werden kann.

**Tipp zur Probenentnahme:** Die Probenentnahme sollte am besten über die gesamte Betonierzeit verteilt sein! Das Prüfverfahren, die Herstellung und Lagerung der Probekörper ist in DIN EN 12350 umfassend beschrieben.

☐ **Was sagt das Bautagebuch über die Herstellung, Verarbeitung, Prüfung und Überwachung des Betons aus?**
Der vom Unternehmen eingesetzte Bauleiter oder ein fachkundiger Vertreter muss den zeitlichen Ablauf, z. B. die Bewehrungsarbeiten, das Einbringen des Betons und das Ausschalen, genau dokumentieren. Darüber hinaus müssen Angaben zur jeweiligen Lufttemperatur und zu den Witterungsverhältnissen zur Zeit der Ausführung einzelner Bauteile und Bauabschnitte vorhanden sein.

**Bei WU-Beton:**

☐ **Sind bei der Ausbildung der „Weißen Wanne" die Vorgaben der WU-Richtlinie beachtet worden?**
Kam eine „Weiße Wanne" zur Ausführung, so hat diese den Hinweisen der WU-Richtlinie hinsichtlich der Planung, Bemessung und Ausführung zu entsprechen. Die WU-Betonrichtlinie macht u. a. Aussagen zu:

- Wasserundurchlässigkeit des Betons (Lieferbescheinigung des Herstellers)
- Beanspruchungsklassen, z. B. 1 und 2
- Nutzungsklassen, z. B. A und B, und deren Nachweise
- Bauteildicken
- Bewehrungsführung
- Fugenausbildung
- Begrenzung der Rissbreite (Statik)
- Nachbehandlung und Schutz des Betons

Darüber hinaus regelt die WU-Betonrichtlinie auch die Abdichtung der Fugen von Betonfertigteilkonstruktionen.

☐ **Sind die Anforderungen an streifenförmige Abdichtungen bei Beton-Elementwänden aus Bitumendickbeschichtungen (KMB/PMBC) eingehalten worden?**
Die Abdichtungen der Stoßfugen bei Elementwänden (Betonfertigteil mit Ortbetonfüllung) und monolithischen Betonfertigteilen sind gem. WU-Richtlinie auszuführen. Fugenabdichtungen aus KMB (PMBC) müssen dabei über eine Verstärkungslage verfügen, um so die Arbeitsfugen überbrücken zu können. Für die Verwendung von außen liegenden Arbeits- und Dehnfugenbändern muss ein „Allgemeines bauaufsichtliches Prüfzeugnis" (AbP) vorliegen. Darüber hinaus sind ergänzende Prüfungen vom Produkthersteller nachzuweisen, die sich speziell auf die Anwendung im Bereich der Stoßfugen zu beziehen haben.

☐ **Wurden alle Anforderungen zur werkseitigen Qualitätssicherung von Transportbeton (Konformitätskontrolle)**

**nach DIN EN 206-1 und DIN 1045-2 sichergestellt und dokumentiert?**

Der Beton muss nach Eigenschaften und Anforderungen allen für die Nutzung vereinbarten Anforderungen gerecht werden, wie z. B.:

- Druckfestigkeitsklasse
- Expositionsklasse
- Konsistenzklasse
- Klasse des Chloridgehalts
- Zement, Zuschläge
- w/z-Wert
- Wassereindringwiderstand
- Besondere Art des Einbringens

**Beachte:** Eine lückenlose Dokumentation (Bautagebuch!) der wichtigsten betontechnischen Kennwerte, wie z. B. Betonzusammensetzung, w/z-Wert, Zementgüte, Würfeldruckfestigkeit nach 28 Tagen, Konsistenz, Ausbreitmaß, Wassereindringwiderstand, Einbaubedingungen etc., ist vorzulegen bzw. muss einzusehen sein.

# Bodenbelagarbeiten

Autoren: Uwe Morchutt, Christian Fichtl

## Geltungsbereich

Bei der Abnahme von Bodenbelagarbeiten sind die Vorgaben der *DIN 18365 VOB Vergabe- und Vertragsordnung für Bauleistungen – Teil C: Allgemeine Technische Vertragsbedingungen für Bauleistungen (ATV) – Bodenbelagarbeiten* zu beachten. Sie gilt für das Verlegen von:

- Bodenbelägen in Bahnen
- Platten aus Linoleum
- Platten aus Kunststoff
- Platten aus Elastomer
- Platten aus Textilien
- Platten aus Kork
- Platten aus mehrschichtigen Elementen

Die ATV DIN 18365 **gilt jedoch nicht für**:

- Naturwerkstein – ATV DIN 18332 Naturwerksteinarbeiten
- Betonwerkstein – ATV DIN 18333 Betonwerksteinarbeiten
- Fliesen – ATV DIN 18532 Fliesen- und Plattenarbeiten
- Estriche – ATV 18353 Estricharbeiten
- Asphaltbeläge – ATV DIN 18354 Gussasphaltarbeiten
- Parkettfußböden – ATV DIN 18356 Parkettarbeiten
- Holzpflasterarbeiten – ATV DIN 18367 Holzpflasterarbeiten

Ergänzend gilt die *ATV DIN 18299 Allgemeine Regelungen für Bauarbeiten jeder Art*, Abschnitte 1 bis 5. Kommt es zu Widersprüchen, gehen die Regelungen der ATV DIN 18365 vor.

# Abnahme in der Praxis

Machen Sie sich vor der Abnahme mit dem geforderten Leistungsumfang und den Ausführungsunterlagen vertraut, damit ein Soll-Ist-Vergleich möglich ist!

**Hatte der Auftragnehmer vor Beginn der Arbeiten Bedenken wegen:**

- ☐ **ungeeigneter Beschaffenheit bzw. ungenügender Tragfähigkeit des Untergrunds?**
- ☐ **fehlender Höhenfestpunkte?**
- ☐ **ungeeigneter Temperaturen im Raum und des Untergrunds oder zu hoher Raumluftfeuchte?**
- ☐ **falscher Höhenlage im Anschluss an benachbarte Flächen?**
- ☐ **verunreinigter Oberflächen?**
- ☐ **Liegen vorhandene Abweichungen innerhalb der zulässigen Maßtoleranzen?**
  Alle Abweichungen müssen gemäß DIN 18202 in den Grenzen der zulässigen Maßtoleranzen liegen. Dies betrifft sowohl die Winkelabweichung wie auch die Ebenheitsabweichung.
  **Hinweis:** Wurden an die Ebenheit erhöhte Anforderungen gegenüber der DIN 18202, Tabelle 3, Zeile 3 oder sonstige erhöhte Anforderungen an die Maßgenauigkeit, die über die Werte in den genannten Normen hinausgehen, gestellt, so sind die zusätzlich dafür getroffenen Maßnahmen Besondere Leistungen. Werden die Grenzwerte der Maßtoleranzen eingehalten, sind auch bei Streiflicht sichtbar werdende Unebenheiten in der Oberfläche nicht zu beanstanden.
- ☐ **Entsprach der Untergrund den Anforderungen?**
  Für das Ausführen von Bodenbelagarbeiten muss der Untergrund ausreichend trocken sein und durch Schleifen und Saugen gereinigt werden.
  **Hinweis:** Um bei Heizestrichen Beschädigungen zu vermeiden, dürfen Feuchtemessungen nur an den dafür vorgesehenen Messpunkten ausgeführt werden.
- ☐ **Liegt das Protokoll der Estrich-Feuchtigkeitsmessung vor?**
  Bewegungsfugen im Untergrund dürfen nicht kraftschlüssig geschlossen bzw. auch sonst nicht in ihrer Funktion irgendwie beeinträchtigt werden. Die Bewegungsmöglichkeit von Bewegungsfugen muss konstruktiv uneingeschränkt übernommen werden. Hingegen sind Scheinfugen dauerhaft kraftschlüssig zu verschließen.

☐ **Gibt es Unebenheiten?**
Der Untergrund für Bodenbeläge ohne Unterlagen muss bei Bedarf mit Spachtelmasse geglättet werden.
**Hinweis:** Spachtelmassen müssen sich fest und dauerhaft mit dem Untergrund verbinden, einen Haftgrund für den Klebstoff eingehen und so beschaffen sein, dass der Bodenbelag darauf ohne Formänderungen liegt. Sie dürfen den Untergrund, die Unterlage, den Klebstoff und den Bodenbelag nicht nachteilig beeinflussen. Spachtelmassen für spezielle Einsatzgebiete müssen für den jeweiligen Verwendungszweck, wie z. B. Stuhlrollen und Fußbodenheizung, geeignet sein. Spachtelmassen dürfen nach deren Verarbeitung keine Belästigung durch Geruch hervorrufen.
Auf Estrichen und Fertigteilestrichen aus Trockenunterböden (wie z. B. auf Magnesia- und Anhydritestrichen) muss vorab ein Voranstrich (Haftbrücke) aufgetragen werden

☐ **Kamen Unterlagen zum Einsatz?**
Bodenbeläge sind, sofern nicht anders vorgeschrieben, ohne Unterlagen zu verlegen. Falls Unterlagen zum Einsatz kommen, so sind sie so zu verlegen, dass ihre Stöße und Nähte zu den Stößen und Nähten des Bodenbelags versetzt sind.
**Beachte:** Unterlagen und Bodenbeläge müssen vollflächig verklebt werden. Klebstoffrückstände auf dem Bodenbelag müssen umgehend entfernt werden.
**Hinweis:** Klebstoffe dürfen den Bodenbelag, die Unterlagen bzw. den Untergrund in keiner Weise negativ beeinflussen und nach der Verarbeitung keine Belästigung durch Gerüche und dergleichen hervorrufen.

☐ **Wurden elastische Bodenbeläge richtig verlegt?**
Die Verlegung von elastischen Bodenbelägen erfolgt unverschweißt und unverfugt.

☐ **Wurden Bodenbeläge in Bahnen richtig verlegt?**
Alle Bodenbeläge, die in Bahnen verlegt werden, sind an den Kanten zu schneiden und stumpf zu stoßen.

☐ **Wurden elektrisch ableitfähige Bodenbeläge richtig verlegt?**
Bei elektrisch ableitfähigen Bodenbelägen sind die VDE-Vorschriften einzuhalten!

☐ **Wurden Bodenbeläge in Sporthallen richtig verlegt?**
Bodenbeläge in Sporthallen sind gem. DIN V 18032-2 Sporthallen – Hallen für Turnen, Spiele und Mehrzwecknutzung – Teil 2: Sportböden – Anforderungen, Prüfungen herzustellen.

☐ **Sind alle Farbvorgaben eingehalten worden?**
Die Farben müssen den Farbmustern entsprechen. Hier sind nur geringe Abweichungen zulässig!

☐ **Sind die Einfassungen richtig ausgeführt worden?**
Sockel- und Deckleisten aus Holz, Metall und Hart-PVC sind materialkonform zu befestigen, wobei sie an den Ecken auf Gehrung (schräge Anschnitte) zu schneiden sind. Bei Stößen ist der Gehrungsschnitt nicht vorgeschrieben, jedoch hochwertiger als der stumpfe Stoß. Andere Sockel- und Deckleisten, z. B. aus flexiblen Materialien, sind dauerhaft zu befestigen, an den Ecken entsprechend anzupassen und materialkonform zu stoßen. Abschluss- und Übergangsschienen müssen gemäß der Leistungsbeschreibung ausgeführt werden.

☐ **Entsprechen die Beläge exakt der Leistungsbeschreibung bzw. der vorgesehenen Nutzung?**
Vergleichen Sie mit der Leistungsbeschreibung!

☐ **Sind alle Beläge in einem einwandfreien Zustand?**
Alle Beläge sollten nach Augenschein und Kontrollmessung hinsichtlich ihrer Beschaffenheit überprüft werden auf:

- Zuschnitt
- Kanten, Stöße und Nähte
- Verunreinigungen (Klebstoff)
- Brandflecke und Löcher
- Farbunterschiede (Farbabweichungen gegenüber Mustern dürfen nur geringfügig sein.)
- Unebenheit
- Hohllagen oder Fehlstellen
- Randeinfassungen und Scheuerleisten
- Qualität der Verlegearbeit

**Vorsicht vor:**

- Stolperkanten
- Nicht korrekten Anschlussfugen
- Losen Einfassungen
- Fehlenden Belagsteilen

☐ **Wann wurden die Randdämmstreifen entfernt?**
Bei schwimmenden Estrichen dürfen die Randdämmstreifen frühestens nach der Untergrundvorbehandlung, wie mit etwaigen Spachtel- oder selbstverlaufenden Nivelliermassen, entfernt werden!

☐ **Sind die Wartungs- und Pflegehinweise komplett?**
Der Auftragnehmer hat dem Auftraggeber nach dem Verlegen der Bodenbeläge die schriftliche Reinigungs- und Pflegeanleitung (Herstellerangaben: Materialbezeichnungen, Teppichsiegel, Zertifikate) für den jeweiligen Bodenbelag auszuhändigen.

☐ **Wurden Rückstellproben genommen?**
Rückstellproben von z. B. Teppichböden oder Linoleumbelägen dokumentieren die Materialeigenschaften und können bei eventuell späteren Auffälligkeiten hilfreich sein.

## Hinweis zu Nebenleistungen und Besonderen Leistungen

Es empfiehlt sich, bei der Abnahme des Gewerks eine komplette Auflistung der zusätzlichen Leistungen vorzulegen. Auch diese Leistungen sollten überprüft und abgenommen werden.

# Brandschutz

Autoren: Uwe Morchutt, Christian Fichtl

## Allgemeine Hinweise

Bauliche Anlagen sind so anzuordnen, zu errichten, zu verändern und instand zu halten, dass der Entstehung eines Brandes und der Ausbreitung von Feuer und Rauch (Brandausbreitung) jederzeit vorgebeugt wird. Bei einem Brand müssen die Rettung von Menschen und Tieren sowie wirksame Löscharbeiten möglich sein.

## Abnahme in der Praxis

Machen Sie sich vor der Abnahme mit dem geforderten Leistungsumfang, den Ausführungsunterlagen und den geforderten Brandschutzmaßnahmen vertraut, damit ein Soll-Ist-Vergleich möglich ist. Die Einhaltung des Brandschutzes ist eine Grundanforderung der Bauordnung (BauO). Bei Verstoß kann die Abnahme verweigert werden.

☐ **Liegt ein genehmigtes Brandschutzgutachten vor?**

☐ **Liegen alle Brandschutznachweise, Prüfzeugnisse und Prüfsiegel vor?**

☐ **Sind nur genehmigte Bauprodukte (mit Ü- und CE-Kennzeichnung) zum Einsatz gekommen?**
Baustoffe, die nicht mindestens normal entflammbar sind (leicht entflammbare Baustoffe), dürfen nicht verwendet werden; das gilt nicht, wenn sie in Verbindung mit anderen Baustoffen nicht leicht entflammbar sind.

☐ **Sind alle Maßnahmen für den vorbeugenden Brandschutz fachgerecht ausgeführt?**
Überprüfen Sie, ob alle Anforderungen an den vorbeugenden Brandschutz erfüllt sind!

Es sind u. a. Einblicke in die Genehmigungen, Zulassungen, Prüfzeugnisse, Übereinstimmungserklärungen, Übereinstimmungszertifikate, Überwachungsnachweise, Zeugnisse und Aufzeichnungen über die Prüfungen von Bauprodukten, in die Bautagebücher und andere vorgeschriebene Aufzeichnungen zu gewähren!

□ **Entspricht die Brandabschnittsbegrenzung den Vorgaben?**

Siehe LBO!

□ **Entspricht das Brandverhalten tragender Bauteile den Vorgaben?**

Siehe LBO!

Tragende und aussteifende Wände und Stützen müssen im Brandfall ausreichend lang standsicher sein. Sie müssen in Gebäuden

- der Gebäudeklasse 5: feuerbeständig,
- der Gebäudeklasse 4: hochfeuerhemmend sowie
- der Gebäudeklassen 2 und 3: feuerhemmend

sein.

Im Kellergeschoss müssen tragende und aussteifende Wände und Stützen in Gebäuden

- der Gebäudeklassen 3 bis 5: feuerbeständig und
- der Gebäudeklassen 1 und 2: feuerhemmend

sein.

Außenwände und Außenwandteile, wie Brüstungen und Schürzen, sind so auszugestalten, dass eine Brandausbreitung auf diese Bauteile und in diesen Bauteilen ausreichend lang begrenzt ist.

Decken müssen als tragende und raumabschließende Bauteile zwischen Geschossen im Brandfall ausreichend lang standsicher und widerstandsfähig gegen die Brandausbreitung sein. Sie müssen in Gebäuden

- der Gebäudeklasse 5: feuerbeständig,
- der Gebäudeklasse 4: hochfeuerhemmend und
- der Gebäudeklassen 2 und 3: feuerhemmend

sein.

□ **Sind Rettungswege vorhanden?**

Achten Sie auch auf die Beschilderung der Rettungswege (Bilderschriftzeichen)!

- ☐ **Ist der zweite Rettungsweg vorhanden?**
  Siehe LBO!
  Hinweis: Für Nutzungseinheiten mit mindestens einem Aufenthaltsraum, wie Wohnungen, Praxen, selbstständige Betriebsstätten, müssen in jedem Geschoss mindestens zwei voneinander unabhängige Rettungswege ins Freie vorhanden sein; beide Rettungswege dürfen jedoch innerhalb des Geschosses über denselben notwendigen Flur führen.
- ☐ **Entsprechen Flure und Treppen den Anforderungen?**
  Siehe LBO!
- ☐ **Sind bei Feuerungsanlagen die Anforderungen an den Brandschutz eingehalten?**
  Ist z. B. ein Feuerlöscher vorhanden?
- ☐ **Sind alle geforderten Brandschutzeinrichtungen vorhanden und funktionstüchtig?**
- ☐ **Sind Brandschutztafeln vorhanden?**
- ☐ **Funktionieren die Handfeuerlöscher?**
- ☐ **Sind die Fluchtwegpläne aktuell und an den erforderlichen Stellen befestigt?**
  Achten Sie auf die Funktionsnachweise. Eine Prüfung muss alle zwei Jahre erfolgen. Achten Sie auf die Prüfplaketten und Plomben.
- ☐ **Funktioniert die Brandmeldeanlage (BMA)?**
  Nachweis der Funktionstauglichkeit!
- ☐ **Sind die Feuerlöschleitungen (trocken – nass) funktionstüchtig?**
- ☐ **Sind Feuerwehrzufahrten vorhanden?**
  Eine ungehinderte Zufahrt muss sichergestellt sein!
- ☐ **Ist die Blitzschutzanlage funktionstüchtig?**
  Achten Sie auf das Prüf- und Abnahmeprotokoll – ATV DIN 18384 Blitzschutzanlagen!
- ☐ **Funktioniert die Entrauchungsanlage?**
- ☐ **Funktionieren Rauchmelder und die Rauchmeldeanlage?**
  Nachweis!
- ☐ **Funktioniert die Sprinkleranlage?**
  Achten Sie auf den Nachweis über die Funktionsprobe!
- ☐ **Wurden die Anforderungen an Brandwände eingehalten?**
  Nachweis der Ausführung!

Brandwände müssen als raumabschließende Bauteile zum Abschluss von Gebäuden (Gebäudeabschlusswand) oder zur Unterteilung von Gebäuden in Brandabschnitte (innere Brandwand) ausreichend lange die Brandausbreitung auf andere Gebäude oder Brandabschnitte verhindern. Brandwände müssen auch unter zusätzlicher mechanischer Beanspruchung feuerbeständig sein und aus nicht brennbaren Baustoffen bestehen.

☐ **Wurden die Anforderungen an Boden- und Deckenverkleidungen beachtet?**
Siehe LBO!

☐ **Funktioniert die Telefonanlage?**
Notruf aufgeschaltet?

☐ **Ist das Notstromgerät funktionstüchtig?**

☐ **Funktionieren die Brandschutztüren?**
Brandschutztüren müssen schließen (Türschließer), dürfen aber nicht verschlossen sein!

☐ **Funktionieren die Brandschutztore?**
Prüfen Sie alle Brandschutznachweise der Hersteller und achten Sie auf die Feuerwiderstandsklasse!

☐ **Wurde die Brandschutzverglasung den Vorgaben entsprechend ausgeführt?**
Prüfen Sie die Nachweise und die Herstellerangaben (z. B. G30 = Feuerwiderstandsdauer 30 Minuten)!

☐ **Wurden alle Anforderungen an sonstige Anlagen beachtet?**
Prüfen Sie u. a.:

- Elektroanlage (Schaltpläne, Abnahmeprotokoll)
- Heizungsanlage
- Schornstein (Abnahmeprotokolle, Schornsteinfegerbescheinigung)
- Aufzugsanlage (TÜV-Abnahme)
- Klima- und Lüftungsanlage (Sind Brandschutzklappen vorhanden und auch gekennzeichnet? Brandschutznachweise!)

☐ **Liegt ein kompletter Satz an Bestandsplänen (zwecks Havarieplänen) vor?**

☐ **Sind Rettungs- und Evakuierungspläne bzw. Fluchtwegpläne vorhanden? Stimmt die eingezeichnete Lage des Standorts mit dem jeweiligen Standpunkt überein?**

☐ **Wie sind die Brandschutzdurchführungen ausgeführt?**
Alle Durchführungen von technischen Leitungen durch Wände und Decken müssen bestimmten Brandschutzanforderungen genügen. Diese unterscheiden sich wesentlich abhängig von der Art der Leitung, des Bauteils und des Gebäudes.

☐ **Brandschutzorganisation: Gibt es einen Verantwortlichen für den Brandschutz?**

☐ **Sind die notwendigen Rauchwarnmelder installiert?**
In allen Bundesländern gilt eine unterschiedliche Rauchwarnmelderpflicht! Dabei sollen jedoch die Rauchwarnmelder so installiert sein, dass Rauch, der bei einem Brand entsteht, so früh wie möglich den Melder erreicht.

# Dachdeckungsarbeiten

Autoren: Uwe Morchutt, Christian Fichtl

## Geltungsbereich

Bei der Abnahme von Dachdeckungsarbeiten sind die Vorgaben der *DIN 18338 VOB Vergabe- und Vertragsordnung für Bauleistungen – Teil C: Allgemeine Technische Vertragsbedingungen für Bauleistungen (ATV) – Dachdeckungs- und Dachabdichtungsarbeiten* zu beachten.

Ergänzend gilt die *ATV DIN 18299 Allgemeine Regelungen für Bauarbeiten jeder Art*, Abschnitte 1 bis 5. Kommt es zu Widersprüchen, gehen die Regelungen der ATV DIN 18338 vor.

Die ATV DIN 18338 gilt für Dachdeckungen einschließlich der erforderlichen Dichtungs-, Dämm- und Schutzschichten. Sie gilt aber auch für Außenwandbekleidungen mit Dachdeckungsstoffen.

Die ATV DIN 18338 **gilt nicht für:**

- das Herstellen von Dachabdeckungen mit am Bau zu fälzenden Metallbauteilen und Metallanschlüssen – ATV DIN 18339 Klempnerarbeiten
- das Herstellen von Deckunterlagen aus Latten oder als Schalung und das Herstellen von Außenwandbekleidungen mit Holzschindeln – ATV DIN 18334 Zimmer- und Holzarbeiten
- Metallbauarbeiten – ATV DIN 18360 Metallbauarbeiten
- Vorgehängte hinterlüftete Fassaden mit anderen Stoffen als Dachdeckungsstoffen – ATV DIN 18351 Vorgehängte hinterlüftete Fassaden

**Beachte:** Zusätzlich sind bei Flachdacharbeiten und wasserdichten Unterdächern die ATV DIN 18336 Abdichtungsarbeiten und die *DIN 18531*, Teile 1 bis 5, bei der Planung, Ausführung und Instandhaltung von nicht genutzten und genutzten Dächern und die Fachregeln des Dachdeckerhandwerks zu beachten.

# Abnahme in der Praxis

Machen Sie sich vor der Abnahme mit dem geforderten Leistungsumfang und den Ausführungsunterlagen vertraut, damit ein Soll-Ist-Vergleich möglich ist!

- ☐ **Sind die aktuellen Schneelasten nach DIN EN 1991 Teile 1 bis 3 Eurocode 1 berücksichtigt worden?**
- ☐ **Sind die aktuellen Windlasten nach DIN EN 1991 Teile 1 bis 4 Eurocode 1 berücksichtigt worden?**

**Hatte der Auftragnehmer vor Beginn der Arbeiten Bedenken wegen:**

- ☐ **ungeeigneter Beschaffenheit bzw. ungenügender Tragfähigkeit des Untergrunds?**
- ☐ **fehlender Höhenfestpunkte?**
- ☐ **Sind Arbeiten bei Minusgraden ausgeführt worden?**
  Falls Arbeiten bei Frost ausgeführt wurden, bedurfte es der vorherigen Zustimmung des Auftraggebers!
- ☐ **Liegen die Abweichungen innerhalb der zulässigen Maßtoleranzen?**
  Alle Abweichungen müssen gem. DIN 18202 in den Grenzen der zulässigen Maßtoleranzen liegen.
  **Hinweis:** Wurden an die Ebenheit erhöhte Anforderungen gegenüber der DIN 18202, Tabelle 3, Zeile 1 oder 5, oder sonstige erhöhte Anforderungen an die Maßgenauigkeit, die über die Werte in den genannten Normen hinausgehen, gestellt, so sind die getroffenen Maßnahmen Besondere Leistungen.
- ☐ **Kam es zu Arbeiten bei extremen Witterungsverhältnissen?**
  Bei Temperaturen unter 5 °C, Feuchtigkeit, Nässe, Schnee und Eis, scharfem Wind und Frost dürfen generell keine Klebe- oder Mörtelarbeiten erfolgen (Qualitätssicherung).
- ☐ **Ist bei Befestigungselementen die Mindestzinkauflage von 50 μm vorhanden?**
  Verzinkungen haben gem. DIN EN ISO 1461 Durch Feuerverzinken auf Stahl aufgebrachte Zinküberzüge (Stückverzinken) – Anforderungen und Prüfungen zu erfolgen. Die Zinkschicht muss dabei mindestens 50 μm betragen.

☐ **Wurde die Regeldachneigung eingehalten?**
Die Regeldachneigung gibt in Abhängigkeit zum Eindeckungsmaterial die unterste Dachneigungsgrenze an, bei der sich in der Praxis eine Dachdeckung als regensicher erwiesen hat. Andernfalls sind zusätzliche Maßnahmen, wie Unterspannungen, Unterdeckungen oder Unterdächer, notwendig.
**Praxistipp:** Fügen Sie dem Abnahmeprotokoll eine Dokumentation der Einbaubedingungen mit Fotoaufnahmen und den klimatischen Verhältnissen in der Herstellungsphase hinzu. Besonders bei Schnittstellen zu anderen Gewerken und Arbeiten, die andere Leistungen verdecken, kann diese Dokumentation bei späteren Arbeiten sehr hilfreich sein.

**Abnahme von Steildächern**

Jede Dachdeckung muss regensicher und jede Dachabdichtung wasserdicht ausgeführt werden!

☐ **Wie ist die Qualität der Dachziegel?**
Kam eine Ziegeldeckung zur Anwendung, so sind die Dachziegel nach DIN EN 1304 mit der Anforderungsstufe 1 für die Wasserundurchlässigkeit und dem Verfahren B für die Frostwiderstandsfähigkeit auszuführen. Bei Dachsteinen aus Beton muss die DIN EN 490 beachtet werden. Weitere Angaben enthalten die Produktdatenblätter und Herstellerangaben.

☐ **Kamen Unterspannbahnen zum Einsatz?**
Bei belüfteter Dachkonstruktion ist mindestens eine Unterspannbahn oder eine Unterdeckbahn einzubauen. Als Mindestausführung ist eine Klassifizierung nach den Produktdatenblättern des ZVDH von USB-A bzw. UDB-A notwendig. Die Produktdatenblätter der eingebauten Unterspannbahnen und auch Unterdeckbahnen sind Teil der notwendigen Dokumentation.
**Beachte:** Die Mindestabmessung für Konterlatten bei Dachdeckungen mit Traglattungen beträgt 30 x 50 mm. Auf geschalten Flächen wird zunächst als Vordeckung eine besandete Bitumenbahn V 13 (gem. DIN EN 13707) aufgebracht.

☐ **Ist die Unterspannbahn frei von Beschädigungen?**
Zuerst sollte eine Sichtprüfung durchgeführt werden. Insbesondere im Traufbereich kommt es oft zu Schäden.

☐ **Kamen Unterdeckbahnen zum Einsatz?**
Bei unbelüfteter Dachkonstruktion ist eine Unterdeckbahn zu verwenden. Unterdeckbahnen werden nach dem Produktdatenblatt für Unterdeckbahnen des ZVDH in die Klasse UDB-A, UDB-B und UDB-C unterteilt, wobei bei unbelüfteten Dachkonstruktionen die höchste Klasse mit UDB-A einzubauen ist.

☐ **Wurden Unterdächer ausgeführt?**
Die Mindestanforderung an ein Unterdach ist eine wasserdichte Ausführung, hergestellt aus einer Lage kaltselbstklebender Polymer-Bitumenbahn als PYE-KTG KSP 2,8 nach DIN EN 13707 im Kontext mit der DIN SPEC 20000-201.

☐ **Ist der Korrosionsschutz bei Befestigungsmitteln eingehalten?**
Bei kleinformatigen Dachdeckungen mit direkt der Witterung ausgesetzten Befestigungsmitteln müssen mindestens korrosionsgeschützte Baustoffe verwendet werden. Bei direkt bewitterten Befestigungselementen müssen korrosionsbeständige Baustoffe eingebaut werden.

☐ **Sind Trittsteine für den Schornsteinfeger vorhanden?**

☐ **Wurden kritische Dachbereiche korrekt ausgeführt?**

☐ **Wurde der Ortgang richtig ausgeführt?**
Der Ortgang ist mit Ortgang- oder Schlussziegeln bzw. -steinen auszuführen, wobei diese einzeln mit mindestens korrosionsgeschützten Holzschrauben mit 4,5 mm Durchmesser und 60 mm Länge auf der Unterlage zu befestigen sind.

☐ **Wurde die Traufe richtig ausgeführt?**
Die Deckung an der Traufe muss ohne Überstand und mit Traufstreifen ausgeführt werden.

☐ **Wurden Firste und Grate richtig ausgeführt?**
Firste und Grate sind mit Firstziegeln bzw. -steinen mit entsprechenden Trockenfirstsystemen zu decken.

☐ **Wurde die Unterlüftung richtig ausgeführt?**
Laut DIN 4108 sind die Zuluft im Traufbereich und die Abluft im Firstbereich auszuführen. Der Mindestquerschnitt liegt bei 50 $cm^2$/m.

☐ **Wurden Gauben fachgerecht ausgeführt?**

**Bei der Abnahme der Gauben sollten zwei Aspekte besonders beachtet werden:**

- ☐ **Wurde der oberseitige Anschluss an das Steildach fachgerecht ausgeführt?**
  Prüfung durch Hochschieben der Dachdeckung!
- ☐ **Ist die freie Entwässerung der Unterspannbahn der Gaube sichergestellt?**
- ☐ **Wurde bei Biberschwanzdoppeldeckungen die Kehle als vertiefte und überdeckte Metallkehle ausgeführt?**
- ☐ **Ist die Windsogsicherung von Dachziegeln entsprechend der Berechnung und den Fachregeln des Dachdeckerhandwerks und in richtiger Anzahl ausgeführt?**

**Abnahme von Schieferdeckung**

- ☐ **Wurde die Schieferdeckung fachgerecht ausgeführt?**

**Bei Altdeutscher Deckung sollte Folgendes überprüft werden:**

- ☐ **Wurde die Deckung mittels Decksteinen mit normalem Hieb als Rechtsdeckung auf Vollschalung und einer zusätzlichen Vordeckung ausgeführt?**
- ☐ **Wurden die Ortgänge und Grate eingebunden mit Überstand gedeckt?**
- ☐ **Wurden die Traufen mit eingebundenem Fußgebinde und mit einem zusätzlichen Traufblech hergestellt?**
- ☐ **Wurden die Firste mit einfacher Deckung mit Überstand ausgeführt?**
- ☐ **Wurden die Kehlen als eingebundene Kehlen gedeckt?**
  Die Vordeckung ist auch bei Schuppendeckung und bei Deutscher Deckung auf der Vollschalung einzubauen, ebenso wie ein Traufblech!

**Abnahme von Faserzement-Dachplatten**

Für diese Dachdeckungsart kommen Faserzement-Dachplatten nach DIN EN 492 zum Einsatz. Hier sollten bei der Abnahme die folgenden Punkte überprüft werden.

**Bei Deutscher Deckung:**

- ☐ **Wurden die Ortgänge und Grate eingebunden gedeckt?**
- ☐ **Wurden die Traufen mit eingespitztem Fuß und einem zusätzlichen Traufblech hergestellt?**
- ☐ **Wurden die Firste mit aufgelegten Dachplatten als Einfachdeckung mit Überstand realisiert?**
- ☐ **Wurden die Kehlen als überdeckte Metallkehlen gedeckt?**

**Bei Doppeldeckung von Faserzement-Dachplatten:**

- ☐ **Wurden die Ortgänge auslaufend gedeckt?**
- ☐ **Wurden die Traufen mit Ansetzerplatten hergestellt?**
- ☐ **Wurden die Kehlen mit überdeckter Metallkehle realisiert?**

**Bei Wellplatten aus Faserzement, die nach DIN EN 494 vorgefertigte Eckschnitte besitzen müssen:**

- ☐ **Wurden die Ortgänge mit ebenen Winkeln gedeckt?**
- ☐ **Wurden die Traufen mit Traufenfußstücken hergestellt?**
- ☐ **Wurden die Kehlen mit überdeckter Metallkehle realisiert?**

  Bei Wellplatten sind besonders die Befestigungen zu kontrollieren. Kurzwellplatten sind mindestens mit feuerverzinkten, 7 mm dicken Holzschrauben mit bauaufsichtlicher Zulassung und Pilzdichtung zu befestigen. Bei großformatigen Platten sind die statischen Nachweise der allgemeinen bauaufsichtlichen Zulassung einzuhalten.

**Abnahme von Deckungen mit vorgefertigten Elementen aus Metall**

Für diese Dachdeckungsart kommen Bauteile nach DIN EN 14782, DIN EN 14783, DIN 18807-3 oder DIN 18807-9 zum Einsatz. Die Deckungsart wird unterteilt in selbsttragende Deckungen und nicht selbsttragende Deckungen. Die Detailausbildung bei An- und Abschlüssen sollen mit Formteilen aus dem Material der Eindeckung erstellt werden. Wenn das Detail nicht mit Formteilen erstellt werden kann, ist eine handwerkliche Ausbildung notwendig.

A B D E F K M P S T V W Z

**Bei selbsttragenden Deckungen:**

- ☐ **Wurden verzinktes Stahlblech und eine systemgerechte Unterkonstruktion verwendet?**
- ☐ **Sind der Witterung ausgesetzte Befestigungsmittel korrosionsbeständig?**
- ☐ **Sind die Befestigungsmittel systemgerecht nach den Vorgaben des statischen Nachweises?**
- ☐ **Ist die Befestigung außerhalb der wasserführenden Ebene selbstdichtend ausgeführt?**

**Bei nicht selbsttragenden Deckungen, die aus Aluminium bestehen:**

- ☐ **Wurden eine Vollschalung und eine zusätzliche Vordeckung eingebaut?**

**Abnahme von Deckungen mit Holzschindeln**

Diese Dachdeckungsart ist dreilagig auszuführen. Hierfür kommen keilförmige Normalschindeln aus Lärche, Güteklasse I, gesägt, gemäß DIN 68119 zum Einsatz.

**Beachte:** Jede Schindel ist mit zwei Schindelstiften aus nicht rostendem Stahl der Werkstoffnummer 1.4301 gemäß der DIN EN 10088-3 zu befestigen.

- ☐ **Wurden die Firste als aufgelegte Firste gedeckt?**
- ☐ **Wurden die Grate als Schwenkgrat mit gerade herangeführten Reihen ausgeführt?**
- ☐ **Wurden die Kehlen als eingebundene Kehlen ausgeführt?**
- ☐ **Wurden alle Anschlüsse mit Schindeln hergestellt, die vorher entsprechend zugeschnitten wurden?**

**Abnahme von Deckungen mit Bitumenschindeln**

Die Deckung mit Bitumenschindeln erfolgt als Doppeldeckung aus Drei-Blatt-Bitumenschindeln mit Glasvliesträgereinlage.

**Beachte:** Die Bitumenschindeln sind mit mindestens vier korrosionsgeschützten Stiften mit extra großem Flachkopf nach *DIN 10230-1 Nägel aus Stahldraht – Teil 1: Lose Nägel für allgemeine Verwendungszwecke* zu befestigen.

- ☐ **Wurde die Deckung an der Traufe mit Traufblech ohne Falzabkantung, auf dem Traufblech mit unverklebtem Ansetzer und verklebtem ersten Gebinde ausgeführt?**
- ☐ **Wurde am Ortgang eine mindestens 30 mm hohe Dreikantleiste befestigt, wobei die Vordeckung und die Gebinde der Bitumenschindeldeckung darauf hochgeführt und mit Breitkopfstiften angeheftet sein müssen?** Zum Abschluss muss darüber eine Abdeckung aus Metall ausgeführt sein.
- ☐ **Wurden Firste und Grate als seitliche Doppeldeckung mit zugeschnittenen Bitumenschindeln ausgeführt?**
- ☐ **Wurden die Kehlen als eingebundene Bitumenschindelkehlen hergestellt?**
- ☐ **Wurden alle Anschlüsse an aufgehenden Bauteilen mit 30 mm hohen Dreikantleisten versehen, wobei die Bitumenschindeln hochgeführt und mit Kappleisten angeschlossen sein müssen?**

**Abnahme von Deckungen mit Bitumenwellplatten**

Bitumenwellplatten sind im Verband zu verlegen und mit Glockennägeln zu befestigen. Im Bereich der Höhenüberdeckung erfolgt die Befestigung auf jedem Wellenberg, im Auflagerbereich zwischen den Höhenüberdeckungen auf jedem zweiten Wellenberg.

- ☐ **Wurde der Ortgang ohne Formstücke mit voll aufliegendem letztem Wellenberg realisiert?**
- ☐ **Wurden die Kehlen als überdeckte Metallkehlen ausgeführt?**
- ☐ **Wurde an der Traufe die Deckung mit freiem Überstand hergestellt und wurde dabei jeder Wellenberg befestigt?**
- ☐ **Wurde der First mit einteiligen Firsthauben ausgebildet und wurden die Grate mit Formteilen gedeckt?**

**Abnahme von Reetdeckung**

Die Deckung aus Reet bzw. Stroh muss in der Mitte der Dachfläche eine Mindestdicke von 300 mm haben. Genähte Dächer müssen mit kunststoffummanteltem Draht, mit einer Mindestdicke von 2 mm, ausgeführt werden, wobei der Draht mindestens 1,4 mm dick sein muss.

## Hinweis zu Nebenleistungen und Besonderen Leistungen

Es empfiehlt sich, bei der Abnahme des Gewerks eine komplette Auflistung der zusätzlichen Leistungen vorzulegen. Auch diese Leistungen sollten überprüft und abgenommen werden.

A B D E F K M P S T V W Z

# Dränarbeiten

Autoren: Uwe Morchutt, Christian Fichtl

## Geltungsbereich

Bei der Abnahme von Dränarbeiten sind die Vorgaben der *DIN 18308 VOB Vergabe- und Vertragsordnung für Bauleistungen – Teil C: Allgemeine Technische Vertragsbedingungen für Bauleistungen (ATV) – Drän- und Versickerarbeiten* zu beachten. Ergänzend gilt die *ATV DIN 18299 Allgemeine Regelungen für Bauarbeiten jeder Art*, Abschnitte 1 bis 5. Kommt es zu Widersprüchen, gehen die Regelungen der ATV DIN 18308 vor.

Die ATV DIN 18308 ist anzuwenden für:

- Dränagen mit Rohren
- Rohrlose Dränagen
- Herstellung von Versickerungsanlagen mit oder ohne Wasserrückhaltung

Sie gilt nicht für das Herstellen von geschlossenen Entwässerungskanälen (siehe ATV DIN 18306) und nicht für vertikale Tiefendränagen und Versickerungen über Brunnen oder die im Zuge der Erstellung der Dränage notwendigen Erdarbeiten.

## Abnahme in der Praxis

Machen Sie sich vor der Abnahme mit dem geforderten Leistungsumfang und den Ausführungsunterlagen vertraut, damit ein Soll-Ist-Vergleich möglich ist!

☐ **Wurde in der Nähe von Bauwerken, Leitungen, Kabeln, Dränagen etc. mit der erforderlichen Vorsicht gearbeitet?**
Während der Arbeiten darf es zu keinerlei Beeinträchtigungen infolge von Beschädigungen kommen. Die erforderliche Sorgfalt muss bei den Arbeiten gewährleistet werden.

☐ **Wurden gefährdete bauliche Anlagen gesichert?**
Falls im Verlauf der Arbeiten im Bereich bestehender Gebäude Schutz- und Sicherungsmaßnahmen durchgeführt werden, so müssen neben der DIN 4123 auch die Vorschriften der Eigentümer bzw. Weisungsberechtigten eingehalten werden (Besondere Leistungen).

☐ **Gab es eine eindeutige Lagekennzeichnung vorhandener Leitungen, Kabel, Dränagen etc.?**
Sollten nicht alle Leitungen, Kabel, Dränagen, Kanäle und sonstige bauliche Anlagen vor Ausführung der Arbeiten eindeutig gekennzeichnet sein, muss deren Lage vorab erkundet werden (Besondere Leistungen).
**Beachte:** Werden trotzdem noch unvermutete Hindernisse in Form von Hohlräumen, Leitungen, Kabeln und Dränagen angetroffen, ist der Auftraggeber unverzüglich davon in Kenntnis zu setzen (Besondere Leistungen).

☐ **Wurde beim Arbeiten in der Nähe von zu erhaltenden Bäumen, Pflanzenbeständen etc. die notwendige Sorgfaltspflicht eingehalten?**
Das Arbeiten in der Nähe von zu erhaltenden Bäumen, Pflanzenbeständen etc. muss mit gebotener Sorgfalt erfolgen. Darüber hinaus müssen jederzeit Schutzmaßnahmen gem. DIN 18920 beachtet werden (Besondere Leistungen).
**Beachte:** Grenzsteine und amtliche Festpunkte dürfen nur nach vorheriger Zustimmung des Auftraggebers beseitigt werden und sind vorher zu sichern.

☐ **Gab es vonseiten des Auftragnehmers Bedenken bei seiner Prüfung?**

☐ **Kam es zu abweichenden Verhältnissen vor Ort?**

☐ **Kam es zu abweichenden Bodenverhältnissen (i. d. R. bei Nichtvorhandensein eines Baugrund- bzw. hydrologischen Gutachtens!)?**
Beispiele sind:
- Auftreten von Treibsand
- ungünstiger Feuchtezustand des Bodens
- Auftreten von Quellen
- Antreffen von Wurzelbereichen von Bäumen und Sträuchern
- Anschneiden bereits vorhandener Dränageleitungen

☐ **Kam es zu unzureichender Vorflut oder der Gefahr von Rückstau?**

☐ **Kam es zu abweichenden Verhältnissen bei Kreuzungen, wie z. B. mit offenen bzw. zugeschütteten Gräben mit Kabeln und Leitungen, mit Gleisen und Wegen?**

**Ausführung der Dränarbeiten**

**Richtwerte gemäß DIN 4095** beispielsweise bei Dränagen vor Wänden und schwach durchlässigem Boden, Einbautiefe 3 m und einem 15 m hohen Gebäude: Die Länge der Dränleitung (Ringdränage), also zwischen Hoch- und Tiefpunkt (Freispiegelleitung, Gefälle: größer 0,5 %, besser 1 %), sollte maximal 60 m betragen.

☐ **Kam eine vertikale Dränung zur Ausführung und wurde diese fachgerecht ausgeführt?**
Eine vertikale Dränschicht am Gebäude besteht i. d. R. aus einer Sickerschicht und einer Filterschicht. Die Dränschicht hat dabei die Aufgabe, das anfallende Wasser von der Wandfläche fernzuhalten und in die Dränleitung abzuleiten. Die Filterschicht soll verhindern, dass Feinteile in die Dränage eingeleitet werden und der Boden ausgeschwemmt wird. In der Praxis haben sich die Dränsteine mit vorgehängtem Filtervlies bewährt.
**Beachte:** Zwischen Dränstein und Bauwerksabdichtung sollte eine weiche Zwischenschicht eingefügt werden, damit zum Teil vorhandene scharfe Kanten und Grate der Dränsteine nicht die Abdichtung beschädigen.
Kommen Dränplatten zum Einsatz, so müssen diese mit einem Filtervlies abgedeckt werden, da sonst die Möglichkeit der Verschlammung bei bindigen Böden bzw. der Versandung bei sandigen Böden entsteht.

☐ **Ist die Versickerungsfähigkeit überprüft worden?**

☐ **Liegt ein Protokoll des Nachweises vor?**

☐ **Wurde die Flächendränage fachgerecht ausgeführt?**
Eine Flächendränage wird unter der Bodenplatte ausgeführt, wenn Wasserandrang unter der Bodenplatte zu erwarten ist (siehe Baugrundgutachten!). Hier wird oft eine kapillarbrechende Schicht eingebaut. Wichtig bei der Anordnung ist, dass das anfallende Wasser sicher in die umlaufende Ringdränage gelangen kann.
**Beachte:** Bei vorhandenen Fundamenten sind unbedingt Durchlässe einzubauen!

☐ **Sind die Einbauhöhen gemäß DIN 4095 eingehalten worden?**
Die Oberkante der Dränleitung darf am Hochpunkt nicht höher sein als die Oberkante der Bodenplatte. Sie sollte sogar noch etwas tiefer eingebaut werden (Sohle Dränleitung: 200 mm unter OK Bodenplatte, nach DIN 4095). Allerdings sollte sie auch nicht tiefer als die Fundamente liegen, damit ein späteres Unterspülen der Fundamente vermieden wird. In der Praxis haben sich beispielsweise Dränrohre mit angeformtem Gerinne (Vollsickerrohr bzw. Teilsickerrohr) bewährt.

☐ **Wurde die Dränleitung fachgerecht ausgeführt?**
Die Dränageleitung ist in einem Kiesbett zu verlegen!
**Beachte:** Der sogenannte „gelbe Schlauch" sollte hauptsächlich für landwirtschaftliche Dränagen vorgesehen werden, da bei dieser Anwendung schnell ein mögliches „Gegengefälle" (Kontergefälle) entstehen kann, weil die Lagefixierung kompliziert zu bewerkstelligen ist. Deshalb sind diese Dränleitungen bei Gebäuden nicht zulässig, da Dränleitungen formstabil sein müssen.

☐ **Sind die Gefälle nach DIN 4095 eingehalten worden?**
Die Dränleitung (Ringdränage) ist nach DIN 4095 mit einem Gefälle > 0,5 % zu verlegen. Als Praxiswert ist ein Gefälle von 1 % eher zu empfehlen (Freispiegelleitung: Vorsicht Kontergefälle!).

☐ **Ist die Ableitung des Dränagewassers im Vorfeld abgeklärt worden?**
Das Dränagewasser wird i. d. R. zu einem Vorfluter (öffentliche Kanalisation der Stadt, Gemeinde etc.) geleitet. Die Ableitung muss baurechtlich geklärt sein.

☐ **Liegt eine Einleitgenehmigung vor?**

☐ **Wurden ausreichend Spülrohre vorgesehen?**
Bei allen Richtungswechseln ist ein Spülrohr DN 300 anzuordnen. Allerdings besteht auch die Möglichkeit, speziell bei sehr stark strukturierten Gebäuden, anstatt von Spülrohren Kontrollrohre DN 100 anzuordnen.
**Hinweis:** Übergabeschächte müssen revisionsfähig (u. a. leicht zugänglich) ausgebildet sein. Vorsicht: Unfallgefahr für Kinder! Deshalb: Abdeckung nicht vergessen!

A B D E F K M P S T V W Z

- ☐ **Entsprechen alle Dränagepumpen den technischen Vorgaben?**
  Da die Pumpen i. d. R. sehr störanfällig sind, muss ihre Funktionstüchtigkeit zu Beginn (Nachweisprotokoll) und in regelmäßigen Abständen kontrolliert werden. Ganz wichtig ist auch die richtige Pumpenlage (sogenannte Schwimmerhöhe). In der Praxis hat sich beim Ausfall der Pumpe ein akustisches Signal bewährt (Störmeldung).
  **Beachte:** Des Weiteren sind die Herstellerangaben für die Pumpen zu beachten.
- ☐ **Wurde die Rückstausicherung fachgerecht eingebaut?**
  Der Einbau einer Rückstausicherung ist in jedem Fall dringend anzuraten, da es gerade bei starken Regenfällen immer wieder zu kurzfristigem Rückstau im öffentlichen Kanal kommen kann. Ist kein Rückstauventil eingebaut, kann das Gebäude von außen mit Druckwasser belastet werden (Abdichtung).
  **Hinweis:** Rückstauverschlüsse müssen jährlich überprüft werden. Spätestens bei der Endabnahme ist dem Bauherrn dieser Sachverhalt mitzuteilen. Spätere Einwendungen des Bauherrn haben dann i. d. R. keine Auswirkung mehr.
  **Vorsicht:** Ohne Rückstausicherung gibt es oftmals keinen Versicherungsschutz.
- ☐ **Sind dem Bauherrn die Unterhaltsmodalitäten hinreichend erklärt worden?**
  Jede Dränanlage muss in einem regelmäßigen Abstand überprüft und gewartet werden. Bei der Dränanlage hat es sich bewährt, dass dies einmal im Jahr geschieht. Am besten erfolgt die Überprüfung durch eine entsprechende Fachfirma, die die Leitung notfalls auch mittels Rohrinspektionskamera befahren kann. Sollten sich Einschwemmungen von Feinteilen zeigen, so ist eine Spülung dringend anzuraten.
  **Beachte:** Der Bauherr ist auf den Umstand der ständigen Wartung einer Dränanlage hinzuweisen. Neben der Unterweisung in die gerätetechnische Anlage ist dem Auftraggeber eine komplette Dokumentation zu übergeben. Darüber hinaus ist der Nachweis der Funktionstüchtigkeit der Anlage vorzuweisen (gem. DIN 4095, Abschnitt 8.5).

# Elektroanlagen

Autoren: Uwe Morchutt, Christian Fichtl

## Geltungsbereich

Bei der Abnahme von Nieder- und Mittelspannungsanlagen bis 20 kV sind die Vorgaben der *DIN 18382 VOB Vergabe- und Vertragsordnung für Bauleistungen – Teil C: Allgemeine Technische Vertragsbedingungen für Bauleistungen (ATV) – Elektro-, Sicherheits- und Informationstechnische Anlagen* zu beachten.

Sie gilt auch für Beleuchtungsanlagen, Kommunikationsanlagen und Gefahrenmeldeanlagen, Sicherheitsanlagen und medientechnische Anlagen, jedoch nicht für Blitzschutzanlagen, die in der ATV DIN 18384 Blitzschutz-, Überspannungsschutz- und Erdungsanlagen beschrieben sind.

Ergänzend gilt die *ATV DIN 18299 Allgemeine Regelungen für Bauarbeiten jeder Art*, Abschnitte 1 bis 5. Kommt es zu Widersprüchen, gehen die Regelungen der ATV DIN 18382 vor.

## Abnahme in der Praxis

Machen Sie sich vor der Abnahme mit dem geforderten Leistungsumfang und den Ausführungsunterlagen (geprüftes und genehmigtes Elektroprojekt) vertraut, damit ein Soll-Ist-Vergleich möglich ist!

Prüfen Sie die Prüfprotokolle zum baulichen und elektrotechnischen Brandschutz.

Kontrollieren Sie die Revisions- und Bestandspläne.

**Hatte der Auftragnehmer vor Beginn der Arbeiten Bedenken wegen:**

☐ **Unstimmigkeiten in den Planunterlagen?**
☐ **fehlenden Aussparungen?**
☐ **unzureichendem Platz für elektrische Bauteile?**
☐ **Liegt die VDE-Bescheinigung des ausführenden Elektromonteurs (Elektrounternehmens) vor?**
Kontrollieren Sie die Bescheinigung.
☐ **Gibt es ein geprüftes Brandschutz-Zertifikat?**
Kontrollieren Sie alle Nachweise.
☐ **Liegt eine Bezugsliste für mögliche Nachbestellungen vor?**
Kontrollieren Sie die Liste auf Vollständigkeit! Dazu gehören u. a. die Bezugsquellen von Steckdosen, Schaltern, Leuchten, Leuchtbändern, Leuchtmitteln, Sicherungen etc.
☐ **Funktioniert die Anlage einwandfrei?**
Führen Sie Kontrollen, Begehungen, Funktionstests durch.
☐ **Ist die Anlage ausreichend abgesichert?**
☐ **Wie hoch ist der Auslastungsgrad?**
☐ **Gibt es Schwankungsreserven und ausreichend Reserve für Spitzenzeiten?**
☐ **Lässt sich die Anlage problemlos erweitern?**
☐ **Wo ist der Hauptschalter?**
Kontrolle und Funktionstest!
☐ **Funktionieren alle elektrisch betriebenen Anlagen?**
Kontrollieren Sie alle gespeisten Anlagen bzw. die Anlagentechnik, wie z. B.:
- Sprechanlagen
- Zugangskontrollsysteme
- Videoüberwachung
- Antennenanlage
- Alarmanlage
- EDV-Anlagen
- Telekommunikation

**Abnahmetipp:** Lassen Sie sich alle Messprotokolle vorlegen!
☐ **Sind alle elektrotechnischen Prüfungen abgeschlossen?**
Kontrolle und Überprüfung!
☐ **Sind die Inbetriebnahmen durch den Auftragnehmer durchgeführt und dokumentiert?**
Die Installationsprüfung nach DIN VDE 0100-600 ist eine Nebenleistung.
☐ **Stimmen alle Potenzialausgleiche im Gebäude?**
Messprotokolle, Funktionsprobe und Besichtigung!

☐ **Sind die Potenzialausgleiche angeschlossen?**
☐ **Wurden die Installationszonen eingehalten?**
☐ **Stimmen die Sicherungskreise mit der Planung überein?**
☐ **Sind alle Leitungen, Steckdosen, Verteilerkästen und Lichtschalter ordnungsgemäß installiert worden?**
Führen Sie Sichtkontrollen, Begehungen und Funktionsproben durch!
Prüfen Sie die VDE-GS-Zeichen!
☐ **Stimmt die Anzahl der Steckdosen, Schalter und Taster mit der Planung überein?**
☐ **Stimmt das eingebaute Fabrikat und die Qualität der Einbauteile mit den Auftragsunterlagen überein?**
☐ **Wurden die Steckdosen an der richtigen Stelle angebracht?**
☐ **Wurden die Steckdosen und Lichtschalter korrekt (z. B. gerade) eingesetzt?**
☐ **Gibt es irgendwelche Beschädigungen oder Verunreinigungen?**
☐ **Ist die Position der Lichtschalter in Bezug auf den Türanschlag richtig?**
☐ **Sind alle Lichtschalter leicht zugänglich und in der richtigen Höhe angebracht worden?**
Je nach Gebäudenutzung sind unterschiedliche Höhen der Bedienelemente wie Schalter und Taster, Türöffner und Klingeln vorzusehen. Bei behindertengerechten Bauten sind 85 cm Höhe einzuhalten!
☐ **Sind alle Kabelkanäle bzw. Kabeltrassen sauber gebündelt und verlegt worden (kein „Kabelsalat")?**
☐ **Stimmen alle Lichtquellen mit der Planung überein?**
Sichtkontrolle anhand der Plan- und Projektunterlagen. Begehung und Funktionsprobe!
☐ **Ist die Beleuchtung für den jeweiligen Zweck ausreichend (z. B. an Arbeitsplätzen)?**
Hier sind die Anzahl und die Beleuchtungsstärke gemeint.
☐ **Sind alle Beleuchtungskörper vorhanden und intakt?**
Überprüfen Sie auch die Leuchtstoffröhren!
☐ **Sind alle Leuchten richtig gekennzeichnet?**
☐ **Funktioniert die Treppenhausbeleuchtung?**
☐ **Sind die Rauchmelder in erforderlicher Anzahl in den geplanten Räumen installiert?**
☐ **Funktioniert die Notbeleuchtung?**
Kontrolle und Funktionsprobe!
☐ **Sind Flucht- und Rettungswege ausreichend beleuchtet?**

☐ **Stimmen die Richtungspfeile mit dem tatsächlichen Fluchtweg überein?**

☐ **Gibt es ein funktionierendes Notstromaggregat?**

☐ **Gibt es für die Sonderbereiche separate Potenzialausgleiche?**
Spezielle Arbeitsplätze benötigen gesonderte Sicherungsmaßnahmen, z. B. Arztpraxen und Operationsbereiche, Küchenbereiche, Technikbereiche.

☐ **Sind die Verteilerkästen und der Hauptsicherungskasten (Zählerraum) hinreichend beschriftet?**
Kontrolle und Funktionsprobe!

☐ **Sind die Zählerkästen leicht zugänglich und zertifiziert?**
Prüfplakette und Plombe beachten!

☐ **Funktionieren die Abschalt- und Alarmfunktionen?**

☐ **Sind Brandmeldeanlage (BMA) und Störmelder funktionstüchtig?**

☐ **Liegt ein Wartungsvertrag mit der Elektrofirma vor?**
Kontrollieren Sie den Vertrag (Prüfung der Unterschriften, Tag und Datum)!

☐ **Sind komplette Bestands- und Bedienungsunterlagen übergeben worden?**
Kontrollieren Sie die Unterlagen auf Vollständigkeit! Sämtliche Protokolle über die Bedienung und Einweisung in die Anlage (z. B. wer hat eingewiesen, wer wurde eingewiesen?) müssen spätestens zur Abnahme vorliegen! Die Dokumentation kann als Bestandsordner oder auch in geordneter digitaler Form erfolgen, jedoch müssen darin enthalten sein:
- Ausführungs-, Stromlauf- und Übersichtsschaltpläne mit allen Komponenten
  - Anlagen- bzw. Funktionsbeschreibungen
  - Datenpunkt-, Ersatzteil- und Stücklisten
  - Alle Mess- und Einweisungsprotokolle
  - Anschlusstabellen
  - Bauaufsichtliche Prüfzeugnisse
  - Errichtererklärung

☐ **Sind alle Teile der elektrischen Anlage vor Feuchtigkeit und Korrosion geschützt?**
Kontrollieren Sie alle Komponenten v. a. im Außenbereich, Dach und Untergeschoss!

A B D E F K M P S T V W Z

# Erdarbeiten

Autoren: Uwe Morchutt, Christian Fichtl

## Geltungsbereich

Bei der Abnahme von Erdarbeiten sind die Vorgaben der *DIN 18300 VOB Vergabe- und Vertragsordnung für Bauleistungen – Teil C: Allgemeine Technische Vertragsbedingungen für Bauleistungen (ATV) – Erdarbeiten* zu beachten.

Ergänzend gilt die *ATV DIN 18299 Allgemeine Regelungen für Bauarbeiten jeder Art*, Abschnitte 1 bis 5. Kommt es zu Widersprüchen, gehen die Regelungen der ATV DIN 18300 vor.

## Abnahme in der Praxis

Machen Sie sich vor der Abnahme mit dem geforderten Leistungsumfang und den Ausführungsunterlagen vertraut, damit ein Soll-Ist-Vergleich möglich ist!

**Beachte:** Die Leistung ist ordnungsgemäß nach Abschnitt 0 der DIN 18299 und der DIN 18300 auszuschreiben. Vom Auftraggeber sind in der Leistungsbeschreibung insbesondere die Bodenverhältnisse, der Baugrund und seine Tragfähigkeit sowie Ergebnisse von Bodenuntersuchungen anzugeben.

- ☐ **Wurde der Baubeginn schriftlich angezeigt?**
  Bevor mit den eigentlichen Bauarbeiten begonnen werden darf, muss der Baubeginn der zuständigen Bauaufsichtsbehörde schriftlich angezeigt werden. Das sollte mindestens zwei Wochen vor dem eigentlichen Startschuss erfolgen (Vorsicht: Baustopp!).
- ☐ **Wurden Schadstoffe gefunden?**
  Bei Schadstoffbelastungen (Kontaminationen) und komplizierten Abbrucharbeiten aus früherer Nutzung sowie Baum und Pflanzenbewuchs ist Vorsicht geboten. Darüber hinaus zahlt es sich aus, wenn alle Eigentümerrechte (Rechte Dritter!) vor Baubeginn geklärt werden.
  **Beachte:** Entsorgungsnachweise aller kontaminierten Stoffe!

☐ **Wie ist der Untergrund beschaffen?**

Boden und Fels werden nach ihrem Zustand vor dem Lösen in Homogenbereiche eingestuft. Die Einteilung erfolgt seit der Ausgabe August 2015 der DIN 18300 nicht mehr in die Bodenklassen 1 bis 7. Die Homogenbereiche sollen begrenzte Bereiche widerspiegeln, die für die einsetzbaren Erdbaugeräte vergleichbare Eigenschaften haben. Schadstoffe als umweltrelevante Inhaltsstoffe sind bei der Einteilung der Homogenbereiche ebenfalls zu berücksichtigen.

Grundsätzlich erfolgt eine Unterteilung in Boden und Fels. Für Boden sind zusätzlich folgende Eigenschaften und Kennwerte anzugeben, wobei auch Bandbreiten zu benennen sind:

- ortsübliche Bezeichnung
- Korngrößenverteilung nach DIN 18123
- Massenanteil an Steinen und Blöcken, der auf Grundlage von Aussortieren, Sieben, Messen und Wiegen ermittelt wurde und in Prozentzahlen anzugeben ist
- Dichte
- Scherfestigkeit
- Wassergehalt
- Plastizitätszahl
- Konsistenzzahl
- Lagerungsdichte
- organischer Anteil
- Bodengruppe

Bei Fels sind zusätzlich folgende Eigenschaften und Kennwerte, einschließlich deren möglicher Bandbreite, anzugeben:

- ortsübliche Bezeichnung
- Benennung nach DIN EN ISO 14689
- Dichte
- Verwitterung
- Veränderung und Veränderlichkeit
- einaxiale Druckfestigkeit
- Trennflächenrichtung und der Trennflächenabstand

Die Homogenbereiche der Böden beeinflussen die Erdbauarbeiten und deren Werdegang. Dies ist im Vorfeld (Baugrundgutachten!) genau zu prüfen. Geringfügige Vereinfachungen gelten nur für Baumaßnahmen der Geotechnischen Kategorie GK 1 nach DIN 4020.

A B D E F K M P S T V W Z

Auffüllungen oder Böden mit Fremdbestandteilen sind ebenfalls in Homogenbereiche mit entsprechenden Eigenschaften und Kennwerten einzuteilen.
Kommt es zu Abbruch- und Rückbauarbeiten (Fundamente), ist die ATV DIN 18459 zu beachten.

☐ **Entsprach der Homogenbereich der Leistungsbeschreibung?**

☐ **Wurden sonstige Stoffe, z. B. Recyclingstoffe, vorgefunden?**
Je nach angetroffener Beschaffenheit der Stoffe kann eine unterschiedliche Entsorgung und Lagerung (Zwischenlagerung) erforderlich sein (gem. Abfall- und Recyclinggesetz). Die Wiederverwertbarkeit von Bodenaushub sollte aus Kostengründen immer geprüft werden!

☐ **Was besagte das Baugrundgutachten?**
Niemals ohne Baugrundgutachten bauen! Erst das Baugrundgutachten gibt letzte Aufschlüsse über die tatsächliche Untergrundbeschaffenheit.

☐ **Wurden Leitungen, Kabel, Dränagen und Kanäle vorgefunden?**
Wenn ja, ist unter Umständen besondere Vorsicht bei den Erdaushubarbeiten (notfalls Handschachtung!) an den Tag zu legen.
**Achtung:** Gefahr von Kabelschäden, aber auch von Personenschäden. Elektroleitungen mit hoher Voltage sind freizuschalten.

☐ **Wurden Dränage- und Revisionsschächte gesichert?**

☐ **Ist die Trennung aller Grundleitungen erfolgt?**
**Achtung:** Baustopp!

☐ **Wurde der Schutz baulicher Anlagen sichergestellt?**
Bei einer Lückenbebauung sind unter Umständen gefährdete bauliche Anlagen (Nachbargebäude) zu schützen und zu sichern. Im Vorfeld sind klare Absprachen (schriftlich!) mit den jeweiligen Eigentümern zu treffen. Gegebenenfalls sind Unterfangen erforderlich.
Eine Beweissicherung durch fotografische Dokumentationen vor Beginn der Bauarbeiten erleichtert die nachträgliche Rekonstruktion von Ausgangszuständen.

☐ **Sind Gehwegübergänge oder unterbrochene Verkehrsanbindungen wiederhergestellt worden?**
Sichere Zugangsmöglichkeiten für Anwohner und Besucher sind zu kontrollieren und ggf. anzulegen.

☐ **Wurden Überfahrten (Baustraße, Baubeschilderung) gesichert und genehmigt?**

☐ **War die Lage aller Leitungen vor dem Beginn der Arbeiten bekannt?**
Wenn nicht, müssen diese umgehend über die jeweiligen Versorgungsträger erkundigt werden.
Gegebenenfalls müssen diese mit Markierungsbändern gesichert werden.

☐ **Wurden Anpflanzungen geschützt?**
In der Nähe von zu erhaltenden Bäumen, Pflanzenbeständen und Vegetationsflächen müssen Arbeiten mit gebotener Vorsicht durchgeführt werden. Gegebenenfalls sind Bäume, Pflanzenbestände und Vegetationsflächen zu schützen.

☐ **Wurden Grenzsteine und Ähnliches aufgefunden?**
Höhenfestpunkte und amtliche Markierungen dürfen nur mit Zustimmung des Auftraggebers beseitigt werden. Diese sind gegebenenfalls in Absprache mit dem Auftraggeber zu sichern.

☐ **Sind Entwässerungsmaßnahmen getroffen worden?**
Reichen die vereinbarten Maßnahmen für das Beseitigen von Grundwasser, Quellwasser, Sickerwasser u. Ä. nicht aus, so sind notwendige zusätzliche Maßnahmen gemeinsam mit dem Auftraggeber festzulegen.
**Beachte:** Diesbezügliche Veränderungen dürfen während der Bauausführung nur mit Zustimmung des Auftraggebers und der Behörden vorgenommen werden!
Wasser muss ungehindert abfließen können, damit keine Schäden verursacht werden.

☐ **Wurde der Mutterboden ordnungsgemäß abgetragen?**
Der Abtrag, die Lagerung und der Einbau des Oberbodens müssen immer getrennt von den anderen Bodenbewegungen vorgenommen werden.
**Beachte:** Kommt es zum Wiedereinbau des Mutterbodens, so sind die Grundsätze des Landschaftsbaus einzuhalten. Hierbei gilt: Der Oberboden darf nicht durch Beimengungen in seiner Qualität gemindert werden. Bindige Oberböden sind nur in weicher bis fester Konsistenz abzutragen bzw. aufzutragen.

☐ **Sind die Maße entsprechend der Leistungsbeschreibung eingehalten worden?**
Änderungen dürfen nur mit Zustimmung des Auftraggebers erfolgen.

**Beachte:** Neben der Böschungsneigung müssen nachfolgende Regeln beachtet werden:

- DIN 4124
- DIN EN 1610 für die Mindestgrabenbreite von Gräben für Abwasserleitungen und -kanälen

Abweichungen der Oberfläche von den Sollmaßen dürfen bei Böden an keiner Stelle mehr als 10 cm und bei Fels an keiner Stelle mehr als 50 cm betragen.

☐ **Wurde die Gründungssohle überprüft?**

Ungeeignete Bodenarten, wie z. B. Schlamm und Torf, sowie Hindernisse, wie Baumstümpfe, Baumwurzeln und Bauwerksreste (alte Fundamente), sind dem Auftraggeber mitzuteilen und zu entfernen.

**Hinweis:** Sind Vertiefungen in der Gründungssohle vorhanden, so sind diese aufzufüllen. Geeigneter Füllboden ist ordentlich zu verdichten, ggf. auch in Lagen, sodass er die Dichte des anstehenden Bodens erhält.

**Beachte:** Sickerwasser, Quellwasser und Rinnsale sind vor dem Überschütten zu fassen und abzuleiten. Notfalls gibt ein hydrologisches Gutachten wertvolle Einblicke.

Es sind sämtliche Unfallverhütungsvorschriften einzuhalten, wie z. B. erforderliche Absteifungen gegen Erddruck durch Verbau gem. DIN 18303.

☐ **Wurde der Füllboden sachgemäß verdichtet?**

Schüttgut muss ausnahmslos von Verunreinigungen freigehalten werden. Es muss lagenweise eingebaut und verdichtet werden.

**Beachte:** Sicher ist sicher: Den Nachweis des Verdichtungsgrads sollte man sich bei der Abnahme bestätigen lassen!

☐ **Wurden Dämme von außen zur Mitte hin verdichtet?**

Bindige Böden sind direkt nach dem Schütten zu verdichten. Sie dürfen niemals im aufgeweichten Zustand überschüttet werden!

☐ **Entsprach der Füllboden den Vorgaben?**

Der angelieferte Füllboden (Lieferscheine, Bautagebuch) muss den Vorgaben der Leistungsbeschreibung entsprechen, u. a. bezüglich:

- Homogenbereich
- Verdichtungsfähigkeit
- Sieblinie

A B D E F K M P S T V W Z

- ☐ **Liegt dem Auftraggeber der Eignungsnachweis über den verwendeten Boden vor?**
  Bei Abweichungen ist eine Bodenverbesserung (Stabilisierung) oder ein Bodenaustausch vorzunehmen.
- ☐ **Sind die Baugruben fachgerecht erstellt worden?**
  Die Ausbildung und Sicherung von Baugruben und Gräben muss gem. DIN 4124 erfolgen; für die Mindestgrabenbreite von Abwasserleitungen und -kanälen kommt die DIN EN 1610 in Ansatz. Die fertige Baugrubensohle und die Böschungen sind zu schützen (durch geeignete Abdeckungen).
- ☐ **Gab es einen separaten Schutz der Gründungssohle?**
  Sah die Leistungsbeschreibung den Schutz der Gründungssohle in Form einer Schutzschicht vor, so ist diese erst unmittelbar vor Herstellen des Grundwerks, z. B. Unterbeton, Fundament, zu entfernen.
  **Beachte:** Eine Auflockerung der Sohle ist in jedem Fall zu verhindern!
- ☐ **Wurde fachgerecht hinterfüllt?**
  Das Hinterfüllmaterial hat den Vorgaben zu entsprechen. Im Bereich von Leitungszonen für Abwasserleitungen und -kanäle sind die Anforderungen der DIN 1610 zu beachten.
  **Beachte:** Beim Hinterfüllen, Überschütten und Verdichten dürfen keine Schäden am Bauwerk (Abdichtung) entstehen. Hier ist der richtige Maschineneinsatz gefragt. Im Bereich von Leitungsgräben ist ein sorgfältiges Verfüllen und Verdichten vonnöten (Notfalls per Hand, Leitungsmarkierungen sind zu überprüfen).
- ☐ **Wurden Erdarbeiten bei Frost ausgeführt?**
  Nur in Ausnahmefällen sind gefrorene Böden zum Zwecke des Hinterfüllens und des Überschüttens von baulichen Anlagen zugelassen.
  **Beachte:** Gefrorene Schichten von Erdbauwerken, Hinterfüllungen und Überschüttungen dürfen nur überschüttet werden, wenn dadurch keinerlei Schäden zu erwarten sind.
- ☐ **Ist die Baugrube entsprechend gesichert worden?**
  Die Baugrube ist unbedingt vor Zutritt zu sichern. Ebenso muss eine Baustellenbeleuchtung installiert sein. Siehe auch: Verordnung über Sicherheit und Gesundheitsschutz auf Baustellen.

☐ **Wurden die Schutzmaßnahmen bei Erdarbeiten entlang von bestehenden Gebäuden beachtet?**
Die DIN 4123 Ausschachtungen, Gründungen und Unterfangungen im Bereich bestehender Gebäude gibt Schutzmaßnahmen für Erdarbeiten entlang von bestehenden Gebäuden an.

## Hinweis zu Nebenleistungen und Besonderen Leistungen

Es empfiehlt sich, bei der Abnahme des Gewerks eine komplette Auflistung der zusätzlichen Leistungen vorzulegen. Auch diese Leistungen sollten überprüft und abgenommen werden.

# Estricharbeiten

Autoren: Uwe Morchutt, Christian Fichtl

## Geltungsbereich

Bei der Abnahme von Estricharbeiten sind die Vorgaben der DIN 18353 *VOB Vergabe- und Vertragsordnung für Bauleistungen – Teil C: Allgemeine Technische Vertragsbedingungen für Bauleistungen (ATV) – Estricharbeiten* zu beachten. Ergänzend gilt die *ATV DIN 18299 Allgemeine Regelungen für Bauarbeiten jeder Art*, Abschnitte 1 bis 5. Kommt es zu Widersprüchen, gehen die Regelungen der ATV DIN 18353 vor.

Die ATV DIN 18353 ist für das Herstellen in nasser Bauweise anzuwenden. Sie **gilt nicht**

- für das Herstellen von Asphaltestrichen im Heißeinbau – ATV DIN 18354 Gussasphaltarbeiten,
- für das Herstellen von Fertigteilestrichen und Trockenunterböden – ATV DIN 18340 Trockenbauarbeiten.

## Abnahme in der Praxis

Machen Sie sich vor der Abnahme mit dem geforderten Leistungsumfang und den Ausführungsunterlagen vertraut, damit ein Soll-Ist-Vergleich möglich ist!

**Hatte der Auftragnehmer vor Beginn der Arbeiten Bedenken wegen:**

- ☐ **ungeeigneter Beschaffenheit bzw. ungenügender Tragfähigkeit des Untergrunds?**
- ☐ **fehlenden Höhenfestpunkten?**
- ☐ **zu geringer Höhe für den Einbau der Estrichkonstruktion?**
- ☐ **fehlender Abdichtung gegen Bodenfeuchte?**
- ☐ **Leitungen auf dem Rohboden ohne Höhenausgleich im Aufbau?**

- ☐ **Wurde die Einbautemperatur nach Vorgabe eingehalten?**
  Estriche dürfen nur ab einer Mindesttemperatur von +5 °C eingebaut werden, sofern das Bindemittel keine anderen Temperaturen erfordert bzw. zulässt. Auch Temperaturen über 30 °C können bei bestimmten Bindemitteln ungeeignet sein. Andernfalls sind besondere Maßnahmen zu ergreifen. Aber nicht nur die Witterung, auch das Raumklima oder Zugluft sind bei der Herstellung von Bedeutung. Sollten hierfür Leistungen erforderlich werden, so sind diese Besondere Leistungen.
  **Praxistipp:** Fügen Sie dem Abnahmeprotokoll eine Dokumentation der Einbaubedingungen mit Fotoaufnahmen und den klimatischen Verhältnissen im und außerhalb des Gebäudes hinzu.
- ☐ **Liegen die Abweichungen in den vorgeschriebenen Maßtoleranzen?**
  Alle Abweichungen müssen gemäß DIN 18202 in den Grenzen der zulässigen Maßtoleranzen liegen.
  **Hinweis:** Wurden an die Ebenheit erhöhte Anforderungen gegenüber der DIN 18202, Tabelle 3, Zeile 4, oder sonstige erhöhte Anforderungen an die Maßgenauigkeit, die über die Werte in den genannten Normen hinausgehen, gestellt, so sind die getroffenen Maßnahmen Besondere Leistungen.
  **Hinweis:** Höhenversätze bei Estrichen sind in der DIN 18202 nicht geregelt. Hierfür bedarf es gesonderter Vereinbarungen vor Ausführung der Estricharbeiten.
- ☐ **Sind die Estriche gleichmäßig dicht und ebenflächig ausgeführt worden?**
  Estriche sind immer, auch wenn sie im Gefälle ausgeführt werden, gleichmäßig dick und ebenflächig aufzutragen.
  **Beachte:** Bewegungsfugen des Bauwerks sind konstruktiv mit gleicher Bewegungsmöglichkeit zu übernehmen. Diese Fugen trennen den Estrich in der gesamten Dicke.
- ☐ **Stimmen die Einbaudicken und die Höhenlage?**
  Führen Sie eine Kontrolle (z. B. mit Wasserwaage oder Messkeil) laut Planungsvorgaben durch. Messen Sie an mehreren Stellen. Messen Sie zum Meterriss und bei Türschwellen, v. a. bei Belagwechseln.
- ☐ **Stimmt die Ebenheit?**
  Prüfen Sie mit Messlatte und Messkeil.
- ☐ **Wurden die Mindestdicken eingehalten?**
  Vergleichen Sie die Mindestdicken mit den Planungsvorgaben.

**Hinweis:** Die Estrichnenndicke ist bei schwimmenden, unbeheizten Estrichen mindestens nach den Tabellen 1 bis 4 der DIN 18560 zu bemessen.

☐ **Stimmt das Gefälle (z. B. in Nassräumen)?**
Die Estrichstärken sind zu überprüfen und das Gefälle sollte kontrolliert werden!

☐ **Ist das Gefälle zu den Bodeneinläufen eingehalten worden?**
Vorsicht, Kontergefälle!
Das Gefälle muss bereits in der Ausgleichsschicht vorhanden sein.

☐ **Sind alle Randstreifen korrekt ausgeführt worden?**
Verbundestriche sind durch Randstreifen umlaufend an allen Festpunkten, wie Wänden, Stützen, Türzargen, zu trennen. Die Randstreifen sollten Sie durchgehend kontrollieren. Eine geeignete Methode ist die Nagelprobe.
**Beachte:** Estriche auf Dämmschichten und Trennschichten müssen von hindurchführenden Bauteilen durch Randstreifen getrennt sein. Geschieht das nicht, entstehen zu hohe Zugspannungen, die unweigerlich zu Rissen führen.

☐ **Ist bei gefärbten Estrichen die Farbe gleichmäßig verteilt?**
Kommt es zum Einsatz von gefärbten Estrichen, so muss die Farbe gleichmäßig mit dem Mörtel vermischt sein, damit keine Farbschattierungen entstehen. Dies gilt
- bei einschichtigem Estrich in der ganzen Stärke (Dicke) des Estrichs,
- bei mehrschichtigem Estrich in der ganzen Dicke der Nutzschicht (Verschleißschicht).

☐ **Wurde der Estrich vor zu schnellem Austrocknen geschützt?**
Estriche müssen gegen zu schnelles und ungleichmäßiges Austrocknen geschützt werden, da sonst die Gefahr von wilder Rissbildung droht.

☐ **Sind ausreichend Fugen vorhanden und stimmt das Fugenbild?**
Überprüfen Sie die Scheinfugen. Kontrollieren Sie das Fugenbild (z. B. anhand des Fugenplans).

☐ **Stimmen die Fugenbreiten?**
Randfugen und Fugen an hindurchführenden Bauteilen müssen Bewegungen von mindestens 5 mm ermöglichen. Deshalb muss die Fugenbreite (Randstreifendicke) mindestens 8 mm betragen.

☐ **Ist die Oberflächenbeschaffenheit des Estrichs in Ordnung?**
Estriche müssen v a. kratz- und abriebfest sein.
**Abnahmetipp:** Führen Sie eine Nagel-Ritz-Probe durch. Hierzu muss jedoch der Zementestrich mindestens 14 Tage alt sein.

☐ **Sind Entmischungen bzw. Kiesnester zu sehen?**
Kommen Fließestriche zum Einsatz, so gelten die in den Normen der Reihe DIN 18560, Teile 1 bis 7, angegebenen Werte bei der Bestätigungsprüfung.

☐ **Liegen alle Qualitätsnachweise vor?**
Wie z. B.:
- Biegezugfestigkeitsklasse
- Tragfähigkeitsnachweise
- Zuschläge
- Beimischungen etc.

**Beachte:**

***Tabelle 1:*** *Mindestfestigkeitsklassen von Estrichmörteln nach DIN 18353, Tabelle 1 (Tabelle: C. Fichtl)*

| Estrichart | | Estriche auf Dämm- und Trennschichten | | Verbundestriche | |
|---|---|---|---|---|---|
| | | Nutzung mit Belag | Nutzung ohne Belag | Nutzung mit Belag | Nutzung ohne Belag |
| CAF | Calciumsulfatfließestrich | F4 | F5 | C20/F4 | C25/F5 |
| CA | Calciumsulfatestrich | F4 | F5 | C20/F4 | C25/F5 |
| SR | Kunstharzestrich | F7 | F7 | C40/F7 | C40/F7 |
| MA | Magnesiaestrich | F4 | F5 | C25/F4 | C25/F5 |
| CT | Zementestrich | F4 | F5 | C25/F4 | C25/F5 |

☐ **Liegen die Nachweise bei nicht genormten Dämmstoffen vor?**
Dämmstoffe, die in der Normenreihe DIN EN 13162 bis DIN EN 13171 nicht aufgeführt sind dürfen bei Estrichen verwendet werden, jedoch muss die Gebrauchstauglichkeit für gekörnte, geschäumte oder geblähte Stoffe nachgewiesen sein.

☐ **Ist der Estrich unter Fliesen fachgerecht ausgeführt worden?**
Anhydrit-, Magnesia- und Zementestriche auf Dämmstoffschichten sind zur planmäßigen Aufnahme von Stein- und keramischen Belägen mindestens 45 mm dick auszuführen, die Nenndicken nach DIN 18560-2 müssen entsprechend erhöht werden.

☐ **Wurde eine Bewehrung ausgeführt?**
Eine Bewehrung von Estrichen ist grundsätzlich nicht erforderlich, jedoch in besonderen Fällen zweckmäßig, dies betrifft auch beheizte Estriche auf Dämmschicht in Verbindung mit Fliesen und Platten aus Keramik, Naturwerkstein und Betonwerkstein.
**Beachte:** Betonstahlgitter müssen eine Maschenweite von 50 bis 70 mm und einen Stabdurchmesser von 2 mm besitzen.

☐ **Wurden die Forderungen an Heizestriche erfüllt?**
Heizestriche der Biegezugfestigkeitsklasse F4 sind mit einer Nenndicke von mindestens 45 mm (Bauart A1) auszuführen, bei Calciumsulfatfließestrichen sind 40 mm ausreichend. Befinden sich die Heizrohre im unteren Bereich des Estrichs, so muss diese Nenndicke über der Oberkante der Heizrohre eingehalten werden.

☐ **Wurde die Oberfläche von erdfeuchten und plastischen Estrichen abgerieben?**

☐ **Wurden ungeschliffene, nicht selbstverdichtende Estriche geglättet?**
Durch das Glätten wird eine Nachverdichtung erreicht, die für den weiteren Aufbau erforderlich sein kann.

☐ **Sind die Oberflächen von fertigen Estrichen mit gestalterischen Ansprüchen geschützt?**
Diese Estriche sind sofort mit einem Schutz der Oberfläche nach Fertigstellung auszustatten. Diese Schutzmaßnahmen sind Besondere Leistungen und sind mit dem Auftraggeber abzuklären. Es ist zu empfehlen diese Absprache auch zu dokumentieren, da der Schutz von der Nutzung des Raumes abhängt.

☐ **Stimmt die Dämmschicht beim Estrich?**
Trittschalldämmstoffe werden u. a. mit ihrer Lieferdicke und ihrer Dicke unter Belastung gekennzeichnet. Die Differenz wird dann als Zusammendrückbarkeit (DIN 18560; maximal 3 mm oder 5 mm in Abhängigkeit der Nutzlast) bezeichnet.
**Beachte:** Nicht genormte Dämmstoffe, wie z. B. gekörnte, geschäumte und geblähte Stoffe, dürfen nur zum Einsatz gelangen, wenn die Gebrauchstauglichkeit den bauaufsichtlichen Vorschriften entsprechend nachgewiesen ist.

☐ **Liegt der Schallschutznachweis vor?**
Ist der Schallschutz nach DIN 4109 eingehalten worden? Dieser gilt in horizontaler, vertikaler und diagonaler Richtung. Insbesondere ist bei Bädern auf den Trittschallschutz zu achten.
**Vorsicht:** Schallbrücken (Norm-Hammerwerk-Prüfung)!

☐ **Wurden die Vorgaben bei Kunstharzestrichen beachtet?**
Kunstharze müssen alkalibeständig sein.
**Beachte:** Kunstharzestriche sind mit Kunstharzen zuzüglich Zuschlägen mit einer Nenndicke von mindestens 5 mm auszuführen. Kunstharz-, Nutz- und Schutzschichten auf Estrichen und Beton sind allenfalls unter Zugabe von Zuschlägen in folgenden Mindestnenndicken auszuführen:
- Reaktionsharzversiegelung: mindestens 0,1 mm
- Reaktionsharzbeschichtung: mindestens 0,5 mm
- Reaktionsharzbeläge: mindestens 2,0 mm

**Hinweis:** Bei Fußbodenheizungen ist auf den korrekten Fußbodenaufbau zu achten. Tauwasser/Kondensat (fehlende Wärmedämmung) zerstört die Heizkontakte.

### Abnahme von Terrazzoböden

☐ **Wurden Terrazzoböden fachgerecht ausgeführt?**
Terrazzoböden müssen grundsätzlich zweischichtig hergestellt werden, wobei die Vorsatzschicht mindestens 15 mm zu betragen hat. Terrazzoböden im Verbund dürfen bei Dicken von 15 bis 30 mm auch einschichtig hergestellt werden.
**Beachte:** Als Zuschlag für geschliffene Terrazzoböden sind schleif- und polierfähige Körnungen gleicher Härte zu verwenden.

☐ **Wurden bei einem tragenden Untergrund die Vorgaben beachtet?**
Kommen Terrazzoböden, die im Verbund mit dem tragenden Untergrund hergestellt werden, zur Anwendung, so müssen diese in Festigkeit und Schleifverschleiß der *DIN V 18500*

*Betonwerkstein – Begriffe, Anforderungen, Prüfung, Überwachung* entsprechen.

**Beachte:**

1. Für Terrazzoböden als schwimmender Estrich (auf Dämmschicht oder Trennschicht) gelten die Festlegungen für Zementestrich gem. DIN 18560-2.
2. Der Schleifverschleiß von Terrazzoböden ist nach DIN V 18500 einzuhalten.
3. Terrazzoböden sind nach ausreichender Erhärtung zu schleifen, zu spachteln und fein zu schleifen, sodass das Größtkorn voll sichtbar wird.

## Hinweis zu Nebenleistungen und Besonderen Leistungen

Es empfiehlt sich, bei der Abnahme des Gewerks eine komplette Auflistung der zusätzlichen Leistungen vorzulegen. Auch diese Leistungen sollten überprüft und abgenommen werden.

# Fliesen- und Plattenarbeiten

Autoren: Uwe Morchutt, Christian Fichtl

## Geltungsbereich

Bei der Abnahme von Fliesen- und Plattenarbeiten sind die Vorgaben der *DIN 18352 VOB Vergabe- und Vertragsordnung für Bauleistungen – Teil C: Allgemeine Technische Vertragsbedingungen für Bauleistungen (ATV) – Fliesen- und Plattenarbeiten* zu beachten. Ergänzend gilt die *ATV DIN 18299 Allgemeine Regelungen für Bauarbeiten jeder Art*, Abschnitte 1 bis 5. Kommt es zu Widersprüchen, gehen die Regelungen der ATV DIN 18352 vor.

Die ATV DIN 18352 gilt für das Ansetzen und Verlegen von keramischen Fliesen, Platten und Mosaik sowie Fliesen, Platten und Mosaik aus Glas.

Die ATV DIN 18352 **gilt nicht** für das Ansetzen und Verlegen von

- Fliesen und Platten aus Naturwerksteinen – ATV DIN 18332 Naturwerksteinarbeiten
- Platten aus Betonwerkstein – ATV DIN 18333 Betonwerksteinarbeiten

## Abnahme in der Praxis

Machen Sie sich vor der Abnahme mit dem geforderten Leistungsumfang und den Ausführungsunterlagen vertraut, damit ein Soll-Ist-Vergleich möglich ist!

**Hatte der Auftragnehmer vor Beginn der Arbeiten Bedenken wegen:**

- ☐ **ungeeigneter Beschaffenheit bzw. ungenügender Tragfähigkeit des Untergrunds?**
- ☐ **fehlender Höhenfestpunkte?**

☐ **der Oberfläche der Fliesen, wenn ein rückstandsfreies Entfernen der eingeschlämmten Fugenmasse dies nicht zulässt?**

☐ **Wurde die Einbautemperatur nach Vorgabe eingehalten?**
Fliesen- und Plattenarbeiten dürfen nur ab einer Mindesttemperatur von +5 °C eingebaut werden. Andernfalls sind besondere Maßnahmen zu ergreifen. Aber nicht nur die Witterung, auch das Raumklima oder Zugluft sind bei der Herstellung von Bedeutung. Sollten hierfür Leistungen erforderlich werden, so sind diese Besondere Leistungen.
**Praxistipp:** Fügen Sie dem Abnahmeprotokoll eine Dokumentation der Einbaubedingungen mit Fotoaufnahmen und den klimatischen Verhältnissen inner- und außerhalb des Gebäudes hinzu.

☐ **Liegen vorhandene Abweichungen in den vorgeschriebenen Maßtoleranzen?**
Alle Abweichungen müssen gemäß DIN 18202 in den Grenzen der zulässigen Maßtoleranzen liegen.
**Hinweis:** Wurden an die Ebenheit erhöhte Anforderungen gegenüber der DIN 18202, Tabelle 3 oder sonstige erhöhte Anforderungen an die Maßgenauigkeit, die über die Werte in den genannten Normen hinausgehen, gestellt, so sind die getroffenen Maßnahmen Besondere Leistungen.

☐ **Wurden die Vorarbeiten abgeschlossen?**
Fliesen, Platten und Mosaike sind erst dann zu verlegen, wenn die Fenster- und Türzargen, die Anschlagsschienen, die Installationen (Elektro-, Sanitär- und Heizungsinstallationen) und die Putzarbeiten abgeschlossen sind. Sichtkontrolle!

☐ **Ist die Belegreife überprüft worden?**
Das Prüfprotokoll der Belegreife sollte kontrolliert werden, z. B. CM-Messung.

☐ **Stimmt das Gefälle zu den Einläufen?**
Sichtkontrolle v. a. in Nassräumen durchführen.

☐ **Sind alle geplanten Einläufe vorhanden?**
Sichtkontrolle v. a. in Nassräumen durchführen.

☐ **Sind die Einläufe sauber verfliest?**
Wurde an die Einläufe sauber angearbeitet? Sind die Fugen nicht zu groß? Ist das Gefälle korrekt?
**Abnahmetipp:** Führen Sie eine Wasser-Funktionsprobe durch.

☐ **Sind die Abdecksiebe in den Einläufen vorhanden?**
Sichtkontrolle durchführen! Vorsicht, bei fehlenden Sieben verstopft der Abfluss.

☐ **Passt die Materialqualität?**
Stimmen die Fliesen mit den Vorgaben überein?
**Abnahmetipps:**
- Führen Sie eine Sichtkontrolle durch und kontrollieren Sie Herstellerangaben, Lieferscheine, Zertifikate.
- Überprüfen Sie die Rutschfestigkeit, Abriebklasse, Prüfsiegel für Fliesengüte.
- Übergabe der Pflege- und Wartungsanleitungen gem. Herstellerangaben

☐ **Liegt ein Aufheizprotokoll vor?**
Bei einer Fußbodenheizung muss das Aufheizprotokoll vorliegen.

☐ **Stimmt die Verlegequalität der Bodenfliesen?**
Fliesen, Platten und Mosaik müssen senkrecht, fluchtrecht und waagerecht oder mit dem vorgegebenen Gefälle unter Berücksichtigung des ermittelten Höhenbezugspunkts verlegt werden. Kontrollieren Sie alle Fliesenflächen auf:
- Farbmuster
- Farbstruktur
- Oberflächenstruktur
- Beschädigungen
- Abplatzungen
- Risse
- Zustand der Glasur
- Kantenbruch
- Verschmutzung der Fliesen durch Abdichtungs- und Fugenmasse
- Saubere Fliesentrennungen
- Kantenschutz

☐ **Wurden Dämmstoffe richtig verlegt?**
**Beachte:** Dämmstoffe sind dicht gestoßen und im Verband einzubauen.

☐ **Wurden vor den Arbeiten Musterflächen angelegt?**
Vergleichen Sie die Musterflächen mit den verlegten Flächen

A B D E K M P S T V W Z

☐ **Ist die Qualität der Wandfliesen in Ordnung?**
Führen Sie Sichtproben und Kontrollmessungen durch:
- Sockelstreifen gemäß Vorgabe?
- Stimmt die Sockelfläche bzw. Sockelhöhe? (Fliesenspiegel)
- Saubere Übergänge?
- Sauberes Fugenbild?
- Saubere Anschlüsse?
- Sauberer Übergang zu den Bodenfliesen?
- Sind die Randfugen fachgerecht ausgebildet und verschlossen?

☐ **Ist die Bodenrandfuge frei umlaufend?**
Sichtprobe durchführen!

☐ **Ist die Fuge dauerelastisch ausgebildet?**
Die Bodenrandfuge muss eine umlaufende Randfreiheit haben, wobei der Fugenverschluss elastisch auszubilden ist. Die Vergussmasse ist in diesem Bereich großen Belastungen ausgesetzt. Bei unsachgemäßer Ausbildung kommt es deshalb schnell zu Schäden an diesen Fugen.

☐ **Entspricht das Fugenbild dem Fugenplan?**
Vergleichen Sie die Ausführung mit dem Fugenplan und führen Sie Sichtkontrollen und Kontrollmessungen durch. Überprüfen Sie:
- Fugenbreite
- Fugenfarbe
- Fugenverschluss
- Randbereiche
- Übergänge
- Anschlüsse
- Randeinfassungen
- Randfugen

**Beachte:** Im Bereich von Armaturen u. Ä. (Auslässen) muss sauber angearbeitet werden (Einsatz von Rosettenabdeckungen – Feuchteschäden).
Kitte, vorgemischte hydraulisch abbindende Fugenmörtel sowie Fugenmörtel auf Reaktionsharzbasis und Fugendichtungsmassen gem. DIN 18540 dürfen die Oberflächen des Belags nicht beeinträchtigen.

☐ **Wurden die Mörtelbettstärken eingehalten?**
Bei Bekleidungen oder Belägen, die im Dickbett zu verlegen sind, müssen nachfolgende Mörtelbettdicken exakt eingehalten werden:

- Bei Wandbekleidungen: 15 mm
- Bei Bodenbelägen: 20 mm
- Bei Bodenbelägen auf Trennschicht innen: 30 mm
- Bei Bodenbelägen auf Trennschicht außen: 50 mm
- Bei Bodenbelägen auf Dämmschicht innen: 45 mm
- Bei Bodenbelägen auf Dämmschicht außen: 50 mm

☐ **Welcher Zement kam zur Anwendung?**
Bei keramischen Fliesen und Platten ist als Bindemittel Zement vorzusehen nach DIN 1164-10 und DIN EN 197-1.

☐ **Wurde im Dünnbettverfahren fachgerecht verlegt?**
Für das Verlegen im Dünnbett gelten prinzipiell:
- *DIN 18157-1 Ausführung von Bekleidungen und Belägen im Dünnbettverfahren – Hydraulisch erhärtender Dünnbettmörtel*
- *DIN 18157-2 Ausführung von Bekleidungen und Belägen im Dünnbettverfahren – Dispersionsklebstoffe*
- *DIN 18157-3 Ausführung von Bekleidungen und Belägen im Dünnbettverfahren – Reaktionsharzklebstoffe*

☐ **Wurden die Unterkonstruktionen fachgerecht ausgeführt?**
Bei Verwendung von klein- und großformatigen Fliesen und Platten, die nicht mit Mörtel oder Klebstoffen, sondern anderweitig befestigt werden, sowie bei Herstellung spezifischer Unterkonstruktionen, z. B. aus Holz und Metall, müssen die Verarbeitungshinweise der Hersteller beachtet werden!

☐ **Sind alle Fugen korrekt ausgeführt worden?**
Je nach Fliesenart, Format und Materialtoleranz können unterschiedliche Fugenbreiten erforderlich sein. Aus technischer Sicht wird eine Fugenbreite von 2 bis 8 mm gefordert. Die Verfugung erfolgt, wenn nichts anderes vereinbart ist, durch Einschlämmen einer grauen, hydraulisch abbindenden Fugmasse.

☐ **Liegen die Höhenversätze in den zulässigen Toleranzen?**
Zur Beurteilung von Fliesen und deren Höhenversätze untereinander gilt das Merkblatt des Zentralverbandes des deutschen Baugewerbes *„Höhendifferenzen in Keramischen-, Betonwerkstein- und Naturwerkbekleidungen und Belägen"*. Hier wird unterschieden zum einen in eine handwerkliche Maßtoleranz, die bei 1 mm liegt, hinzu kommt zum anderen eine stoffliche Maßtoleranz, die in den herstellungsbedingten Unterschieden bei der Fliesenherstellung zu suchen ist. Das heißt, in Abhängigkeit der jeweiligen Fliesen- bzw. Plattengröße und dem Material, insbesondere dessen Oberfläche, sind unterschiedliche Höhenversätze bei Fliesen zulässig.

- ☐ **Wurden die Bewegungsfugen im Dünnbettverfahren richtig ausgeführt?**
  Bewegungsfugen, wie z. B. Gebäudetrennfugen, Feldbegrenzungsfugen, Rand- und Anschlussfugen, sind beim Ansetzen und Verlegen im Dünnbettverfahren entsprechend den
  - DIN 18157-1,
  - DIN 18157-2 und
  - DIN 18157-3

  sowie bei Fassadenbekleidungen entsprechend den
  - DIN 18515-1 und
  - DIN 18515-2

  anzuordnen und anschließend mit Fugendichtungsmassen oder Profilen exakt zu schließen.
  **Beachte:** Bewegungsfugen im Dickbettverfahren sind ebenfalls mit Fugendichtungsmassen bzw. Profilen zu schließen.
- ☐ **Wurden die Gebäudetrennfugen richtig ausgeführt?**
  Gebäudetrennfugen müssen an gleicher Stelle und in ausreichender Breite durchgehend hergestellt sein.
- ☐ **Wurde die Reinigung richtig ausgeführt?**
  Beläge sind nach Herstellung so zu reinigen, dass danach die Unterhaltsreinigung durchgeführt werden kann. Bei glasierten Belägen reicht eine Reinigung mit klarem Wasser aus. Unglasierte und strukturierte Beläge benötigen einen sauren Reiniger.
  **Beachte:** Wenn Verschmutzungen aus kunststoffmodifiziertem Fugenmörtel mechanisch entfernt werden müssen, stellt dies eine Besondere Leistung dar!

# Hinweis zu Nebenleistungen und Besonderen Leistungen

Es empfiehlt sich, bei der Abnahme des Gewerks eine komplette Auflistung der zusätzlichen Leistungen vorzulegen. Auch diese Leistungen sollten überprüft und abgenommen werden.

# Klempnerarbeiten

Autoren: Uwe Morchutt, Christian Fichtl

## Geltungsbereich

Bei der Abnahme von Klempnerarbeiten sind die Vorgaben der *DIN 18339 VOB Vergabe- und Vertragsordnung für Bauleistungen – Teil C: Allgemeine Technische Vertragsbedingungen für Bauleistungen (ATV) – Klempnerarbeiten* zu beachten.

Die ATV DIN 18339 gilt für das Ausführen von Metalldächern, von Metall-Wandbekleidungen mit am Bau zu falzenden Metallbauteilen und von Bauklempnerarbeiten. Sie gilt aber nicht für:

- Deckungen mit genormten Well- und Pfannenblechen – ATV DIN 18338 Dachdeckungs- und Dachabdichtungsarbeiten
- Fassaden und Bekleidungen mit Metallbauteilen – ATV DIN 18360 Metallarbeiten
- Blecharbeiten bei Dämmarbeiten – ATV DIN 18421 Dämmarbeiten an technischen Anlagen
- Hinterlüftete Außenwandbekleidungen mit Unterkonstruktionen – ATV DIN 18351 Vorgehängte hinterlüftete Fassaden

Ergänzend gilt die *ATV DIN 18299 Allgemeine Regelungen für Bauarbeiten jeder Art*, Abschnitte 1 bis 5. Kommt es zu Widersprüchen, gehen die Regelungen der ATV DIN 18339 vor.

## Abnahme in der Praxis

Machen Sie sich vor der Abnahme mit dem geforderten Leistungsumfang und den Ausführungsunterlagen vertraut, damit ein Soll-Ist-Vergleich möglich ist!

**Hatte der Auftragnehmer vor Beginn der Arbeiten Bedenken wegen:**

☐ **ungeeigneter Beschaffenheit bzw. ungenügender Tragfähigkeit des Untergrunds?**

- ☐ **ungenügender Schalungsdicken, zu scharfer Schalungskanten und Grate, Unebenheiten, fehlender Abrundungen an Ecken und Kanten?**
- ☐ **fehlender oder ungeeigneter Befestigungsmöglichkeiten an Anschlüssen, Aussparungen?**
- ☐ **fehlender Be- und Entlüftungen?**
- ☐ **ungeeigneter Art und Lage von Durchdringungen, Entwässerungen, Anschlüssen, Schwellen?**
- ☐ **fehlender oder ungenügender Bewegungsmöglichkeiten?**
- ☐ **fehlender Sättel an Dachdurchdringungen?**
- ☐ **zu großer Achsabstände?**
- ☐ **fehlender Höhenfestpunkte?**
- ☐ **Gab es witterungsbedingte Einflüsse zu beachten?**

  Vorsicht bei folgenden Witterungsbedingungen:
  - Temperaturen unter 5 °C, Feuchtigkeit und Nässe, Schnee, Eis und scharfer Wind
  - Metalltemperaturen unter 10 °C

  Generell dürfen bei diesen Bedingungen keine Klebearbeiten durchgeführt werden (Qualitätssicherung).
- ☐ **Liegen vorhandene Abweichungen in den vorgeschriebenen Maßtoleranzen?**

  Alle Abweichungen müssen gem. DIN 18202 in den Grenzen der zulässigen Maßtoleranzen liegen.

  **Hinweis:** Wurden an die Ebenheit erhöhte Anforderungen gegenüber der DIN 18202, Tabelle 3, Zeile 1 oder 5, oder sonstige erhöhte Anforderungen an die Maßgenauigkeit, die über die Werte in den genannten Normen hinausgehen, gestellt, so sind die getroffenen Maßnahmen Besondere Leistungen.
- ☐ **Wurden die grundsätzlichen Vorgaben beim Einbau von Metallen beachtet?**

  Metalle sind gegen schädliche Einflüsse angrenzender Stoffe zu schützen, z. B. durch Trennschichten.
- ☐ **Können sich alle Teile bei Temperaturschwankungen bewegen?**

  Hierbei ist von einer Temperaturdifferenz von 100 Kelvin (Bereich zwischen –20 bis 80 °C) auszugehen. Dementsprechend sind die Abstände der Bewegungsausgleicher je nach Fall auszuwählen (siehe DIN 18339, Tabelle 1).

  **Beachte:** Bei allen Bauteilen aus Metall sind die Dilatationswerte zu beachten. Die Einhaltung und Überprüfung laut Projekt ist unbedingt erforderlich.

Kontrollieren Sie dies anhand der Planungsunterlagen und prüfen Sie die Materialbeschaffenheit. Stimmt der Dilatationsausgleich? Dies kann mit einem Dilatometer (Messung der Ausdehnung bei Erwärmung) gemessen werden. Kontrolle laut Herstellerangaben.

☐ **Sind die Windkräfte beachtet worden?**
Alle Teile, die dem Wind ausgesetzt sind, sind gegen Abheben und Beschädigung durch Windkräfte zu schützen. Für die Verbindungsteile, wie Hafte, Nägel und Schrauben, gelten die Anforderungen der Tabelle 2 der DIN 18339. Zum Beispiel muss eine Eindeckung aus Titanzink mit Haften aus nichtrostendem oder verzinktem Stahl mit je zwei gerauten Nägeln mit mindestens 2,8 mm Durchmesser und 25 mm Länge oder mit je zwei Senkkopfschrauben mit 4 mm Durchmesser und 25 mm Länge aus verzinktem oder nichtrostendem Material je Haft befestigt werden. Hafte aus Titanzink sind nicht mehr zulässig.
**Abnahmetipp:** Kontrollieren Sie die Befestigungen laut Planungsunterlagen und fordern Sie ggf. Befestigungsnachweise.

☐ **Wurden die Halter für Dachrandeinfassungen richtig eingebaut?**
Halter für die Dachrandeinfassungen oder für Verwahrungen im Deckbereich sind bündig einzulassen. Die Verschraubung erfolgt versenkt.

☐ **Sind höher geführte Bauwerksteile regensicher ausgebildet worden?**
Je nach Dachneigung müssen die Anschlüsse an höher geführte Bauwerksteile über die Oberseite des Dachbelags geführt und dort regensicher verwahrt werden, und zwar bei
- einer Dachneigung bis 5° (8,8 %): mindestens 150 mm bzw.
- einer Dachneigung über 5°: mindestens 100 mm.

Bei geklebten Metallanschlüssen müssen die Klebeflächen mindestens eine Breite von 120 mm erfüllen. Bei Längen über 3 m ist die Befestigung indirekt zu realisieren.

☐ **Wurden die verklebten Verbindungen wasserdicht ausgeführt?**
Alle Verbindungen sind auf Wasserdichtigkeit zu prüfen! Nachweise einsehen!

☐ **Stimmen die Materialstärken bei den Dachrandabschlüssen?**
Zinkbleche haben mindestens 0,8 mm, Kupferbleche mindestens 0,6 mm dick zu sein (DIN 18339). Messen Sie die Blechdicke (Nanometer).

☐ **Sind die Dachrinnen ausreichend dimensioniert?**
Der Wasseranfall ist jeweils abhängig von der Größe der Dachfläche. Überprüfen Sie dies anhand der Planungsunterlagen.

☐ **Entspricht der Abstand der einzelnen Rinnenhalter den Planvorgaben?**
Sichtprobe durchführen! Gegebenenfalls nachmessen!

☐ **Stimmt die Dimension der Regenfallrohre?**
Überprüfen Sie dies anhand der Planungsunterlagen. Die Dimensionierung orientiert sich am jeweiligen Wasseranfall/Dachfläche (DIN EN 12056-3).

☐ **Ist ein Standrohr vorhanden?**
Das Material des Standrohrs muss für diese Verwendung zugelassen sein.

☐ **Wird das Wasser vom Gebäude weggeführt?**

☐ **Ist das Fallrohr an der Außenwand richtig befestigt?**

☐ **Kann das Wasser ungehindert abfließen?**
Führen Sie Sicht- und Funktionskontrollen durch.

☐ **Gibt es Verstopfungen durch das Baugeschehen?**
Defekte Fallrohre verursachen Feuchteschäden an der Wandkonstruktion (Gefahr von Durchfeuchtung der Außenwand).
**Hinweis:** Mahnen Sie die Unterweisung in die Wartung und Pflege der Dachentwässerung an. Weisen Sie auf die Verstopfungsgefahr durch Laub und Verschmutzung sowie auf Frostschäden und Eisplatten im Winter hin.

☐ **Wurde das Gefälle der Dachrinne eingehalten?**
Dachrinnen können mit oder ohne Gefälle ausgeführt werden. Eine Dachrinne mit einem Gefälle unter 3 mm/m gilt nach DIN 12056-3 als gefällelos. Je größer das Gefälle, desto geringer die Verschmutzungsgefahr. Kontrolle laut Planungsunterlagen!

☐ **Sind alle Kappleisten korrekt ausgeführt worden?**
Kontrolle laut Planungsunterlagen! Überprüfen Sie die Festigkeit.

☐ **Stimmt die Anschlusshöhe an der Wand?**
Laut den Fachregeln des Dachdeckerhandwerks und der *DIN 18531 Abdichtung von Dächern sowie Balkonen, Loggien und Laubengängen* hat diese sowohl bei genutzten wie auch bei nicht genutzten Dächern mindestens 150 mm zu betragen. Sichtkontrolle durchführen und nachmessen! Es ist ab Oberkante Belag zu messen.

☐ **Ist der Anpressdruck bei Verschraubung ausreichend?**
Überprüfen Sie Nachweise, Herstellernachweis, Materialbeschaffenheit, Materialkennwerte bezüglich Anpressdruck, Schraubenqualität und Scherkräfte.

☐ **Sind die Anschlusshöhen an Fenstern und Türen ausreichend bemessen worden?**
Kontrollieren Sie die Kappleisten im Bereich der Fenster und Türen! Sichtkontrolle durchführen und nachmessen! Mindestmaß: 50 mm.

☐ **Stimmt die Ausführung der Fensterbänke aus Blech?**
Die Kontrolle der Blechverkleidungen auf den Fensterbänken sollte sich auf folgende drei Punkte konzentrieren:
- Abstand der vorderen Abkantung zum Bauwerk hin
- Schlagregensicherheit
- Hinterläufigkeit

☐ **Sind Scharbleche zum Schutz der Fassade angebracht worden?**
Ein Scharblech (Einlaufblech oder Traufblech) ist ein als Übergangsstück zwischen Dachdeckung und Dachrinne angeordneter Blechstreifen, der i. d. R. auf der Traufbohle befestigt ist und in die Dachrinne hineinragt. Es dient bei geringen Dachüberständen dem Schutz der Fassade und des Dachfußes. Kontrollieren Sie die Scharbleche! Falls der Abstand zwischen First und Traufe größer ist als die zulässige Scharenlänge, so bedarf es eines Bewegungsausgleichs (siehe Tabelle 3, DIN 18339).
**Beachte:** Bei durchlüfteten Dächern dürfen durch die Ausführung der Metalldeckung die Lüftungsquerschnitte in keiner Weise beeinträchtigt werden.

☐ **Wurden die Kehlen richtig ausgeführt?**
Kehlen aus Metall sind auf beiden Seiten mit einem Wasserfalz auszuführen, wobei sie vollflächig aufzuliegen haben. Kommen ungelötete Überdeckungen zur Anwendung, so müssen sie mindestens 100 mm betragen. Bei Kehlneigungen unter 15° sind Überdeckungen wasserdicht herzustellen.

☐ **Stimmen die jeweiligen Blechdicken überein?**
Kontrollieren Sie die Blechstärken (Nanometer). Die entsprechende Blechdicke bestimmt sich in Abhängigkeit von
- der Größe,
- der Zuschnittsbreite,
- der Formgebung,
- der Befestigung,
- der Unterkonstruktion sowie
- des verwendeten Werksstoffs.

☐ **Sind die Mindestdicken bei den Dachrändern eingehalten worden?**
Die Mindestdicken für gekantete Dachrandabschlüsse, Mauerabdeckungen und Anschlüsse sind der DIN 18339, Tabelle 10 zu entnehmen. Sie sind mit korrosionsgeschützten Befestigungselementen verdeckt anzubringen.

***Tabelle 1:*** *Mindestwerkstoffdicken von Anschlüssen und Abdeckungen nach DIN 18339, Tabelle 10 (Tabelle: Morchutt/Fichtl)*

| Werkstoffe | Mindestdicke | | |
|---|---|---|---|
| | Dachrandabschlüsse, Mauerabdeckungen | nicht selbsttragende Anschlüsse und Abdeckungen | Anschlüsse |
| Aluminium | 1,0 mm | 0,7 mm | 0,7 mm |
| Kupfer (halbhart) | 1,0 mm | 0,6 mm | 0,7 mm |
| verzinkter Stahl | 0,8 mm | 0,6 mm | 0,7 mm |
| Titanzink | 1,0 mm | 0,7 mm | 0,7 mm |
| nicht rostender Stahl | 0,8 mm | 0,4 mm | 0,7 mm |

**Beachte:** Die Mindestdicke für Strangpressprofile beträgt 1,5 mm.

☐ **Wurden die Längsfälze zusätzlich abgedichtet?**
Bei Dachneigungen unter 7° (12,3 %) sind die Längsfälze von Metall-Dachdeckungen zusätzlich abzudichten.

☐ **Stimmt die Mindestdachneigung?**
Bei Titanzink muss die Dachneigung mindestens 3° (5,2 %) betragen, bei Dachneigungen bis 15° (26,8 %) sind Trennlagen mit Dränagefunktion wie Gewirrebahnen zu verwenden.
**Beachte:** Alle Ecken sind regensicher auszuführen.

- ☐ **Wurden die Stehfalze fachgerecht ausgeführt?**
  Bei Falzdächern müssen senkrecht zur Traufe doppelte Stehfalze von mindestens 23 mm Höhe ausgeführt werden.
- ☐ **Passen die Dachüberstände?**
  Prüfen Sie die seitlichen Dachüberstände anhand der Planungsunterlagen.
- ☐ **Wurden die Abdeckungen fachgerecht ausgeführt?**
  Abdeckungen sind mit einer Tropfkante (mindestens 20 mm) zu versehen. Dachrinnenhalter müssen in die Schalung bündig eingelassen werden. Kommen aufgesetzte Kappleisten zum Einsatz, so müssen sie mindestens alle 250 mm (Wandanschlussschienen mindestens alle 200 mm) befestigt werden.

## Hinweis zu Nebenleistungen und Besonderen Leistungen

Es empfiehlt sich, bei der Abnahme des Gewerks eine komplette Auflistung der zusätzlichen Leistungen vorzulegen. Auch diese Leistungen sollten überprüft und abgenommen werden.

# Maler- und Lackierarbeiten

Autoren: Uwe Morchutt, Christian Fichtl

## Geltungsbereich

Bei der Abnahme von Maler- und Lackierarbeiten und Beschichtungen sind die Vorgaben der *DIN 18363 VOB Vergabe- und Vertragsordnung für Bauleistungen – Teil C: Allgemeine Technische Vertragsbedingungen für Bauleistungen (ATV) – Maler- und Lackierarbeiten – Beschichtungen* zu beachten. Ergänzend gilt die *ATV DIN 18299 Allgemeine Regelungen für Bauarbeiten jeder Art*, Abschnitte 1 bis 5. Kommt es zu Widersprüchen, gehen die Regelungen der ATV DIN 18363 vor.

Die ATV DIN 18363 gilt für das Beschichten mit Lacken, Anstrichstoffen und anderen Beschichtungsstoffen. Sie gilt allerdings nicht für:

- Beschichten und thermisches Spritzen von Metallen an Konstruktionen aus Stahl bzw. Aluminium, die einer Festigkeitsberechnung oder baulichen Zulassung bedürfen – ATV DIN 18364 Korrosionsschutzarbeiten an Stahlbauten
- Beizen und Polieren von Holzteilen – ATV DIN 18355 Tischlerarbeiten
- Versiegeln von Parkett und Holzpflaster – ATV DIN 18356 Parkett- und Holzpflasterarbeiten
- Wärmedämm-Verbundsysteme – ATV DIN 18345 Wärmedämm-Verbundsysteme
- Putz- und Stuckarbeiten – ATV DIN 18350 Putz- und Stuckarbeiten

## Abnahme in der Praxis

Machen Sie sich vor der Abnahme mit dem geforderten Leistungsumfang und den Ausführungsunterlagen vertraut, damit ein Soll-Ist-Vergleich möglich ist.

A B D E F K M P S T V W Z

**Hatte der Auftragnehmer vor Beginn der Arbeiten Bedenken wegen:**

- ☐ **ungeeigneter Beschaffenheit bzw. ungenügender Tragfähigkeit des Untergrunds?**
- ☐ **ungeeigneten klimatischen Bedingungen?**
- ☐ **Schimmelbefall?**
- ☐ **zu geringer Qualitätsstufe des Untergrunds?**
- ☐ **Holz, das erkennbar von Bläue, Fäulnis oder Insekten befallen ist?**
- ☐ **Sind die Witterungseinflüsse beachtet worden?**
  Alle Leistungen dürfen nur bei solchen Witterungsverhältnissen ausgeführt werden, die sich nicht nachteilig auf die Leistung auswirken können, wie z. B. zu hohe Feuchtigkeit, direkte Sonneneinstrahlung und ungeeignete Temperaturen (Hitze, Frost etc.).
- ☐ **Wurden die Nassabriebklassen eingehalten?**
  Dispersionsbeschichtungsstoffe, Dispersions-Silikatbeschichtungsstoffe und Silikonharzfarben für Innenflächen müssen der Nassabriebbeständigkeit Klasse 3 nach DIN EN 13300 entsprechen.
- ☐ **Wurden die Untergründe geprüft?**
  Bei schadhaften Untergründen ist eine Vorbehandlung erforderlich: Putz der Mörtelgruppen P I bis P III und Betonflächen sind zu fluatieren und nachzuwaschen, wenn
  - die Oberfläche eine zu starke Saugfähigkeit besitzt,
  - Ausblühungen und Pilzbefall zu beseitigen sind,
  - das Durchschlagen von abgetrockneten Wasserflecken zu verhindern ist.

  Dellen und Vertiefungen sind auszugleichen. Löcher sind zu egalisieren.

  **Beachte:** Spachtelmassen dürfen nach dem Trocknen keinerlei Schwindrisse aufweisen.

  Zur Armierung von Beschichtungen und zum Überbrücken von Rissen, z. B. von Netzrissen im Untergrund, kommen zum Einsatz:
  - Armierungskleber aus Polymerdispersion nach DIN EN ISO 4618
  - Armierungsgewebe: zum Überbrücken gerissener Flächen bzw. Einzelrisse
  - Armierungsvliese aus Glasfaser bzw. Kunststoffen
- ☐ **Sind lose Altanstriche und alte Tapeten vollständig entfernt worden?**

☐ **Entspricht der Farbauftrag der Nutzungsart?**
Führen Sie Sichtproben durch und vergleichen Sie die Ausführung mit der Planung, z. B.:
- Trocken- oder Nassraum?
- Ist die Beschichtung ausreichend diffusionsoffen?
- Innen- oder Außenbereich?

☐ **Sind die Beschichtungsstärken eingehalten worden?**
Führen Sie Sichtproben und messtechnische Kontrollen (Schichtdickenmessgerät) durch und nehmen Sie Proben! Prüfen Sie, ob die Herstellervorgaben eingehalten wurden!

☐ **Stimmt der gesamte Schichtenaufbau?**
Prüfen Sie den Schichtenaufbau gem. Planungsvorgaben. Prüfen Sie die Herstellerangaben und führen Sie Farbschichtprüfungen durch.

☐ **Ist ein gleichmäßiger Schichtenauftrag erfolgt?**

☐ **Ist die Farbgebung eingehalten worden?**
Die Farben sind anhand der Vorgaben (Farbmuster, Farbprojekt) zu prüfen. Sichtprobe durchführen!

☐ **Ist die Erstbeschichtung bei Porenbeton richtig ausgeführt worden?**
Bei Flächen im Außenbereich aus Porenbeton ist eine Grund-, Zwischen- und Schlussbeschichtung auszuführen, bei der insgesamt eine Menge von 1.800 g/m² Material zu verbrauchen ist.

☐ **Ist die Erstbeschichtung bei Metallen richtig ausgeführt worden?**
Bei Flächen im Außenbereich ist eine Grund-, Zwischen- und Schlussbeschichtung auszuführen, im Innenbereich reicht eine Grund- und Schlussbeschichtung aus, wenn sie nicht in feuchtebelasteten Räumen zur Anwendung kommt.

☐ **Liegen eventuelle Farbabweichungen innerhalb des erlaubten Bereichs?**

☐ **Ist die Oberflächenstruktur in Ordnung?**
Die Oberflächenstruktur muss gleichmäßig sein. Sichtprobe und Vergleich mit den Vorgaben!

☐ **Wie ist insgesamt der Farbauftrag zu bewerten?**
Bei der Sichtprobe ist auf Folgendes zu achten:
- Verunreinigungen
- Beschädigungen
- Übergänge
- Anschlüsse
- Kanten
- Ecken
- Farbansätze

- Farbstreifen
- Gerade Linien bei Übergängen
- Blasenbildung
- Tropfnasen
- Pinselhaare
- Insekteneinschlüsse
- Sauberes Anarbeiten an Einbauten (Türen, Zargen, Fenstern, Einbauschränken, Aussparungen)
- Fehlstellen

☐ **Wurden angrenzende Bereiche sauber abgeklebt?**
Sichtprobe.

☐ **Wurde für das Abkleben das für den Untergrund geeignete Klebeband verwendet?**
Klebebänder sind auf den Untergrund abzustimmen, z. B. ist bei Faserzementplatten nur die Verwendung bestimmter, vom Hersteller exakt definierter Klebebänder zulässig.

☐ **Kam es zu Beschädigungen durch das Abkleben?**
Klebebänder sind nach den Arbeiten umgehend wieder zu entfernen. Die UV-Strahlung des Sonnenlichts kann den Kleber von Klebebändern ungünstig beeinflussen.

☐ **Sind Farbspritzer auf Einbauten und dergleichen zu sehen?**

☐ **Sind die Beschichtungen auf Balkonflächen bzw. Außenflächen korrekt ausgeführt worden?**
**Abnahmetipps:**
1. Führen Sie eine Sichtprobe durch.
2. Überprüfen Sie die Eignungsnachweise der Beschichtungsstoffe und Herstellerangaben.
3. Prüfen Sie die Ausführungsqualität und Rutschfestigkeit.
4. Kontrollieren Sie die Übergänge, Kanten und die Ausführungsqualität.
5. Achten Sie auf Tropfnasen und Blasenbildung.

☐ **Hat auch hier eine Untergrundprüfung stattgefunden und waren die Untergrundflächen sauber (z. B. hinsichtlich loser Bestandteile wie Altanstriche, Rostschäden etc.)?**

☐ **Sind Brandschutz-Beschichtungssysteme fachgerecht ausgeführt worden?**
Reaktive dämmschichtbildende Brandschutzbeschichtungen sind ebenso wie deren weitere Beschichtung entsprechend den Bestimmungen ihrer Zulassung auszuführen.

# Hinweis zu Nebenleistungen und Besonderen Leistungen

Es empfiehlt sich, bei der Abnahme des Gewerks eine komplette Auflistung der zusätzlichen Leistungen vorzulegen. Auch diese Leistungen sollten überprüft und abgenommen werden!

# Mauerarbeiten

Autoren: Uwe Morchutt, Christian Fichtl

## Geltungsbereich

Bei der Abnahme von Mauerarbeiten sind die Vorgaben der *DIN 18330 VOB Vergabe- und Vertragsordnung für Bauleistungen – Teil C: Allgemeine Technische Vertragsbedingungen für Bauleistungen (ATV) – Mauerarbeiten* zu beachten.

Die ATV DIN 18330 gilt nicht für:

- Naturwerksteine (siehe ATV DIN 18332)
- Versetzen von Betonwerksteinen (siehe ATV DIN 18333 Betonwerksteinarbeiten)
- Trockenbauarbeiten (siehe ATV DIN 18340 Trockenbauarbeiten)
- Wärmedämm-Verbundsysteme (siehe ATV DIN 18345 Wärmedämm-Verbundsysteme)

Ergänzend gilt die *ATV DIN 18299 Allgemeine Regelungen für Bauarbeiten jeder Art*, Abschnitte 1 bis 5. Kommt es zu Widersprüchen, gehen die Regelungen der ATV DIN 18330 vor.

## Abnahme in der Praxis

Machen Sie sich vor der Abnahme mit dem geforderten Leistungsumfang und den Ausführungsunterlagen vertraut, damit ein Soll-Ist-Vergleich möglich ist.

- ☐ **Erfüllt die Gebäudehülle die Anforderungen der EnEV?**
- ☐ **Wie sind die Wärmebrücken berücksichtigt und entsprechen sie der Detailplanung oder dem Bauteilkatalog der DIN 4108 Beiblatt 2?**
  Die Nichteinhaltung der EnEV stellt eine Ordnungswidrigkeit dar.

**Hatte der Auftragnehmer vor Beginn der Arbeiten Bedenken wegen:**

- ☐ **ungenügender Beschaffenheit bzw. Tragfähigkeit des Untergrunds?**
- ☐ **der Beschaffenheit des Baugrunds?**
- ☐ **unzureichender Gründungsfläche?**
- ☐ **fehlender Höhenfestpunkte?**
- ☐ **Sind Arbeiten bei Minusgraden ausgeführt worden?**
  Falls Arbeiten bei Frost ausgeführt wurden, bedurfte es der vorherigen Zustimmung des Auftraggebers. Andernfalls sind besondere Maßnahmen zu ergreifen. Sollten hierfür Leistungen erforderlich werden, so sind diese Besondere Leistungen.
- ☐ **Liegen vorhandene Abweichungen in den vorgeschriebenen Maßtoleranzen?**
  Alle Abweichungen müssen gemäß DIN 18202 in den Grenzen der zulässigen Maßtoleranzen liegen.
  **Hinweis:** Wurden an die Ebenheit erhöhte Anforderungen gegenüber der DIN 18202, Tabelle 3, Zeile 1 oder 5, oder sonstige erhöhte Anforderungen an die Maßgenauigkeit, die über die Werte in den genannten Normen hinausgehen, gestellt, so sind die getroffenen Maßnahmen Besondere Leistungen.
- ☐ **Sind alle Vorgaben in Bezug auf das Mauerwerk nach *DIN EN 1996-2 Eurocode 6: Bemessung und Konstruktion von Mauerwerksbauten* erfüllt worden?**
  Egal, ob Mauerwerk aus natürlichen oder künstlichen Steinen auszuführen ist, z. B. als Verblendmauerwerk, Sohlbänke, Gesimse, Mauerabdeckungen sowie Wärmedämmstoffschichten in zweischaligem Mauerwerk, so sind stets die Vorgaben der Norm einzuhalten!
- ☐ **Sind Unterfangungsmauerwerke richtig ausgeführt worden?**
  Sind während der Mauerarbeiten Unterfangungsmauerungen gefordert, so muss dies gem. den Vorgaben der DIN 4123 erfolgen.
- ☐ **Wurden die Vorgaben zum Zwecke des Holzschutzes beim Mauern eingehalten?**
  Sämtliche Bauteile aus Holz, wie z. B. Balkenköpfe im Decken- oder Dachbereich, die ins Mauerwerk einbinden, müssen zum Schutz gegen Feuchtigkeit trocken – d. h. ohne Mörtel – ummauert werden!

□ **Sind die Stoßfugen insbesondere bei Leichtmauerwerk fachgerecht ausgeführt worden?**
Eine fehlende bzw. ungenügende Stoßfugenvermörtelung beeinträchtigt die Tragfähigkeit einer Mauer zwar nicht, durch die Querkräfte der Hauptdruckbelastung können aber Risse entstehen. Die Zugkräfte in der Mauerebene führen dann zu unansehnlichen Vertikalrissen. Dies ist ein zunehmendes Problem beim Dünnbettverfahren, das ausgeschlossen werden muss.
Aufgrund der Belastung durch das Dach und Obergeschoss sind die Zugkräfte im Mauerwerk des Erdgeschosses am größten. Durch die zwangsläufige Verformung der Mauersteine kann es zu Spannungen kommen, die dann wiederum zu Rissen führen. Bei hochporisierten, gefüllten Ziegeln, die ohne Stoßfugenvermörtelung ausgeführt werden, sind die Steine dicht zu stoßen.

□ **Ist der geforderte Mauerverband ausgeführt worden?**
Die Stoß- und Lagerfugen (Längsfugen) der Schichten müssen gegenseitig versetzt sein. Das sogenannte Überbindemaß muss dabei > 0,4 der Steinhöhe, mindestens jedoch 45 mm betragen (nach alter DIN 1053-1 ebenso wie nach DIN EN 1996-2). Die gesamte Maßordnung (DIN 4172), insbesondere bei großformatigen Steinen, muss genauestens eingehalten werden. Die korrekte bzw. nicht korrekte Einhaltung des Verbands hat Einfluss auf die Festigkeit, die Tragfähigkeit und natürlich auf das Aussehen des Mauerwerks.
**Beachte:** Zu große Fugen (normale Fugenausbildung = 8 bis 12 mm) stellen Putzbrücken dar, die als Wärmebrücken dienen können.

□ **Sind die Fugen beim äußeren Verblend- und Sichtmauerwerk fachgerecht verfugt worden?**
Verblend- und Sichtmauerwerk sind im Fugenglattstrich auszuführen.
**Beachte:** Unmittelbar vor dem Verfugen müssen die Fugen gründlich genässt und mit Wasser gereinigt werden. Um der Sichtfläche ein besseres Aussehen zu verleihen, dürfen dem Reinigungswasser keine Säuren zugesetzt werden.

☐ **Ist mit einzumauernden Bauteilen aus Stahl richtig umgegangen worden?**
Alle einzumauernden Bauteile aus Stahl müssen ausschließlich unter Verwendung von Mörtel der Mörtelgruppe III eingebaut werden, sodass sie fest mit dem Mauerwerk verbunden sind.
**Beachte:** Einzubauende Fertigteile sind ebenso wie oben beschrieben (mit Mörtelgruppe III) zu verlegen und einzumauern. Die statischen und konstruktiven Anforderungen müssen stets berücksichtigt werden!

## Hinweis zu Nebenleistungen und Besonderen Leistungen

Es empfiehlt sich, bei der Abnahme des Gewerks eine komplette Auflistung der zusätzlichen Leistungen vorzulegen. Auch diese Leistungen sollten überprüft und abgenommen werden.

A B D E F K M P S T V W Z

# Metallbauarbeiten

Autoren: Uwe Morchutt, Christian Fichtl

## Geltungsbereich

Bei der Abnahme von Metallbauarbeiten sind die Vorgaben der *DIN 18360 VOB Vergabe- und Vertragsordnung für Bauleistungen – Teil C: Allgemeine Technische Vertragsbedingungen für Bauleistungen (ATV) – Metallbauarbeiten* zu beachten. Ergänzend gilt die *ATV DIN 18299 Allgemeine Regelungen für Bauarbeiten jeder Art*, Abschnitte 1 bis 5. Kommt es zu Widersprüchen, gehen die Regelungen der ATV DIN 18360 vor.

Die ATV DIN 18360 gilt für Konstruktionen aus Metall auch im Verbund mit anderen Werkstoffen. Sie gilt allerdings nicht für:

- Stahlbauarbeiten – ATV DIN 18335 Stahlbauarbeiten
- Klempnerarbeiten – ATV DIN 18339 Klempnerarbeiten
- Beschlagarbeiten – ATV DIN 18357 Beschlagarbeiten
- Rollladenarbeiten – ATV DIN 18358 Rollladenarbeiten

## Abnahme in der Praxis

Machen Sie sich vor der Abnahme mit dem geforderten Leistungsumfang und den Ausführungsunterlagen vertraut, damit ein Soll-Ist-Vergleich möglich ist.

**Hatte der Auftragnehmer vor Beginn der Arbeiten Bedenken wegen:**

- ☐ **ungeeigneter Beschaffenheit bzw. ungenügender Tragfähigkeit des Untergrunds oder zu hoher Bauchfeuchte?**
- ☐ **fehlender Höhenfestpunkte?**
- ☐ **fehlender oder nicht ausreichender Befestigungsmöglichkeit?**
- ☐ **fehlender Möglichkeit zur gefahrlosen Reinigung und Wartung von Fenstern und Fassadenoberflächen?**

☐ **Liegen vorhandene Abweichungen in den vorgeschriebenen Maßtoleranzen?**
Alle Abweichungen müssen gemäß DIN 18202 in den Grenzen der zulässigen Maßtoleranzen liegen. Bei Streiflicht sichtbar werdende Unebenheiten in den Oberflächen sind zulässig, sofern diese die Grenzwerte nach DIN 18202 nicht überschreiten.

☐ **Hinweis:** Wurden an die Ebenheit erhöhte Anforderungen gegenüber der DIN 18202, Tabelle 3, Zeile 7, oder sonstige erhöhte Anforderungen an die Maßgenauigkeit, die über die Werte in den genannten Normen hinausgehen, gestellt, so sind die getroffenen Maßnahmen Besondere Leistungen.

☐ **Wurde die Einbautemperatur nach Vorgabe eingehalten?**
Metallbauarbeiten dürfen nur ab einer Mindesttemperatur der Bauteile von +5 °C eingebaut werden. Andernfalls sind besondere Maßnahmen zu ergreifen. Aber nicht nur die Temperaturen, auch das Raumklima oder die Witterung sind bei der Herstellung von Bedeutung. Sollten hierfür Leistungen erforderlich werden, so sind diese Besondere Leistungen.

**Praxistipp:** Fügen Sie dem Abnahmeprotokoll eine Dokumentation der Einbaubedingungen mit Fotoaufnahmen und den klimatischen Verhältnissen im und außerhalb des Gebäudes hinzu.

☐ **Lagen alle Zeichnungen bzw. Beschreibungen vor?**
**Kontrolle der Unterlagen:** Für alle Bauteile, wie z. B. Fenster, Türen, Metallfassaden, Fensterwände, Schaufenster, Vitrinen, Bekleidungen und abgehängte Metalldecken sowie Überdachungen, Vordächer und feststehende Sonnenschutzkonstruktionen müssen genehmigte Unterlagen wie Zeichnungen und/oder Beschreibungen vorliegen.

☐ **Waren die Pläne korrekt?**
Aus der zeichnerischen Darstellung müssen Konstruktion, Maße, Einbau, Befestigung und Bauanschlüsse der Bauteile sowie deren Einbaufolge eindeutig erkennbar sein.

☐ **Erfolgte die Ausführung anhand der Unterlagen?**
Kontrolle und Funktionsprüfung durchführen! Abgleich der Bauteile!

☐ **Lassen sich Öffnungselemente problemlos betätigen?**
Kontrolle von Fenstern, Türen, Toren usw.!

☐ **Wurden alle Verankerungen richtig ausgeführt?**
Sichtprobe und Prüfung anhand der Unterlagen! (Siehe Statik!)

☐ **Wurden die tragenden Bauteile richtig ausgeführt?**
Zur Kontrolle und Überprüfung dienen die:
- *DIN EN 1999-1-1 Eurocode 9: Bemessung und Konstruktion von Aluminiumtragwerken – Teil 1-1: Allgemeine Bemessungsregeln*
- *DIN EN 1090-2 Ausführung von Stahltragwerken und Aluminiumtragwerken – Teil 2: Technische Regeln für die Ausführung von Stahltragwerken*

☐ **Wurden alle Schnitt- und Sägekanten entfernt?**
Alle Schnitt- und Sägekanten sind zu entgraten. (Vorsicht: Verletzungsgefahr!)

☐ **Wurden beim Schweißen grundsätzlich alle Vorgaben beachtet?**
**Beachte:**
- *DIN EN ISO 9692-3 Schweißen und verwandte Prozesse – Empfehlungen für Fugenformen – Teil 3: Metall-Inertgasschweißen und Wolfram-Inertgasschweißen von Aluminium und Aluminium-Legierungen*
- *DIN EN ISO 9692-1 Schweißen und verwandte Prozesse – Empfehlungen zur Schweißnahtvorbereitung – Teil 1: Lichtbogenhandschweißen, Schutzgasschweißen, Gasschweißen, WIG-Schweißen und Stahlschweißen von Stählen*

☐ **Wurden statisch nicht erforderliche Schweißnähte fachgerecht und sauber ausgeführt?**
Überstehende Schweißraupen von Schweißnähten sind, sofern sie statisch nicht relevant waren, insbesondere an sichtbar bleibenden Flächen zu beseitigen. Sichtkontrolle durchführen!

☐ **Wurden Falzverbindungen fachgerecht und sauber ausgeführt?**
Die Oberflächen von Falzen müssen glatt ausgeführt werden und dürfen im Falle, dass die Falze der Aufnahme von Füllungen, Dichtungen u. Ä. dienen, keine behindernden Stellen aufweisen.

☐ **Wurden die Abkantarbeiten für Bauteile aus Stahl fachgerecht ausgeführt?**
Die Werte der Biegehalbmesser nach DIN 6935 Beiblatt 2 dürfen bei Abkantarbeiten für Bauteile aus Stahl nicht unterschritten werden. Abkantungen, Biegungen und Kröpfungen müssen frei von unzulässigen Querschnittsveränderungen, wie Einschnürungen, Falten, Risse und Wellen, sein.

☐ **Wurden Glaskonstruktionen fachgerecht ausgeführt?**
Sämtliche Konstruktionen für Verglasungen sind so auszubilden, dass im Falle von Glasbruch jede Scheibe einzeln auszuwechseln ist.
**Beachte:** Füllelemente, wie z. B. Glas und Platten, müssen sicher und dauerhaft befestigt werden.
Niederschlags- und Tauwasser muss sicher abgeleitet werden.

☐ **Wurde der Korrosionsschutz bei den Verbindungselementen eingehalten?**
Beim Zusammenbau verschiedener Stoffe sind grundsätzlich Verbindungsmittel aus korrosionsbeständigen Stoffen einzusetzen. Alle Lötverbindungen sind von Reinigungs- und Flussmittelresten zu säubern.

☐ **Wurden verzinkte Metallteile nachträglich geschweißt?**
Wenn bereits verzinkte Metallteile nochmals geschweißt werden müssen, ist die Zinkauflage vor dem Schweißen zu entfernen. Nach dem Reinigen des geschweißten Bereichs ist der Korrosionsschutz mit Zinkstaubbeschichtungsstoff und einer Mindestschichtdicke von 100 $\mu$m überlappend auszubessern.

☐ **Sind alle Schraubverbindungen fest?**
Schraubverbindungen müssen gegen selbstständiges Lösen gesichert werden.

☐ **Wurden die Klebeverbindungen fachgerecht ausgeführt?**
Klebeverbindungen auf der Baustelle sind nur bei dafür geeigneten Bedingungen auszuführen. Zu beachten sind z. B. Temperatur, Luftfeuchte, Staub-, Fett- und Lösungsmittelfreiheit.

☐ **Wurden alle Verankerungsformen fachgerecht ausgeführt?**
Alle Bauteile müssen fest verankert sein. Rahmen müssen mindestens vier Verankerungen haben. Prüfung auf Festigkeit!

☐ **Können sich die Bauteile ausreichend bewegen?**
Alle Verbindungen und Befestigungen sind so auszuführen, dass sie die Bewegungen aus den Bauteilen und dem Bauwerk mühelos aufnehmen können. Sichtprobe durchführen!

☐ **Wurden alle Fugen beachtet und fachgerecht ausgeführt?**
Die Fugen zwischen Bauwerken und Bauteilen, die als Raumabschluss dienen, wie z. B. Fenster, Fensterwände und Türen, müssen gut abgedichtet werden. Kontrollieren Sie die Abdichtungen (Sichtprobe)!

**Hinweis:** Der Fugenbereich zwischen Fenster oder Türen und Wand ist innen umlaufend luftdicht herzustellen. Hohlräume sind mit Dämmung vollständig zu füllen und außenseitig ist die Fuge umlaufend schlagregendicht auszuführen. Dabei ist ein Dampfdruckausgleich zu ermöglichen.

☐ **Wurde ein Oberflächenschutz ausgeführt?**
Metallbauleistungen umfassen auch die Oberflächenvorbereitung und das Aufbringen einer Grundbeschichtung nach ATV DIN 18363.

☐ **Wurde der Korrosionsschutz eingehalten?**
Kommen Bauteile zum Einsatz, deren Flächen nach dem Einbau nicht mehr zugänglich sind, so müssen diese im Vorfeld mit einem Korrosionsschutz versehen werden, der dauerhaft wirkt.

☐ **Liegen alle Nachweise für den Korrosionsschutz vor?**
Lassen Sie sich die Nachweise und Behandlungen zeigen! (Herstellerangaben beachten!)

☐ **Sind die Beschichtungsstärken eingehalten worden?**
**Hinweise:**
- Bei Beschichtungen mit thermischer Aushärtung auf Bauteilen aus Aluminium muss die Mindestschichtdicke 60 μm betragen.
- Bei Beschichtungen mit thermischer Aushärtung auf Bauteilen aus Zink und verzinktem Stahl ist die Mindestschichtdicke von 50 μm einzuhalten.
- Kommt bandbeschichtetes Aluminium zum Einsatz, so ist eine Mindestschichtdicke von 20 μm zu erfüllen.
- Entdröhnungsstoffe müssen mindestens 2 mm dick sein.

## Abnahme von Fenstern, Türen, Toren, Klappen und Treppen aus Metall

☐ **Sind alle Fenster korrekt ausgeführt worden?**
Grundsätzlich gelten für Fenster die Anforderungen der DIN 18055 Kriterien für die Anwendung von Fenstern und Außentüren nach DIN EN 14351-1. (Fugendurchlässigkeit nach DIN EN 12207, Prüf-Norm DIN EN 1026)
**Beachte:** Ist die Luftdichtigkeit entsprechend der EnEV nachweislich geprüft worden?

☐ **Sind die Fenster funktionstüchtig?**
Fensterflügel müssen dicht schließen und bereits vor der Verglasung gut gangbar sein. Eine Fehlbedienungssperre muss bei Dreh-Kipp-Flügel vorhanden sein.

**Abnahmetipp:** Kontrollieren Sie die Funktionstüchtigkeit der Fenster. Fenster und Fenstertüren müssen sich leicht öffnen und schließen lassen. Die geschlossenen Flügel müssen gut anliegen, die Flügel dürfen an keiner Stelle streifen (schleifen).

☐ **Sind Verschleißteile jederzeit auswechselbar?**
Verschleißteile von Beschlägen müssen jederzeit auszuwechseln sein. Kontrollieren Sie dies!

☐ **Stimmen die Türanschläge?**
Bei Türen mit unterem Anschlag muss die Anschlaghöhe mindestens 5 mm betragen. Kommen Türen ohne unteren Anschlag zum Einsatz, so darf das Maß zwischen Oberseite (Oberkante) des Fußbodens und Unterseite der Tür 8 mm nicht überschreiten.
Führen Sie eine Sichtkontrolle durch und messen Sie nach!

☐ **Wurden die Türschwellen richtig ausgebildet?**
Bei Außentüren ist der Sockel bzw. die Schwelle so auszuführen, dass niemals Wasser nach innen gelangen kann.

☐ **Wurden Bekleidungen richtig ausgebildet?**
Bekleidungen und abgehängte Decken sind grundsätzlich ebenflächig auszuführen.

☐ **Wurden bei Türen, Toren und Klappen die Herstellervorgaben beachtet?**
Beim Einbau von Türen, Toren und Klappen mit Brandschutzanforderung gelten in erster Linie die Vorgaben der jeweiligen allgemeinen bauaufsichtlichen Zulassung. Dort sind auch die einzuhaltenden Einbaubedingungen, wie z. B die Brandschutzqualität der angrenzenden Wand, angegeben.
**Abnahmetipp:** Führen Sie eine Sichtkontrolle und eine Kontrolle mit einer Wasserwaage durch.

☐ **Sind alle Zargen fachgerecht ausgeführt worden?**
Zargen sind aus kaltgeformten Stahlblechen von mindestens 1,5 mm Blechdicke herzustellen.
**Abnahmetipp:** Kontrollieren Sie dies durch Messung!

☐ **Sind die Maueranker richtig fest?**
Maueranker sind so zu setzen, dass die auf die Bänder und Verriegelungen einwirkenden Kräfte problemlos auf den Baukörper übertragen werden können.

☐ **Sind die Türblätter korrekt ausgeführt worden?**
Türblätter sind verwindungs- und biegesteif herzustellen. Türblätter mit Aussparungen (z. B. für Lichtöffnungen) sind rahmenartig auszusteifen.
Die Blechdicke muss mindestens 2 mm und bei korrekter doppelwandiger Ausführung ohne Füllstoff mindestens 1,5 mm betragen.

☐ **Sind die Türdrücker und -knöpfe korrekt ausgeführt worden?**
Bei einem Dornmaß unter 55 mm sind Türdrücker und -knöpfe an Schlössern gekröpft auszuführen!

☐ **Wurden Tore fachgerecht ausgeführt?**
Tore müssen in vollständig geöffnetem Zustand feststellbar (arretiert) sein, wobei die Flügel verwindungs- und biegesteif zu sein haben.
Flügel von Falttoren sowie Faltschiebetoren haben in geöffnetem Zustand parallel zueinander zu stehen. Schiebeflügel mit oberen Laufschienen müssen nachjustierbar sein.

☐ **Wurden die Rauchklappen korrekt ausgeführt?**
Handbetätigte Rauchklappen müssen leichtgängig funktionieren.

☐ **Wurden die Trittstufen bei Treppen richtig ausgeführt?**
Trittstufen haben immer rutschfest und trittsicher zu sein.
Besichtigung und Gehprobe durchführen!

☐ **Sind von Handläufen alle Grate entfernt worden?**
Handläufe sind allseitig zu entgraten. Geschweißte Stoßstellen sind bündig zu schleifen. Kontrollieren Sie dies, denn hier droht Verletzungsgefahr!
**Beachte:** Bei zusammengefügten Profilen ist ein Verschrauben von oben unzulässig.

☐ **Wurden alle Nietungen fachgerecht ausgeführt? Nietungen müssen gratfreie Schließköpfe haben. Führen Sie Sichtproben und Kontrollen durch.**

☐ **Wurden alle Konstruktionen für Verglasungen fachgerecht ausgeführt?**
Eine Konstruktion, in der eine Verglasung eingebaut ist, muss technisch so erstellt werden, dass jede Glasscheibe bei Bedarf auch gewechselt werden kann.

## Hinweis zu Nebenleistungen und Besonderen Leistungen

Es empfiehlt sich, bei der Abnahme des Gewerks eine komplette Auflistung der zusätzlichen Leistungen vorzulegen. Auch diese Leistungen sollten überprüft und abgenommen werden.

# Parkett- und Holzpflasterarbeiten

Autoren: Uwe Morchutt, Christian Fichtl

## Geltungsbereich

Bei der Abnahme von Parkett- und Holzpflasterarbeiten sind die Vorgaben der *DIN 18356 VOB Vergabe- und Vertragsordnung für Bauleistungen – Teil C: Allgemeine Technische Vertragsbedingungen für Bauleistungen (ATV) – Parkett- und Holzpflasterarbeiten* zu beachten. Ergänzend gilt die *ATV DIN 18299 Allgemeine Regelungen für Bauarbeiten jeder Art*, Abschnitte 1 bis 5. Kommt es zu Widersprüchen, gehen die Regelungen der ATV DIN 18356 vor.

Die ATV DIN 18356 gilt für das Verlegen von Parkett und Holzpflaster in Innenräumen. Sie gilt nicht für das Verlegen von Lagerhölzern und Blindböden – ATV DIN 16334 Zimmer- und Holzbauarbeiten.

## Abnahme in der Praxis

Machen Sie sich vor der Abnahme mit dem geforderten Leistungsumfang und den Ausführungsunterlagen vertraut, damit ein Soll-Ist-Vergleich möglich ist.

**Hatte der Auftragnehmer vor Beginn der Arbeiten Bedenken wegen:**

- ☐ **ungeeigneter Beschaffenheit bzw. ungenügender Tragfähigkeit des Untergrunds?**
- ☐ **fehlender Höhenfestpunkte oder unrichtiger Höhenlagen im Anschluss benachbarter Bauteile?**
- ☐ **Rissen im Untergrund?**
- ☐ **fehlenden Überstands des Randdämmstreifens?**
- ☐ **fehlenden Schienen oder Schwellen als Anschlag bei Holzpflaster?**
- ☐ **ungeeigneten Raumklimas und Temperatur des Untergrunds?**

☐ **Liegen vorhandene Abweichungen in den vorgeschriebenen Maßtoleranzen?**
Alle Abweichungen müssen gemäß DIN 18202 in den Grenzen der zulässigen Maßtoleranzen liegen.
**Hinweis:** Wurden an die Ebenheit erhöhte Anforderungen gegenüber der DIN 18202, Tabelle 3, Zeile 3, oder sonstige erhöhte Anforderungen an die Maßgenauigkeit, die über die Werte in den genannten Normen hinausgehen, gestellt, so sind die getroffenen Maßnahmen Besondere Leistungen.

☐ **Kam es zu Arbeiten bei extremen Witterungsverhältnissen?**
Bei Bauteiltemperaturen unter 15 °C dürfen generell keine Parkett- oder Holzpflasterarbeiten erfolgen!
**Praxistipp:** Fügen Sie dem Abnahmeprotokoll eine Dokumentation der Einbaubedingungen mit Fotoaufnahmen und den klimatischen Verhältnissen inner- und außerhalb des Gebäudes hinzu.
**Abnahmetipp:** Prüfen Sie vor der Abnahme der Parkettarbeiten die Ausführungsunterlagen!

☐ **Liegen alle Nachweise über die Materialkennwerte vor?**
Nach Fertigstellung der Parkettverlegearbeiten sind schriftliche Pflegeanleitungen auszuhändigen. Diese müssen u. a. auch Hinweise auf das zweckmäßige Raumklima beinhalten. Darüber hinaus sind alle Materialdaten zu kontrollieren, z. B. Liefernachweise, Zertifikate, Herstellerangaben. Parkett muss aus Elementen der Sortierung O und Nadelholz-Fußbodendielen aus der Sortierung A hergestellt werden.

☐ **Sind die beheizten Fußbodenkonstruktionen ausreichend aufgeheizt worden?**
Vor dem Verlegen von Parkett auf beheizten Fußbodenkonstruktionen müssen diese ausreichend lange aufgeheizt werden. Zur Vermeidung von Beschädigungen an der Heizungsinstallation (Heizschleifen) sind Feuchtemessungen ausschließlich an den dafür vorgesehenen Messstellen durchzuführen. Grundsätzlich sollte die Estrichfeuchte vor Verlegung gemessen und in Messprotokollen festgehalten werden.

☐ **Ist der Feuchtegehalt der Parketthölzer kontrolliert worden?**
Sämtliche Parketthölzer und Parkettelemente dürfen auch beim Verlegen keinen anderen als den in der jeweiligen Norm benannten zulässigen Feuchtegehalt aufweisen. Bei Anlieferung ist die mittlere Holzfeuchte nach dem zu erwartenden Raumklima abzustimmen!
Die Holzfeuchte ist zu kontrollieren (Messgeräte mit Einstechfühler messen den elektrischen Widerstand). Dokumentieren Sie die Kontrolle der Holzfeuchten mit Datum und vorherrschendem Klima im Innen- und Außenraum.

☐ **Stimmen die Holzarten mit dem LV überein?**
Kontrolle der Lieferscheine und Nachweise!

☐ **Sind die Holzarten entsprechend der Nutzung verlegt worden?**
Die Nutzung (Beanspruchung) bestimmt die Holzart.
Kontrollieren Sie die Holzverwendungsnachweise.

☐ **Wurde die Verlegeart eingehalten?**
Überprüfen Sie dies anhand der Vorgaben in der Leistungsbeschreibung. (Kontrollieren Sie auch die Randbereiche, Zuschnitte, ...).

☐ **Ist die Verlegequalität in Ordnung?**
Führen Sie Kontrollen und Sichtproben durch.
Achten Sie dabei besonders auf:

- Anschlüsse
- Übergänge
- Stoßkanten
- Profile
- Randbereiche
- Kantenversatz und jeweilige Nachbarelemente (Laminate)
- Das gesamte Fugenbild
- Verschmutzungen der Oberfläche
- Kratzer auf der Oberfläche
- Risse auf der Oberfläche
- Klebstoffspuren auf der Oberfläche
- Hohlleger (Hohlstellen lassen sich am besten durch Klopfprobe orten.)
- Randfugen (Randfugen dürfen nicht durch Klebe- oder Spachtelmasse verstopft sein – Nagelprobe.)

- ☐ **Sind ausreichend Fugen angelegt worden?**
  Zwischen dem Parkett und etwaigen Parkettunterlagen sowie angrenzenden festen Bauteilen, wie z. B. Wänden, Pfeilern und Stützen, sind Fugen zu verlegen. Ihre Breite richtet sich nach der Art des Parketts, der Art der Parkettunterlagen und der Verlegung sowie der Größe der Parkettflächen.
  **Beachte:** Über Bewegungsfugen im Bauwerk müssen sowohl im Parkett als auch in den Parkettunterlagen Fugen angeordnet werden. Dies gilt auch für Randfugen. Fugen dürfen im Gegensatz zu Scheinfugen nicht kraftschlüssig geschlossen werden.
- ☐ **Sind die Fugen fachgerecht ausgefüllt worden?**
  Neben der Überprüfung aller Fugen sind die Fugenfüllungen (z. B. Korkstreifen) zu kontrollieren.
- ☐ **Stimmen die Fugenbreiten?**
  Dies muss je nach Feuchtegehalt (Nachweis) beim Einbau kontrolliert werden.
- ☐ **Wurden Parkettstäbe fachgerecht verlegt?**
  Bei der Verwendung von Parkettstäben mit unterschiedlichen Maßen muss das Gesamtbild des Parketts eingehalten werden. Dabei dürfen nebeneinanderliegende Stäbe nicht mehr als 50 mm in der Länge und nicht mehr als 10 mm in der Breite voneinander abweichen.
  **Beachte:** Bei Parkettflächen bis zu 30 $m^2$ ist darauf zu achten, dass Stäbe in maximal drei unterschiedlichen Maßen zum Einsatz kommen.
- ☐ **Wurden beim Nageln des Parketts die Vorgaben eingehalten?**
  Die Parkettstäbe (Nutstäbe), Dielen und auch das Mehrschichtparkett sind systemgerecht miteinander zu verbinden, dabei müssen sie dicht verlegt und verdeckt genagelt werden. Bei Parkettstäben sowie Parketttafeln müssen dabei die Federn auf der gesamten Länge der Nuten verteilt und fest eingeklemmt werden.
- ☐ **Wurde das Parkett fachgerecht verklebt?**
  Parkettstäbe, Parkettriemen, Tafelparkett sowie Fertigparkettelemente sind mit Parkettklebstoff nach DIN EN 14293 zu verleimen. Der Parkettklebstoff ist dabei vollflächig auf den Untergrund bzw. auf die etwaige Parkettunterlage aufzutragen.
- ☐ **Wurden geeignete Kleber verwendet?**
  Kontrollieren Sie Herstellernachweise, Verwendungsnachweise und biologische Unbedenklichkeitsnachweise (Zertifikate). Ausschluss von Giftstoffen!

**Hinweis:** Allgemein ist bei Klebstoffen für Bodenbe äge wie auch für Parkett oder für Holzpflaster zu beachten, dass der Kleber den Untergrund nicht negativ beeinflusst und eine feste und dauerhafte Verbindung hergestellt wird. Ebenso darf bei der Verarbeitung keine Belästigung durch Geruch entstehen.

- ☐ **Sind Fertigparkette schwimmend verlegt worden?**
  Bei schwimmender Verlegung werden die Fertigparkettelemente in der Nut an der Längs- und der Kopfseite systemkonform verbunden.
- ☐ **Wurden Parkettunterlagen eingesetzt?**
  Sofern Parkettunterlagen vorgeschrieben waren, müssen diese versetzt und – falls erforderlich – mit Bewegungsfugen verlegt werden. Je nach Parkettart ist die Unterlage auf die Konstruktion abzustimmen. Müssen Parkettunterlagen aufgrund ihrer Beschaffenheit aufgeklebt werden, so sind sie vollflächig auf dem Unterboden zu verkleben.
  **Hinweis:** Bei geklebtem Parkett sind schwimmend verlegte Unterlagen diagonal zur Verlegerichtung zu verlegen.
  **Beachte:** Die Fugen des Parketts sind versetzt mit den Fugen der Unterlage auszuführen.
- ☐ **Wurden Parkettböden in Sporthallen fachgerecht ausgeführt?**
  Parkettböden in Sporthallen sind nach DIN V 18032-2 Sporthallen – Hallen für Turnen, Spiele und Mehrzwecknutzung – Teil 2: Sportböden – Anforderungen, Prüfungen auszuführen.
- ☐ **Wurden die Fuß- bzw. Deckleisten fachgerecht ausgebildet?**
  Fuß- und Deckleisten aus Holz sind an Ecken und Stößen auf Gehrung (schräger Anschnitt) zu schneiden. Fußleisten müssen mit Stahlstiften in Abständen von kleiner als 600 mm dauerhaft an der Wand befestigt werden. Deckleisten sind hingegen mit Drahtstiften anzuheften.
  **Hinweis:** Für hölzerne Fußleisten und Deckleisten gelten die Gütebestimmungen wie für genormte Parketthölzer.

A B D E F K M P S T V W Z

□ **Wurde bei den Randeinfassungen sauber und exakt gearbeitet?**
Führen Sie Sichtkontrollen und Messproben durch, und zwar bezüglich:
- Rechtwinkligkeit
- Sauberer Kanten und Abschlüsse
- Ordentlich ausgeführter Gehrung
- Befestigung insgesamt
- Korrekter Schraub- und Nagellöcher
- Lackierter Schnittkanten etc.

□ **Wurde fachgerecht geschliffen?**
Genageltes Parkett ist nach dem Verlegen, geklebtes Parkett nach genügendem Abbinden des Parkettklebstoffs gleichmäßig zu schleifen, wobei sich die Anzahl der Schleifgänge und die Feinheit des Abschleifens nach der vorgeschriebenen Oberflächenbehandlung zu richten haben.

□ **Wurde das Parkett fachgerecht versiegelt?**
Parkett muss unmittelbar nach dem Abschleifen versiegelt werden, und zwar so, dass eine gleichmäßige Oberfläche entsteht. Versiegelungsart und Versiegelungsmittel sind entsprechend dem Verwendungszweck des Raums, der zu erwartenden Beanspruchung und auf die jeweilige Holzart abzustimmen. Das gilt auch für das Ölen oder Wachsen von Holzoberflächen.
**Hinweis:** Parkett-Versiegelungsmittel müssen so beschaffen sein, dass sie die Oberfläche des Parketts gegen Eindringen von Schmutz und Flüssigkeit schützen. Hierzu sind jedoch auch geeignete Pflegemaßnahmen notwendig.

□ **Wurde Holzpflaster im Verband verlegt?**
Bei Holzpflaster sind die Klötze im Verband zu verlegen. Dabei sollen die Längsfugen geradlinig durchlaufen.

## Hinweis zu Nebenleistungen und Besonderen Leistungen

Es empfiehlt sich, bei der Abnahme des Gewerks eine komplette Auflistung der zusätzlichen Leistungen vorzulegen. Auch diese Leistungen sollten überprüft und abgenommen werden.

# Putz- und Stuckarbeiten

Autoren: Uwe Morchutt, Christian Fichtl

## Geltungsbereich

Bei der Abnahme von Putz- und Stuckarbeiten sind die Vorgaben der *DIN 18350 VOB Vergabe- und Vertragsordnung für Bauleistungen – Teil C: Allgemeine Technische Vertragsbedingungen für Bauleistungen (ATV) – Putz- und Stuckarbeiten* zu beachten.

Die ATV DIN 18350 gilt für Putz, Stuck und Wärmedämmputz. Ergänzend gilt die *ATV DIN 18299 Allgemeine Regelungen für Bauarbeiten jeder Art*, Abschnitte 1 bis 5. Kommt es zu Widersprüchen, gehen die Regelungen der ATV DIN 18350 vor.

## Abnahme in der Praxis

Machen Sie sich vor der Abnahme mit dem geforderten Leistungsumfang und den Ausführungsunterlagen vertraut, damit ein Soll-Ist-Vergleich möglich ist!

**Hatte der Auftragnehmer vor Beginn der Arbeiten Bedenken wegen:**

- ☐ **ungeeigneter Beschaffenheit bzw. ungenügender Tragfähigkeit des Untergrunds?**
- ☐ **fehlender Höhenfestpunkte oder zu hoher Baufeuchte?**
- ☐ **Sind Arbeiten bei Oberflächentemperaturen unter 5 °C ausgeführt worden?**
  Falls Arbeiten bei Frost ausgeführt werden, bedarf es der vorherigen Zustimmung des Auftraggebers, denn es sind besondere Maßnahmen erforderlich! Sollten hierfür Leistungen erforderlich werden, so sind diese Besondere Leistungen.
  **Praxistipp:** Fügen Sie dem Abnahmeprotokoll eine Dokumentation der Ausführungsbedingungen mit Fotoaufnahmen und den klimatischen Verhältnissen im und außerhalb des Gebäudes hinzu.

☐ **Liegen vorhandene Abweichungen in den vorgeschriebenen Maßtoleranzen?**
Alle Abweichungen müssen gemäß DIN 18202 in den Grenzen der zulässigen Maßtoleranzen liegen.
**Hinweis:** Wurden an die Ebenheit erhöhte Anforderungen gegenüber der DIN 18202, Tabelle 3, Zeile 7, oder sonstige erhöhte Anforderungen an die Maßgenauigkeit, die über die Werte in den genannten Normen hinausgehen, gestellt, so sind die getroffenen Maßnahmen Besondere Leistungen.
**Beachte:** Werden im Streiflicht Unebenheiten in den Oberflächen sichtbar, so sind sie zulässig, wenn die Grenzwerte nach DIN 18202 nicht überschritten werden.

☐ **Wurden die Formteile fachgerecht befestigt?**
Das Befestigen der Formteile erfolgt mit Klebemitteln und/oder mit korrosionsresistenten Schrauben oder vergleichbaren Befestigern am Mauerwerk.

☐ **Wurde die Oberfläche fachgerecht behandelt?**
Je nach geforderter Oberfläche ist diese nachzuschleifen und nach völliger Austrocknung zu wachsen.

☐ **Ist die Kantenausbildung exakt ausgeführt worden?**
Kanten sind mit passenden Kantenprofilen auszuführen.
Führen Sie Sichtproben und Winkelmessungen durch.

☐ **Ist die Innendämmung richtig fest?**
Sind Dämmungen vorgeschrieben, so müssen die geeigneten Dämmstoffe über die gesamte Fläche dicht gestoßen verlegt und mit dem Untergrund verbunden werden (Klebetechnik). Zur besseren Haftung ist in den Putz ein Gewebe einzuarbeiten. Führen Sie Sichtkontrollen durch und überprüfen Sie die Festigkeit.

☐ **Wurden die Innenwandbekleidungen richtig befestigt?**
Sind beispielsweise Calciumsilikatplatten als mögliche Form der Innenwandbekleidung vorgeschrieben, so müssen diese im Mörtelbett verlegt und anschließend verputzt werden. Dienen sie zur Vermeidung von Wärmebrücken, muss die Verklebung vollflächig, ohne Hohlräume, erfolgen.

☐ **Wurden die Außenwandbekleidungen fachgerecht ausgeführt?**
Hinterlüftete Außenwandbekleidungen sind gem. DIN 18516-1 Außenwandbekleidungen, hinterlüftet – Teil 1: Anforderungen, Prüfgrundsätze herzustellen.

☐ **Wurden die Wärmedämmputzsysteme korrekt ausgeführt?**
Führen Sie Sichtproben durch! Prüfnachweise und Herstellerangaben sind zu beachten!

**Beachte:** Prinzipiell sind Wärmedämmputzsysteme mit einem Wärmedämmputz und einem Oberputz herzustellen. Der Wärmedämmputz kann dabei bis 40 mm Dicke einlagig, bei größeren Stärken mehrlagig, hergestellt werden.

**Hinweise:** Oberputz ist immer zweilagig auszuführen, wobei die erste Lage als Zwischenputz gedacht sein muss, entweder faserarmiert oder mit vollflächiger Gewebeeinlage. An kritischen Stellen, wie z. B. Ecken von Aussparungen für Öffnungen aller Art, kommen zusätzliche Diagonalbewehrungen zur Stabilisierung zum Einsatz. Die zweite Putzlage, der Oberputz, ist als strukturierte geriebene Oberputzlage zu realisieren.

Kratzputz ist als Oberputz ohne Zwischenlage herzustellen.

### Abnahme von Putzarbeiten

☐ **Wurden die Bewegungsfugen korrekt ausgeführt?**

Dehnungsfugen des Bauwerks sind so auszuführen, dass sie die Bewegungsmöglichkeiten nicht beeinträchtigen. Kontrolle und Nachweise der Dehnungsfugen gemäß den Ausführungsunterlagen. Beachten Sie auch den fachgerechten Fugenverschluss!

☐ **Stimmt die Qualität der Putzoberfläche?**

Innenputze sind nach der Unterteilung in DIN 18550-2 geglättet oder gefilzt jeweils nach Qualitätsstufe Q2 (Standardanforderungen an die Ebenheit) auszuführen. Dies stellt die Mindestanforderung dar. Für höhere Qualitätsstufen, wie Q3 (erhöhte Anforderungen an die Ebenheit) oder Q4 sind zusätzliche Maßnahmen notwendig, die als Besondere Leistungen einzustufen sind.

**Abnahmetipps:**

1. Kontrollieren Sie die Ebenmäßigkeit (maximale Abweichung: 5 mm bei 1 m Messpunktabstand, siehe DIN 18202, Tabelle 3)!
2. Kontrollieren Sie die Oberflächenstruktur – vergleichen Sie die Ausführung mit den Planungsvorgaben!
3. Kontrollieren Sie die Lotrechtigkeit und Rechtwinkligkeit (8 mm bei über 1 m bis 3 m Messpunktabstand, siehe DIN 18202, Tabelle 2)!
4. Kontrollieren Sie die Kanten und Anschlüsse!
5. Führen Sie Sichtproben unter Zuhilfenahme von Wasserwaage und Messkeil durch!

☐ **Sind Risse im Putz?**
Führen Sie eine Sichtprobe durch! Sind diese putzbedingt oder eher putzgrundbedingt (siehe Anhang C der DIN 18550-1)?

☐ **Entspricht das Putzsystem dem Verwendungszweck?**
Sichtkontrolle und Überprüfung laut Planungsvorgaben.
Herstellung der Putze nach:
- Für Putze aus Mörtel mit mineralischen Bindemitteln, mit oder ohne Zusätze, gilt die DIN 18550, Teile 1 und 2.
- Für Kunstharzputze gilt die DIN 18558.

☐ **Wurden alle Putzstärken eingehalten?**
Putzstärken laut Planungsvorgaben kontrollieren!
**Hinweis:** Laut DIN 18550-2 gilt z. B. für Innenputz die Mindeststärke von 10 mm; bei einer mittleren Putzstärke von 15 mm. Innenputze haben zwischen 5 mm (Werktrockenmörtel) und mindestens 10 mm zu liegen.

☐ **Wie wurde mit Altputz verfahren?**
Altputze, die Risse, Schadstellen u. Ä. aufweisen, sind mit einem Armierungsputz mit Gewebeeinlage als zusätzliche Putzlage zu überarbeiten.
Kontrolle des Putzuntergrundes und des Armierungsgewebes (Prüfzeugnisse)!

☐ **Wurde der Putz fachgerecht aufgetragen und bearbeitet?**
Sichtprobe nach Planungsvorgaben. Kontrollieren Sie die Putzstärken und die Putzoberflächen!
**Hinweise:** Innenputze werden z. B. geglättet bzw. gefilzt hergestellt. Außenputze sind in zwei Lagen, Unter- und Oberputz, zu realisieren.
Dünnlagige Oberputze müssen als Mindestanforderung gerieben werden, wobei die Mindestkorngröße 3 mm betragen muss, wenn nichts anderes vereinbart ist. Bei anderen Korngrößen sind zusätzliche Maßnahmen notwendig. Sollten hierfür Leistungen erforderlich werden, so sind diese Besondere Leistungen. Dicklagige Oberputze werden als Kratzputz ausgeführt.

☐ **Wurden auskragende Teilflächen bei Steinputz fachgerecht verputzt?**
Auskragende Gebäudeteilflächen müssen vor dem Verputzen durch den Einbau einer korrosionsgeschützten Unterkonstruktion ausgesteift werden, wobei nach dem Putzauftrag und dem Abbinden des Putzes die Oberfläche zu stocken (steinmetzmäßiges Bearbeiten) bzw. zu scharrieren ist.

**Beachte:** Beschädigte und auszubessernde Flächen sind mit gleichartigem Mörtel zu ergänzen. Die Oberfläche ist der vorhandenen Steinputzfläche bzw. Profilierung anzugleichen.

☐ **Sind die Sockelbereiche korrekt ausgeführt?**

Sockel müssen feuchteresistent (Spritzwasserbereich) ausgeführt werden (z. B. mit Dichtungsschlämmen) und ein gleichmäßiges Aussehen haben (relative Augenhöhe).

Bei der Abnahme sollten Sie auf Folgendes achten (Sichtkontrolle):

- Saubere Übergänge zum Wandbereich
- Ist die Unterkante fachgerecht abgedichtet (z. B. Spiegeltest!)?
- Liegen Verunreinigungen oder Beschädigungen vor?
- Herstellerangaben, Materialnachweise und deren Eignung sind zu prüfen.

☐ **Bildet der Innenputz die Luftdichtigkeitsebene?**

Kontrollieren Sie den Verlauf der Luftdichtigkeitsebene laut Planungsvorgaben. Bilden die Innenputzflächen die innere Luftdichtigkeitsebene am Mauerwerk, ist der Putz auch auf der gesamten Wandfläche aufzubringen, also bis Rohboden und bis zur Rohdecke.

## Abnahme von Stuckarbeiten

☐ **Wurden gezogene Profile fachgerecht ausgeführt?**

Gezogene Profile mit einer Stuckdicke von größer 50 mm sind auf einer korrosionsresistenten Unterkonstruktion herzustellen. Wogegen vorzufertigende Stuckteile mit einer Stuckdicke von größer als 50 mm mittels korrosionsgeschützter Bewehrung zu realisieren sind. Sie sind dabei mit artgleichem Mörtel anzusetzen und zu befestigen.

Bei auskragenden Stuckteilen im Außenbereich ist die Oberfläche zu schützen. Ebenso muss Stuck aus gipshaltigem Mörtel im Außenbereich vor Feuchteeinflüssen geschützt werden. Überprüfen Sie die Stuckqualität und die Ausführungsqualität. Führen Sie Sichtkontrollen und Kontrollmessungen durch.

☐ **War der Untergrund für den Stuckmarmor geeignet?**
Der trockene und sorgfältig gereinigte Untergrund muss zuerst angenetzt und anschließend mit einem nicht zu dünnen, mit Leimwasser vermengten, Spritzbewurf aus Gipsmörtel vorbereitet werden. Danach wird der Marmorgrund mit rauer Oberfläche 20 bis 30 mm dick aus dafür geeignetem Stuckgips unter Zugabe von Leimwasser (Abbindedauer ca. zwei bis drei Stunden) oder aus anderem, langsam bindenden Hartgips und reinem Sand hergestellt. Der vollständig ausgetrocknete Marmorgrund ist anschließend mit Wasser anzunetzen.

A B D E F K M P S T V W Z

# Sanitäranlagen

Autoren: Uwe Morchutt, Christian Fichtl

## Geltungsbereich

Bei der Abnahme von Sanitäranlagen sind die Vorgaben der *DIN 18381 VOB Vergabe- und Vertragsordnung für Bauleistungen – Teil C: Allgemeine Technische Vertragsbedingungen für Bauleistungen (ATV) – Gas-, Wasser- und Entwässerungsanlagen innerhalb von Gebäuden* zu beachten. Ergänzend gilt die *ATV DIN 18299 Allgemeine Regelungen für Bauarbeiten jeder Art*, Abschnitte 1 bis 5. Kommt es zu Widersprüchen, gehen die Regelungen der ATV DIN 18381 vor.

## Abnahme in der Praxis

Machen Sie sich vor der Abnahme mit dem geforderten Leistungsumfang und den Ausführungsunterlagen (genehmigtes und geprüftes Sanitärprojekt) vertraut, damit ein Soll-Ist-Vergleich möglich ist.

Die Kontrolle der Vollständigkeit der gesamten Leistung, die Durchführung der Funktionsprüfung aller Anlagenteile und die Überprüfung der vorzulegenden Dokumentation sind die Kernpunkte der technischen Abnahme einer Sanitärinstallation.

Kontrollieren Sie die Revisions- und Bestandspläne sowie die Hauspläne und Prinzipschaltbilder.

**Hatte der Auftragnehmer vor Beginn der Arbeiten Bedenken wegen:**

- ☐ **Unstimmigkeiten innerhalb der zu Verfügung gestellten Unterlagen und Berechnungen?**
- ☐ **Fehlens von Fundamenten, Schlitzen und Durchbrüchen?**
- ☐ **ungeeigneten Querschnitts der Abgasleitung oder Bauart der Abgasanlage?**
- ☐ **ungeeigneten Querschnitts der Installationsschächte?**

- ☐ **zu geringen Platzes für die Bauteile?**
- ☐ **ungeeigneter Witterung bei der Ausführung?**
- ☐ **Liegt der Elektroschaltplan für die Sanitäranlage vor?**
  Kontrolle und Abgleich mit den Projektdaten!
  **Beachte:** Laut DIN EN 61082 muss ein separater Elektroschaltplan für die Sanitäranlagen vorliegen.
- ☐ **Kam es zu Arbeiten bei extremen Witterungs- oder raumklimatischen Verhältnissen?**
  Bei Temperaturen unter 5 °C dürfen generell keine Klebearbeiten an Kunststoffrohren erfolgen (Qualitätssicherung). Falls Arbeiten bei ungeeigneter Temperatur ausgeführt werden, bedarf es der vorherigen Zustimmung des Auftraggebers, denn es sind besondere Maßnahmen erforderlich! Sollten hierfür Leistungen erforderlich werden, so sind diese Besondere Leistungen.
  **Praxistipp:** Fügen Sie dem Abnahmeprotokoll eine Dokumentation der Ausführungsbedingungen mit Fotoaufnahmen und den klimatischen Verhältnissen im und außerhalb des Gebäudes hinzu.
- ☐ **Liegen die Dichtheitsbescheinigungen vor?**
  Kontrolle auf Vollständigkeit! Laut DIN EN 1610 müssen Dichtheitsbescheinigungen vorliegen für:
  - Erdverlegte Grundleitungen sowie Schächte (Diese sind mit einer Druckbelastung von 10 bis 50 kPa abzudrücken.)
  - Nicht erdverlegte Fallstränge (Fallrohre, DIN 1986)
- ☐ **Liegen alle Druckprüfbescheinigungen für die Trinkwasseranlage und für Einzelrohre vor?**
  Kontrolle der Prüfprotokolle auf Vollständigkeit und Abgleich mit den Vorgaben! Für die behördlich vorgeschriebenen Anzeigen und Anträge erforderliche Unterlagen, deren Anforderungen aus den Technischen Anschlussbedingungen der örtlichen Ver- und Entsorgungsunternehmen hervorgehen, sind vom Auftragnehmer vorzulegen!
- ☐ **Gibt es eine komplette Bestellliste der wichtigsten Teile?**
  Hier geht es v. a. um Verschleißteile (z. B. Dichtungen), Komponenten und Armaturen.
- ☐ **Sind die Energiemengen messbar?**
  Ist die getrennte Erfassung von Energie-, Wasser- oder Abwassermengen notwendig? Um den Verbrauch unterschiedlichen Nutzern zuordnen zu können, sind Messeinrichtungen notwendig. Damit Messwerte richtig erfasst werden, müssen auch die Messwertgeber an der richtigen Stelle eingebaut werden.

☐ **Liegen alle Betriebs- und Wartungsanleitungen vor?**
Kontrollieren Sie die Vollständigkeit und Korrektheit der Unterlagen. Achten Sie auf Herstellerangaben, Prüfzeichen und Prüfsiegel.

☐ **Liegt das Protokoll über die Einweisung in die Anlage vor?**
Kontrolle des Protokolls (DIN 18381) auf Vollständigkeit (Tag und Uhrzeit)!

☐ **Gab es bei der Einweisung irgendwelche Beanstandungen?**

☐ **Gibt es eine Spülbescheinigung für das Trinkwassersystem?**
Laut DIN 1988-2 müssen alle Trinkwasserleitungen vor Inbetriebnahme gespült werden (Hygienevorschrift)!

☐ **Liegen die Einleit- und Entwässerungsbescheide der zuständigen Behörde vor?**
Bevor Abwasser in öffentliche Kanäle eingeleitet werden darf, muss eine Genehmigung der zuständigen Abwasserbehörde beantragt werden, und die Genehmigung muss vorliegen.
**Abnahmetipp:** Prüfen Sie den Antrag, die Genehmigung sowie den Abnahmebescheid.

☐ **Sind zum Schutz der Abwasser Fett- oder Flüssigabscheider vorgesehen worden?**
Fettabscheider werden v. a. bei Großküchen etc. verlangt. Leichtflüssigkeitsabscheider (Öl-Benzinabscheider) müssen hingegen bei Garagen, Tankanlagen und Kfz-Waschanlagen usw. installiert werden.

☐ **Liegen die Abnahmeprotokolle für Fett- und Flüssigkeitsabscheider vor?**

☐ **Sind Schlammfänge vorhanden?**

☐ **Ist die Sanitäranlage komplett und in allen Einzelbereichen voll funktionstüchtig?**
Abgleich mit den Vorgaben, Besichtigung und Funktionsprobe. Hierbei u. a. die folgenden Punkte kontrollieren:

☐ **Funktioniert der Durchlauferhitzer (Gas-/Elektrobasis)?**
Funktionsprobe durchführen!

☐ **Ist der Brenner (Gas) richtig eingestellt?**

☐ **Stimmt die Temperatureinstellung (Elektro)?**

☐ **Ist kaltes und warmes Wasser verfügbar?**
Überprüfen Sie dies.

☐ **Ist der Fließdruck in Ordnung?**
Kontrolle des Drucks! Beachten Sie die Messprotokolle.

☐ **Funktioniert die Urinal- und WC-Spülung?**

A B D E F K M P S T V W Z

☐ **Sind alle Spülvorrichtungen intakt?**
Testen Sie: Volllaufen und Stopp. Schließt der Schwimmer richtig ab? Oder läuft das Wasser weiter?

☐ **Entsprechen alle Armaturen, WC-Sitze, Waschtische, Handwaschbecken etc. den Vorgaben im LV?**

☐ **Sind die WC-Sitze, Waschtische und Handwaschbecken richtig befestigt?**

☐ **Sind WC-Sitze, Waschtische und Handwaschbecken beschädigt?**

☐ **Funktionieren die Absperrventile, Armaturen etc. einwandfrei?**

☐ **Tropft das Auslaufventil?**
Dichtungskontrolle!

☐ **Läuft das Wasser schnell ab?**
**Vorsicht:** Verstopfung!

☐ **Leckt der Ablauf bzw. Siphon?**
Machen Sie eine Tastprobe am Ablauf.

☐ **Ist die Trinkwasserleitung abgedrückt worden?**
Alle Trinkwasserleitungen müssen abgedrückt werden, da sie als Druckleitungen absolut dicht sein müssen. Das Druckprotokoll muss Datum, Betriebs- und Prüfdruck, Lage und Dauer der Prüfung und eine Bestätigung der Dichtheit beinhalten.
**Abnahmetipp:** Beachten Sie die Messprotokolle der Vor- und Hauptprüfung gem. DIN 1988-2.

☐ **Sind alle Rohrverbindungen dicht?**

☐ **Ist das verwendete Rohrmaterial für die Nutzungszwecke geeignet?**
Kontrolle, Sichtprobe und Abgleich mit den Projektvorgaben! Beachten Sie auch die Herstellerangaben, Prüfbescheide und Prüfzertifikate (z. B. für Trinkwasserzwecke geeignet?).

☐ **Sind alle Abdeckbereiche und Anschlüsse sauber installiert worden?**
Sichtkontrolle und Begehung!

☐ **Sind Abdeckrosetten im Bereich Armatur und Fliesengrund vorhanden?**

☐ **Sind die Bodeneinläufe sauber eingepasst worden und funktionsfähig?**

☐ **Sind Haarsiebe vorhanden?**
Wasserprobe und Kontrolle durchführen!

☐ **Sind alle Installationen komplett ausgeführt worden?**
Begehung und Kontrolle!

☐ **Sind alle Rohrverbindungen, Muffen-, Steckverbindungen in Fließrichtung sauber verbunden und richtig montiert?**
Kontrollieren Sie auch die Eckventile.

- ☐ **Sind alle Revisionsöffnungen (Abwasserfallrohre) vorhanden und bei Havarien und Verstopfungen leicht zugänglich?**
- ☐ **Ist die Anlage strangweise zu be- und entlüften?**
  Kontrolle (DIN 1986-3, Tabelle 1)!
- ☐ **Erfüllt die Anlage insgesamt und in allen Teilbereichen den Schallschutz?**
  Vergleichen Sie die Ausführung mit den Projektvorgaben. Wurden beispielsweise Rohrschellen mit Dämmung installiert? Beachten Sie die Vorgaben an die Mindestanforderungen in der DIN 4109-1.
- ☐ **Sind ausreichend Absperrventile vorhanden?**
  Vergleichen Sie die Ausführung mit den Projektvorgaben.
  **Hinweis:** Es müssen ausreichend Absperrventile vorhanden sein, v. a. für Havariefälle (Rohrbruch, Verstopfung).
- ☐ **Wo befindet sich der Hauptabsperrschieber?**
- ☐ **Ist der Wasserzähler leicht zugänglich installiert?**
  Laut DIN 18381 und DIN 1988-2 muss der Wasserzähler gut zugänglich angebracht sein.
- ☐ **Ist der Brandschutz bei den Rohrdurchführungen eingehalten worden?**
- ☐ **Sind Warmwasserleitungen ausreichend gedämmt?**
- ☐ **Sind alle Bestandsunterlagen komplett und aktualisiert übergeben worden?**
  Kontrollieren Sie alle Unterlagen auf Vollständigkeit: Wartungs- und Bedienungsanleitungen, Gewährleistungen, Herstellerangeben, Prüfzertifikate und Prüfsiegel.
- ☐ **Gibt es eine Druckerhöhungsanlage z. B. bei Hochhäusern und funktioniert sie?**
- ☐ **Ist eine Wasserenthärtungsanlage integriert worden und ist diese funktionstüchtig?**
  Dies ist in Gegenden mit hartem Wasser empfehlenswert. Auskunft über den Härtegrad des Wassers gibt das Wasserversorgungswerk.
- ☐ **Wurde eine Schmutzwasserhebeanlage installiert und ist sie funktionstüchtig?**
  Überprüfen Sie die Pumpe und die Entlüftung.
- ☐ **Wurde der Hausanschlussraum fachgerecht ausgebildet?**
  Der Hausanschlussraum sollte nach DIN 18012 an der Gebäudeaußenwand liegen, durch die die Anschlussleitungen eingebracht werden. Der Zugang über einen allgemein zugänglichen Raum ist zu kennzeichnen. Ein Hausanschlussraum muss mindestens 2,0 m lang, 1,5 m breit und 2,0 m hoch sein.

☐ **Wurden die Schutzschläuche bei allen Installationsleitungen fachgerecht ausgeführt?**
Stoffe, die Rohrleitungen zerstören können, wie z. B. Gips, gipshaltige Ausgleichsmassen, chloridhaltige Schnellbinder, dürfen nicht in direkter Verbindung mit Metallteilen von Installationsleitungen stehen. Kontrollieren Sie deshalb alle Schutzschläuche und deren Verklebungen!

☐ **Wurden die Bewegungsflächen bei barrierefreien Gebäuden eingehalten?**
Nach DIN 18040 müssen bei öffentlich zugänglichen Gebäuden Bewegungsflächen von mindestens 150 x 150 cm vor den Sanitärobjekten vorhanden sein.

☐ **Ist die Dokumentation vollständig?**
Der Unternehmer hat eine Vielzahl an Unterlagen dreifach in Papierform zur Dokumentation aufzustellen und sortiert zu übergeben. Dies betrifft

- elektrische Übersichtsschaltpläne und Anschlusspläne,
- Zusammenstellung wichtiger technischer Daten,
- Prüf- und Herstellerbescheinigungen,
- Verwendbarkeitsnachweise,
- Fachunternehmererklärungen,
- alle für einen sicheren und wirtschaftlichen Betrieb erforderlichen Bedienungs- und Wartungsanleitungen und
- die Protokolle der Druck- und Dichtheitsprüfung und der Einweisung.

# Tapezierarbeiten

Autoren: Uwe Morchutt, Christian Fichtl

## Geltungsbereich

Bei der Abnahme von Tapezierarbeiten sind die Vorgaben der *DIN 18366 VOB Vergabe- und Vertragsordnung für Bauleistungen – Teil C: Allgemeine Technische Vertragsbedingungen für Bauleistungen (ATV) – Tapezierarbeiten* zu beachten. Ergänzend gilt die *ATV DIN 18299 Allgemeine Regelungen für Bauarbeiten jeder Art*, Abschnitte 1 bis 5. Kommt es zu Widersprüchen, gehen die Regelungen der ATV DIN 18366 vor.

Die ATV DIN 18366 gilt für das Tapezieren und Spannen von Wand- und Deckenbekleidungen einschließlich Kleben tapetenähnlicher Stoffe.

## Abnahme in der Praxis

Machen Sie sich vor der Abnahme mit dem geforderten Leistungsumfang und den Ausführungsunterlagen vertraut, damit ein Soll-Ist-Vergleich möglich ist.

**Hatte der Auftragnehmer vor Beginn der Arbeiten Bedenken wegen:**

- ☐ **ungeeigneter Beschaffenheit bzw. ungenügender Tragfähigkeit des Untergrunds?**
- ☐ **Schimmelbildung, Wasserflecken, Nikotin?**
- ☐ **gerissenen oder feuchten Untergrunds?**
- ☐ **Wurden alle Bewegungsfugen beachtet?**
  Bewegungsfugen des Bauwerks dürfen nicht übertapeziert werden. (Die Tapete reißt an diesen Stellen.) Führen Sie eine Sichtkontrolle durch!

- ☐ **Kam es zu Arbeiten bei extremen Witterungsverhältnissen?**
  Bei Bauteiltemperaturen unter +15 °C oder relativer Luftfeuchte über 80 % dürfen generell keine Tapezierarbeiten erfolgen! Falls Arbeiten unter 15 °C ausgeführt werden, bedarf es der vorherigen Zustimmung des Auftraggebers, denn es sind besondere Maßnahmen erforderlich! Sollten hierfür Leistungen erforderlich werden, so sind diese Besondere Leistungen.
  **Praxistipp:** Fügen Sie dem Abnahmeprotokoll eine Dokumentation der Ausführungsbedingungen mit Fotoaufnahmen und den klimatischen Verhältnissen im und außerhalb des Gebäudes hinzu.
- ☐ **Ist der Untergrund laut LV vorbereitet worden?**
  Führen Sie Sichtkontrollen und Klopfproben durch. Schadhafte Untergründe sind wie folgt vorzubehandeln:
  - Putze, die Kalk oder Zement beinhalten, und Betonflächen müssen bei Ausblühungen fluatiert und nachgewaschen werden.
  - Ausblühungen sind zu beseitigen.
  - Entschalungsmittel auf Beton sind zu entfernen.
  - Kalksinterschichten, die zu Abplatzungen der Tapeten bzw. zum Aufplatzen der Tapetenstöße führen können, sind zu entfernen.
  - Stark saugende Untergründe müssen mit Grundbeschichtungsstoffen grundiert werden.
  - Nicht werkseitig imprägnierte Gips- und Gipsfaserplatten sind mit nicht reversiblen Grundbeschichtungsstoffen vorzubehandeln.
  - Holz und Holzwerkstoffe müssen eine Grundbeschichtung erhalten.
  - Korrodierende Untergründe müssen mit einer Korrosionsbeschichtung versehen werden.
- ☐ **Kamen Unterlagsstoffe zum Einsatz?**
  Tapetenunterlagen aus Rohpapier sowie Unterlagspapier mit Abzieheffekt sollen mit einem Spezialkleber auf Stoß aufgebracht werden.
  **Hinweis:** Rohpapier (Makulaturpapier) muss unbedruckt und saugfähig sein. Unterlagsstoffe mit Abzieheffekt müssen das Abziehen der aufgeklebten Tapeten in trockenem Zustand ermöglichen.
- ☐ **Stimmen die Tapeten mit den Vorgaben überein?**
  Führen Sie eine Sichtkontrolle durch und überprüfen Sie dies anhand der LVs. Beachten Sie Herstellerangaben, Prüfsiegel, Nachweise, ...
- ☐ **Stimmen die Farben mit den Farbmustern überein?**

☐ **Sind die Tapeten für den jeweiligen Verwendungszweck geeignet?**

☐ **Ist die Qualität der Tapezierung in Ordnung?**
Führen Sie eine Sichtkontrolle durch und vergleichen Sie die Ausführung mit dem LV! Kontrollieren Sie die Tapezierung auf:
- Sauberkeit
- Risse
- Schäden
- Klebstoffspuren

insbesondere an den Übergängen, Anschlüssen, in den Ecken, über Fugen usw.

☐ **Sind die Tapeten blasen- und faltenfrei?**

☐ **Sind die Nähte ordentlich?**

☐ **Sind die Stöße sauber ausgeführt?**

☐ **Wurde über Türen, an Aussparungen u. Ä. ordentlich tapeziert?**

☐ **Sind die Tapeten an Ecken getrennt und überlappt verklebt?**

☐ **Wie sehen die Deckel von Verteilerdosen aus?**
Über Deckel von Verteilerdosen ist zu tapezieren, wenn nichts anderes vereinbart wurde.
**Abnahmetipp:** Kontrollieren Sie Kanten und Rapporte bei Tageslicht.
**Hinweis:** Hinter Öfen und Heizkörpern braucht nicht tapeziert zu werden.

☐ **Wurden Rückstellproben genommen?**
Rückstellproben von z. B. Tapeten dokumentieren die Materialeigenschaften und können bei eventuell späteren Auffälligkeiten hilfreich sein.

## Hinweis zu Nebenleistungen und Besonderen Leistungen

Es empfiehlt sich, bei der Abnahme des Gewerks eine komplette Auflistung der zusätzlichen Leistungen vorzulegen. Auch diese Leistungen sollten überprüft und abgenommen werden.

# Tischlerarbeiten

Autoren: Uwe Morchutt, Christian Fichtl

## Geltungsbereich

Bei der Abnahme von Tischlerarbeiten sind die Vorgaben der *DIN 18355 VOB Vergabe- und Vertragsordnung für Bauleistungen – Teil C: Allgemeine Technische Vertragsbedingungen für Bauleistungen (ATV) – Tischlerarbeiten* zu beachten. Die ATV DIN 18355 gilt allerdings nicht für:

- Außenwandbekleidungen mit Unterkonstruktionen, ATV DIN 18351 – Vorgehängte hinterlüftete Fassaden
- Beschlagarbeiten, ATV DIN 18357
- Verglasungsarbeiten, ATV DIN 18361

Ergänzend gilt die *ATV DIN 18299 Allgemeine Regelungen für Bauarbeiten jeder Art*, Abschnitte 1 bis 5. Kommt es zu Widersprüchen, gehen die Regelungen der ATV DIN 18355 vor.

## Abnahme in der Praxis

Machen Sie sich vor der Abnahme mit dem geforderten Leistungsumfang und den Ausführungsunterlagen vertraut, damit ein Soll-Ist-Vergleich möglich ist!

**Hatte der Auftragnehmer vor Beginn der Arbeiten Bedenken wegen:**

- ☐ **ungeeigneter Beschaffenheit bzw. ungenügender Tragfähigkeit des Untergrunds?**
- ☐ **fehlender Höhenfestpunkte?**
- ☐ **zu hoher Baufeuchte, fehlenden konstruktiven Holzschutzes?**

A B D E F K M P S T V W Z

☐ **Liegen vorhandene Abweichungen in den vorgeschriebenen Maßtoleranzen?**
Alle Abweichungen müssen gemäß DIN 18202 in den Grenzen der zulässigen Maßtoleranzen liegen.
**Hinweis:** Werden die Grenzwerte nach DIN 18202 eingehalten, sind Unebenheiten in der Oberfläche, die nur bei Streiflicht sichtbar werden, zulässig.

☐ **Wurden grundsätzliche Vorgaben bei der Arbeit mit Holz beachtet?**
Alle Verbindungen aus Holz müssen bei Schwankungen der Luftfeuchte quellen und schwinden können, ohne dass die Verbindung dadurch beeinträchtigt wird.

☐ **Sind die Holzarten und die Güteklassen eingehalten worden?**
Führen Sie hierzu Sichtkontrollen durch und kontrollieren Sie dies anhand der Lieferscheine, Herstellernachweise, Gütezertifikate (Holzqualität), Aufkleber etc. Beachten Sie auch die Feuchtenachweise.
**Hinweis:** Der Feuchtegehalt zusammengefügter Teile aus (Voll-)Holz darf beim Verlassen des Herstellerbetriebs, z. B. bei Einbaumöbeln, Wand- und Deckenbekleidungen sowie Innentüren, höchstens 10 % betragen. Für Bauteile, die mit der Außenluft in Verbindung stehen, hat die Feuchte bei 15 % bezogen auf das Darrgewicht (Darrprinzip: prozentuale Feuchte des im Holz enthaltenen Wassers in Relation zum Trockengewicht des Holzes) zu liegen. Der Feuchtegehalt ist auf Verlangen des Auftraggebers nachzuweisen.

☐ **Stimmen die Rohbaumaße mit den zeichnerischen Vorgaben überein?**
Führen Sie Sichtkontrollen durch und messen Sie die wichtigsten Rohbaumaße (z. B. Fenster- und Türmaße) nach. Überprüfen Sie die Anschlagstellen für die Bauteile.

☐ **Stimmen die Zeichnungen und die Ausführung mit den statischen Berechnungen überein?**
Hier kommt es v. a. auf die tragenden Bauteile und ihre Querschnitte an sowie auf die Anschlüsse, Verankerungen und Stöße.

☐ **Ist die Einbauqualität in Ordnung?**
Führen Sie Sichtkontrollen und Funktionsproben durch und messen Sie nach.

☐ **Sind die Sichtflächen von Sperrholz in Ordnung?**
Sichtbar bleibende Sperrholzflächen müssen mindestens der Erscheinungsklasse E nach DIN EN 635 entsprechen.

☐ **Gibt es Oberflächenschäden?**
Überprüfen Sie die Oberflächen auf Schäden wie Kratzer, Risse usw.

**Fenster**

☐ **Ist die Verglasung der Fenster in Ordnung?**
Führen Sie Sichtkontrollen durch. Überprüfen Sie die Glasqualität anhand der Prüfzeugnisse, Aufkleber, Lieferdaten und Herstellerangaben (Achten Sie u. a. auf U-Wert, Schallschutz, Sonnenschutzanforderung, einbruchshemmende Wirkung etc.).
**Tipp:** Der Aufdruck im Randverbund von Isolierglasscheiben gibt ersten Aufschluss über die verwendete Verglasung. Auch über die herstellereigene Codierung kann eine Überprüfung sicher erfolgen.

☐ **Gibt es Schäden an der Verglasung?**
Kontrollieren Sie die Verglasung auf Schäden wie Kratzer, Einschlüsse bei Mehrscheibenverglasung usw.

☐ **Sitzt das Glas sauber und fest im Rahmen?**

☐ **Wie ist der Reinigungszustand?**

☐ **Lassen sich die Fenster leicht öffnen und schließen?**
Führen Sie eine Sicht- und Funktionsprobe durch.

☐ **Erfüllen die Rahmen die geforderten Werte hinsichtlich Einbruchsicherheit und U-Wert?**

☐ **Entsprechen alle Schließmechanismen den Vorgaben und sind sie funktionstüchtig?**
(z. B. Kipp-Dreh-Flügel)

☐ **Sind die Fensteranschlussfugen korrekt ausgeführt worden?**
Führen Sie eine Sichtkontrolle durch. Die Fensteranschlussfugen sind innenseitig luftdicht herzustellen (Fugendurchlässigkeit nach DIN EN 12207, Prüf-Norm DIN EN 1026).

☐ **Kann das Wasser problemlos abfließen?**
Sichtkontrolle! Alle Fensterprofile müssen so ausgebildet sein, dass das Wasser problemlos abgeleitet werden kann (Holzfenster: DIN 68121, Teile 1 und 2).

☐ **Wie verläuft die Dichtung im Falz?**
Die Dichtung im Falz muss umlaufend vorhanden sein!

☐ **Sitzen die Rahmenkonstruktionen richtig fest?**
Die Verbindungen des Rahmens müssen vollflächig – natürlich auch an den Brüstungen – verleimt werden.

- ☐ **Wurde bei Holz-Alu-Fenstern der Luftraum eingehalten?**
  Holz-Aluminium-Fenster müssen zwischen dem Holz und dem Aluminiumrahmen einen Luftraum aufweisen. Dieser Luftraum muss zum Dampfdruckausgleich Öffnungen haben.
- ☐ **Wurde die Führung der Profilentwässerung beachtet?**
  Fenster und Fenstertüren besitzen Profilentwässerungen. Sie dienen u. a. der Ableitung von Kondensat aus der Konstruktion. Diese dürfen nicht unplanmäßig verschlossen werden. So ist insbesondere bei Türen darauf zu achten, dass die Profilentwässerung nicht durch Abdichtungen im Schwellenbereich verschlossen werden.
- ☐ **Sind die Schlagleisten richtig befestigt worden?**
  Sichtkontrolle durchführen! Die äußeren Schlagleisten sind mit dem Rahmenholz zu verleimen, die inneren Schlagleisten dagegen zu verschrauben.
- ☐ **Sitzen die Wetterschenkel richtig?**
  Die Wetterschenkel müssen, sofern Wetterschenkel und unteres Flügelrahmenholz getrennt sind, mit dem Rahmenholz verleimt werden.
- ☐ **Entsprechen die Beschläge der Leistungsbeschreibung?**
  Führen Sie eine Sichtkontrolle durch und vergleichen Sie die Beschläge mit den Vorgaben.
  Führen Sie eine Funktionsprobe durch. Achten Sie auf das eingebaute Fabrikat.
- ☐ **Passen die Beschläge zum Fenstertyp?**
- ☐ **Sind sie (falls im LV verlangt) einbruchhemmend und/ oder abschließbar?**
  Schlüsselsatz!
- ☐ **Lassen sich die Beschläge leicht betätigen?**
- ☐ **Sind die Einfassungen sauber?**
- ☐ **Gibt es Spannungen im Glas?**
  **Vorsicht:** Bruchgefahr!
- ☐ **Ist der Holzschutz eingehalten worden?**
  Führen Sie eine Sichtkontrolle durch und lassen Sie sich die Nachweise zeigen.
  **Beachte:** Der Schutz des Holzes von Außenbauteilen hat oberste Priorität (DIN 68800). Alle Außenbauteile müssen vor dem Einbau und vor der Verglasung allseitig mindestens mit einem Grundanstrich und einem Zwischenanstrich versehen werden.
  Holzanstriche auf Holzschutzmitteln haben anstrichverträglich und bei Innenanstrichen überdies geruchlos zu sein. Die Geruchlosigkeit gilt auch für das Holzschutzmittel und den Grundanstrich.

**Ausführungshinweis:** Wetterschutzschienen, Beschläge und Dichtungen dürfen frühestens nach dem ersten Zwischenanstrich angebracht werden.

☐ **Sind die Rollläden exakt eingebaut worden?**
Führen Sie eine Sichtkontrolle und Funktionsprüfung durch.

☐ **Sind die Führungsschienen sauber eingesetzt?**

☐ **Funktioniert die Einbruchsicherung?**
Funktionskontrolle durchführen! Die Einbruchsicherung verhindert das Hochschieben der Rollläden im geschlossenen Zustand.

☐ **Lässt sich der Rollladen leicht betätigen?**
DIN 18358 Rollladenarbeiten!

☐ **Sitzt der Rollladenkasten fest und korrekt auf?**
Machen Sie eine Sichtprobe und messen Sie nach.

☐ **Stimmt die Wärmedämmung zur Raumseite?**
Aufgesetzte Rollladenkästen sind „ideale" Wärmebrücken. Überprüfen Sie die Herstellervorgaben zur Einbausituation.

**Außen- und Innentüren**

☐ **Entspricht die Hauseingangstür allen Vorgaben?**
Führen Sie eine Sichtkontrolle durch und prüfen Sie die Funktionsfähigkeit. Darüber hinaus ist zu prüfen:

- Schalldämmmaß (Herstellerangaben, Nachweise)
- U-Wert
- Fabrikat
- Oberflächen- und Materialbeschaffenheit (Materialkennwerte, Prüfsiegel)

☐ **Wurden die Beschläge der Hauseingangstür (Sicherheitsbeschläge!) den Vorgaben entsprechend ausgeführt?**

☐ **Sitzt das Sicherheitsschloss richtig?**

☐ **Lässt sich der Schließzylinder leicht schließen?**

☐ **Liegt ein kompletter Schlüsselsatz vor?**

☐ **War ein Spion geplant und wurde er richtig ausgeführt?**

☐ **Ist die (geforderte) Einbruchsicherheit gewährleistet?**
Kontrollieren Sie die Verankerung und die Anzahl der Verankerungen gem. der Leistungsbeschreibung.

☐ **Ist die Hauseingangstür korrekt abgedichtet?**
Achten Sie u. a. auf Dichtungslippen, Schlauchdichtungen etc. und im Bodenbereich auf die Bodenabsenkdichtung.

- ☐ **Funktionieren alle Innentüren einwandfrei?**
  Führen Sie eine Sichtkontrolle und Funktionsproben durch. Kontrollieren Sie:
  - Rahmen bzw. Verankerungen
  - Türblätter auf Fabrikat, Oberflächenbeschaffenheit, Material (gem. Leistungsbeschreibung)
- ☐ **Stimmen die Türanschläge?**
- ☐ **Sitzen die Beschläge und passen die Schlösser (Schließprobe)?**
- ☐ **Sind Türblätter konvex oder konkav verzogen – stimmt die eingebaute Klimaklasse?**
- ☐ **Schleifen Türblätter am Fußboden?**
- ☐ **Sind (falls geplant) Türstopper vorhanden?**
- ☐ **Stimmen die WC- und Badtüren mit den Vorgaben überein?**
  Führen Sie Sicht- und Funktionskontrollen wie oben beschrieben durch. Kontrollieren Sie darüber hinaus:
  - Abschließbarkeit
  - Türanschlag
  - Bewegungsfreiheit der Türblätter
  - Zu- und Abluftöffnungen (falls geplant)
  - Ist die Holzgüte für Feucht-/Nassräume geeignet (Materialnachweise)?
- ☐ **Sind die Rahmen bei den Rahmentüren richtig befestigt?**
  Sichtkontrolle! Die Rahmenhölzer sind durch Verzapfen oder Verdübeln zu befestigen, ab einer Rahmenbreite von 100 mm dürfen sie auch verleimt werden.
- ☐ **Sind die Stahlzargen verwindungssteif?**
  Siehe Richtlinie für den Einbau von Stahlzargen!
- ☐ **Wurden alle Türzargen korrekt eingesetzt?**
- ☐ **Sitzen die Zargen in der richtigen Höhe und sind sie gerade eingesetzt?**
  Kontrolle (während der Einbauphase) mit Nivelliergerät. Kontrolle der Höhenlage gem. Meterriss (Markierung der jeweiligen Bezugshöhe über Fertigfußboden).
  **Beachte:** Das eingesetzte Türblatt darf nicht auf dem Boden schleifen, und die Tür muss sich leicht öffnen und schließen lassen.
- ☐ **Sind die Zargen in einwandfreier Qualität eingebaut worden?**
  Führen Sie Sichtproben durch und achten Sie auf Beschädigungen, Grate, Kanten, Beulen, Verkantungen und sonstige Schäden.

- ☐ **Sitzen Futter und Zargenrahmen fest?**
  Kontrollieren Sie die Befestigung. Hier kommt es v. a. auf das fachgerechte Verbinden der Ecken, z. B. durch Verfälzen, Verdübeln, Verzinken, Verzapfen sowie verdecktes Schrauben, an.
- ☐ **Wurden die Türschwellen fachgerecht ausgeführt?**
  Für alle Schwellen darf nur Hartholz zum Einsatz kommen. Prüfen Sie die Holzgüte.
- ☐ **Sind alle Abdichtungen im Außenbereich korrekt ausgeführt worden?**
  Die Abdichtung zwischen Außenbauteilen und Baukörper ist dauerhaft und schlagregendicht auszuführen, wobei die auf der Rauminnenseite verbleibenden Fugen zwischen Außenbauteilen und Baukörpern mit Dämmstoffen vollständig auszufüllen sind.
- ☐ **Wurden die Hohlräume im Bereich der Türzargen richtig abgedämmt?**
  Sichtkontrolle durchführen! Alle Hohlräume zwischen Zargen und Hohlkörpern bei Wohnungsabschlusstüren sind hohlraumfrei auszufüllen.
- ☐ **Sind die kompletten Schlüsselsätze zu den jeweiligen Schlossgarnituren vorhanden?**
- ☐ **Sind alle Dokumente und Pflegeanleitungen übergeben worden?**
- ☐ Achten Sie auf eine komplette Übergabe aller Zertifikate, Nachweise, Prüfzeugnisse, Gebrauchsanweisungen, Wartungs- und Pflegehinweise laut Hersteller. Protokoll zur Luftdichtigkeitsmessung!

## Hinweis zu Nebenleistungen und Besonderen Leistungen

Es empfiehlt sich, bei der Abnahme des Gewerks eine komplette Auflistung der zusätzlichen Leistungen vorzulegen. Auch diese Leistungen sollten überprüft und abgenommen werden.

A B D E F K M P S T V W Z

# Trockenbauarbeiten

Autor: Christian Fichtl

## Geltungsbereich

Bei der Abnahme von Trockenbauarbeiten sind die Vorgaben der *DIN 18340 VOB Vergabe- und Vertragsordnung für Bauleistungen – Teil C: Allgemeine Technische Vertragsbedingungen für Bauleistungen (ATV) – Trockenbauarbeiten* zu beachten. Ergänzend gilt die *ATV DIN 18299 Allgemeine Regelungen für Bauarbeiten jeder Art*, Abschnitte 1 bis 5. Kommt es zu Widersprüchen, gehen die Regelungen der ATV DIN 18340 vor.

Die ATV DIN 18340 Trockenbauarbeiten gilt für sogenannte raumbildende Bauteile des Ausbaus, hergestellt in trockener Bauweise, wie Deckenbekleidungen, Unterdecken, Wandbekleidungen, Trockenputz, Innendämmungen, Vorsatzschalen, Brandschutzbekleidungen, Trenn-, Montage- und Systemwände einschließlich Einbauteile, Fertigteilestriche, Trockenunterböden oder Systemböden.

Sie gilt allerdings nicht für:

- Zimmer- und Holzbauarbeiten (siehe ATV DIN 18334)
- Putz- und Stuckarbeiten (siehe ATV DIN 18350)
- Estricharbeiten (siehe ATV DIN 18353)
- Tischlerarbeiten (siehe ATV DIN 18355)
- Metallbauarbeiten (siehe ATV DIN 18360)
- Maler- und Lackierarbeiten (siehe ATV DIN 18363)
- Bodenbelagsarbeiten (siehe ATV DIN 18365)

## Abnahme in der Praxis

Machen Sie sich vor der Abnahme mit dem geforderten Leistungsumfang und den Ausführungsunterlagen vertraut, damit ein Soll-Ist-Vergleich möglich ist!

**Hatte der Auftragnehmer vor Beginn der Arbeiten Bedenken wegen:**

- ☐ **ungeeigneter Beschaffenheit bzw. ungenügender Tragfähigkeit des Untergrunds?**
  Dies betrifft auch die Ebenheit des Untergrundes, die Leitungsführung von technischen Gewerken oder Einbauten.
- ☐ **fehlender Höhenfestpunkte oder zu hoher Baufeuchte?**
- ☐ **Sind Arbeiten bei ungeeigneten klimatischen Bedingungen ausgeführt worden?**
  Falls Arbeiten bei ungeeigneten klimatischen Bedingungen, wie Spachtelarbeiten unter 10 °C Raumtemperatur, ausgeführt werden, bedarf es der vorherigen Zustimmung des Auftraggebers, denn es sind hierfür besondere Maßnahmen erforderlich! Sollten hierfür Leistungen erforderlich werden, so sind diese Besondere Leistungen. Auch für Montagearbeiten sind mindestens 5 °C im Raum erforderlich.
  **Praxistipp:** Fügen Sie dem Abnahmeprotokoll eine Dokumentation der Ausführungsbedingungen mit Fotoaufnahmen und den klimatischen Verhältnissen im und außerhalb des Gebäudes hinzu.
- ☐ **Stimmen alle Maße?**
  Zulässige Abweichungen der Ist-Werte von den Soll-Werten werden bei Trockenbauarbeiten in der *DIN 18202 Toleranzen im Hochbau* benannt. Die Anforderungen an die Ebenheit sind dort in Tabelle 3 aufgelistet, wobei die erhöhten Anforderungen als Besondere Leistung gelten. Machen Sie Sichtproben und kontrollieren Sie die:
  - Maße
  - Ebenheit
  - Lotrichtigkeit

  Werden Unebenheiten bei Streiflicht sichtbar, sind sie nur zu beanstanden, wenn sie die zulässigen oder vereinbarten Toleranzen überschreiten! Höhenversätze an Stößen von benachbarten Doppelbodenplatten dürfen maximal 1 mm betragen.

**Abnahme des Einbaus von Gipsplatten (Trockenbau)**

- ☐ **Wurde die Verspachtelung bei Gipsplatten fachgerecht ausgeführt?**
  Bei Oberflächen von Gipsplatten, an die keine optischen oder dekorativen Ansprüche gestellt werden, ist nur das Füllen der Stoßfugen und das Überziehen der sichtbaren Teile der Be-

festigungen notwendig. Dies betrifft z. B. Flächen, die noch mit Fliesen belegt werden. Diese Ausführung stellt die Grundverspachtelung dar und entspricht der Qualitätsstufe Q1.

**Beachte:** Bei der Qualitätsstufe Q1 dürfen werkzeugbedingte Grate sichtbar sein, überstehende Spachtelmassen sind jedoch abzustoßen.

Bei Oberflächen von Gipsplatten, die matte, füllende Anstriche und Beschichtungen, mittel und grob strukturierte Wandbekleidungen, wie Raufasertapeten oder Oberputze, mit Korngrößen über 1 mm erhalten sollen, ist zusätzlich zu der Grundverspachtelung ein Feinspachteln bis zum Erreichen eines stufenlosen Übergangs zur Plattenoberfläche notwendig. Diese Ausführung stellt die Standardverspachtelung dar und entspricht der **Qualitätsstufe Q2**.

**Beachte:** Bei der Qualitätsstufe Q2 dürfen weder Spachtelgrate noch Bearbeitungsabdrücke sichtbar sein.

Für die Herstellung der **Qualitätsstufe Q3** bei Trockenbauarbeiten wird zunächst die Oberfläche wie bei Q2 ausgeführt, dann sind weitere Maßnahmen wie breites Ausspachteln der Fugen und scharfes Abziehen der restlichen Kantenoberflächen zum Porenverschluss mit Spachtelmaterial erforderlich. Die Qualitätsstufe Q3 findet Anwendung bei Oberflächen von Gipsplatten, die matte, nichtstrukturierte Anstriche, feinstrukturierte Wandbekleidungen oder Oberputze mit Korngrößen kleiner 1 mm erhalten sollen.

**Hinweis:** Die Qualitätsstufe Q3 oder das vollflächige Überziehen und Glätten der gesamten Oberfläche als Qualitätsstufe Q4 stellen Besondere Leistungen dar.

☐ **Wurde die Verspachtelung bei Gipsfaserplatten fachgerecht ausgeführt?**

Bei der **Qualitätsstufe Q1** sind die Anforderung wie bei Gipsplatten einzuhalten, jedoch bei verklebten Fugen der Gipsfaserplatten auch der überstehende Kleber abzustoßen. Auch hier sind sichtbare Werkzeugspuren zulässig.

Für die **Qualitätsstufe Q2** sind die Arbeiten nach **Q1** auszuführen und die Flächen der Gipsfaserplatten nochmals nachzuspachteln, damit keine Spachtelgrate mehr sichtbar sind.

Um die **Qualitätsstufe Q3** zu erreichen sind zuerst die Arbeiten nach **Q1** und **Q2** auszuführen und nach dem breiten Ausspachteln der Fugen die gesamten Flächen deckend mit Spachtelmasse zu überziehen.

Bei der **Qualitätsstufe Q4** sind die Arbeiten wie bei **Q3** auszuführen, wobei die vollflächige Verspachtelung dicker als 1 mm sein muss.

☐ **Sind die ersten Lagen der Beplankung verspachtelt worden?**
Bei zwei- oder dreilagigen Beplankungen sind immer die Stoß- und Anschlussfugen der unteren Beplankungen zu verspachteln. Die Befestigungsmittel der unteren Lagen müssen nicht verspachtelt sein.

☐ **Wie sind die Fugen bei Gipsfaserplatten ausgeführt?**
Wenn nichts anderes vereinbart ist, kann der Auftragnehmer die Art der Fugenausführung selbst wählen und die Fugen entweder kleben oder spachteln, dafür sind jedoch unterschiedliche Plattenabstände notwendig.

☐ **Wie sind die Außenecken ausgeführt?**
Entstehen Außenecken von Bekleidungen, so ist entweder ein Kantenprofil einzuspachteln oder eine V-Fräsung auszuführen.

☐ **Wurde bei der Verkleidung von haustechnischen Anlagen die DIN 4109 beachtet?**
Zur Einhaltung der zulässigen Schalldruckpegel bei schutzbedürftigen Räumen muss die verantwortliche Bauleitung vor dem Verschließen oder Verkleiden von Wasserinstallationen, z. B. bei Vorwandinstallationen, hinzugezogen werden.

☐ **Sind die verwendeten Gipsplatten für Feuchträume geeignet?**
Gipsplatten (DIN 18180) dürfen nur nach entsprechender Imprägnierung in Feuchträumen eingesetzt werden (DIN 18157, Teil 1). Die Eigenschaft ist an dem äußerlich grün eingefärbten Karton gut zu erkennen.

☐ **Wurden die Installationsaussparungen sauber abgedichtet?**
Kontrolle der Abdichtung: Die DIN 18181 schreibt eine Abdichtung der Aussparungen bei Gipsplatten vor.

☐ **Stimmt der Schallschutzwert der Gipsplatten?**
Kommen Gipsplatten zum Einsatz, so sind die Platten auf Schallschutz zu prüfen. Überprüfen Sie, ob der Nachweis vorliegt (nach DIN 4109 und Herstellerangaben)!

☐ **Erfüllen die Gipsplatten die Brandschutzbestimmungen?**
Kommen Gipsfeuerschutzplatten zur Anwendung, so ist deren Brandschutzverhalten nachzuweisen (nach DIN 4102). Liegt der Nachweis vor (Herstellerangaben)?

☐ **Wie wurde der Trockenputz ausgeführt?**
Werden einlagige Bekleidungen mit Gipsplatten als Trockenputz ausgeführt, so muss die Gipslatte mindestens 12,5 mm dick sein.

☐ **Wurden die Gipsplatten vor dem Einbau richtig gelagert?**

Lagern Gipsplatten beispielsweise über einen längeren Zeitraum zu feucht, so zeigt sich unter Lichteinwirkung eine gelbbraune Färbung.
**Vorsicht:** Gefahr von Schimmelpilzbildung!
Gips verliert bei Aufnahme von Feuchtigkeit seine Festigkeit, die er durch Austrocknung nicht wiedererlangt. Nass gewordene Gipsplatten können deshalb nicht eingebaut werden.

☐ **Wie sind die Anschlüsse an angrenzende Bauteile ausgeführt?**
**Beachte:**
- Bei Anschlüssen an angrenzende Bauteile mit unterschiedlichen Materialen sind mindestens Trennstreifen einzuarbeiten. Entstehen im Kantenbereich durch Bewegungen und unterschiedlichen thermischen Ausdehnungen geradlinige Haarrisse, so sind diese nicht zu beanstanden.
- Bei thermisch beanspruchten, angrenzenden Bauteilen, wie z. B. Einbauleuchten, sind bei Gips- und Gipsfaserplatten bewegliche Anschlüsse auszubilden.
- Bei der Bekleidung von Dachkonstruktionen sind Anschlüsse mindestens mit Profilen herzustellen.

**Abnahme von abgehängten Decken und Ständerwänden**

☐ **Sind bei abgehängten Decken und Ständerwänden die Konstruktionsverstärkungen ausreichend bemessen und entsprechend ausgeführt worden?**
Zum Beispiel für das Anbringen von Lampen (Kabelverlängerung) im Deckenbereich sowie Armaturen und Steckdosen im Küchenbereich und Bad.

☐ **Sind die Befestigungsabstände der Schrauben eingehalten worden?**
Laut DIN 18181 für Deckenbekleidung maximal 170 mm und für Ständerwände maximal 250 mm. Darüber hinaus gelten die jeweiligen Herstellerangaben.

☐ **Sind im Türbereich verstärkte Ständerprofile beachtet worden?**

☐ **Ist das Sturzprofil bei Öffnungen vorhanden?**

☐ **Wurden die Plattenstöße fachgerecht ausgeführt?**
Auf Tür- oder Fensterständerprofilen dürfen längs zum Profil keine Platten gestoßen werden. Durch die mechanische Beanspruchung würden sonst Risse entstehen.

☐ **Wurden Stahlzargen fachgerecht eingebaut?**
Die Stahlzarge ist mit den UA-Profilen zu verschrauben und muss bei Verwendung von kaltgeformtem Stahlblech eine Mindestdicke von 1,5 mm besitzen.

☐ **Wurde die Dämmung richtig eingebaut?**
Dämmstoffe sind über die gesamte Fläche dicht gestoßen und abrutschsicher zu verlegen. An begrenzende Bauteile ist die Dämmung sauber anzuschließen. Hohlräume bei Zargen sind immer mit Faserdämmstoff auszustopfen.

☐ **Ist die Unterkonstruktion bei abgehängten Decken fachgerecht ausgeführt?**
Die Unterkonstruktion ist auf das jeweilige Plattensystem abgestimmt auszuführen. Überprüfen Sie die Planvorgaben.

☐ **Wie sind die Anschnitte bei Metallrasterdecken ausgeführt?**
Angeschnittene Metallrasterdecken oder Metallkassetten, wie auch Metallpaneele sind an den Rändern auszusteifen, damit sich der Schnittrand nicht wellt oder die Fläche nicht mehr als zulässig durchhängt.

☐ **Wurden Unterkonstruktionsverstärkungen eingebaut?**
Bei Sanitärtragständer die Konsollasten aufnehmen! Bei wandhängenden WC, Waschbecken und Bidets sind verstärkte Ständer mit mindestens 2 mm Profildicke einzubauen. Diese sind mit Anschlusswinkel am Profilfußpunkt und Profilkopfpunkt zu befestigen.

☐ **Wurden die Anschlüsse bei Mineralfaserdecken fachgerecht ausgeführt?**
Bei Mineralfaserdecken muss der Anschluss an angrenzende Bauteile mindestens mit einfachen, rechtwinkligen Wandwinkeln hergestellt werden, die in den Ecken stumpf gestoßen werden können.

☐ **Wurden die Herstellervorschriften eingehalten?**
Trockenbauarbeiten erfolgen meist in einem System eines Herstellers. Die Übereinstimmung der Ausführung mit den jeweiligen Herstellervorschriften ist vor allem bei Brandschutz- oder Schallschutzanforderungen zusätzlich zu kontrollieren.

☐ **Wurde die Dampfsperre richtig verlegt?**
Ist bei Dämmungen der Einbau einer Dampfsperre notwendig, ist diese an den Rändern und Stößen luftdicht zu verkleben. Die verwendeten Klebebänder oder Klebemassen müssen für den Untergrund geeignet sein.

**Abnahmetipp:** Vor dem Verkleiden der Dampfsperre kann ein Blower-Door-Test Aufschluss über eventuelle Fehlstellen geben.

## Hinweis zu Nebenleistungen und Besonderen Leistungen

Es empfiehlt sich, bei der Abnahme des Gewerks eine komplette Auflistung der zusätzlichen Leistungen vorzulegen. Auch diese Leistungen sollten überprüft und abgenommen werden.

# Vorgehängte hinterlüftete Fassaden

Autor: Christian Fichtl

## Geltungsbereich

Bei der Abnahme von vorgehängten hinterlüfteten Fassaden (VHF) sind die Vorgaben der *DIN 18351 VOB Vergabe- und Vertragsordnung für Bauleistungen – Teil C: Allgemeine Technische Vertragsbedingungen für Bauleistungen (ATV) – Vorgehängte Hinterlüftete Fassaden* zu beachten. Ergänzend gilt die *ATV DIN 18299 Allgemeine Regelungen für Bauarbeiten jeder Art*, Abschnitte 1 bis 5. Kommt es zu Widersprüchen, gehen die Regelungen der ATV DIN 18351 vor.

Die ATV DIN 18351 gilt für die Ausführung von hinterlüfteten Bekleidungen im Innen- und Außenbereich, jedoch nicht für

- hinterlüftete Außenwandbekleidungen mit Naturstein und Betonstein (ATV DIN 18332 Naturwerksteinarbeiten bzw. ATV DIN 18333 Betonwerksteinarbeiten),
- Außenwandbekleidungen aus Brettern, Bohlen, Holzschindeln, Dachdeckungsstoffen (ATV DIN 18334 Zimmer- und Holzbauarbeiten) oder gefalzten Metallbauteilen (ATV DIN 18339 Klempnerarbeiten), und
- WDVS (ATV DIN 18345 Wärmedämm-Verbundsysteme).

## Abnahme in der Praxis

Machen Sie sich vor der Abnahme mit dem geforderten Leistungsumfang und den Ausführungsunterlagen vertraut, damit ein Soll-Ist-Vergleich möglich ist.

**Hatte der Auftragnehmer vor Beginn der Arbeiten Bedenken wegen:**

- ☐ **ungeeigneter Beschaffenheit bzw. ungenügender Tragfähigkeit des Untergrunds?**
- ☐ **ungenügender Verankerungsmöglichkeit?**
- ☐ **fehlender Bezugspunkte oder größeren Unebenheiten des Untergrunds als nach DIN 18202 zulässig?**
- ☐ **Sind Arbeiten bei ungeeigneten klimatischen Bedingungen ausgeführt worden?**
  Falls Arbeiten bei ungeeigneten klimatischen Bedingungen, wie Temperaturen unter +5 °C bei Klebearbeiten, Schnee, Eis oder Wind, ausgeführt werden, bedarf es der vorherigen Zustimmung des Auftraggebers, denn hierfür sind besondere Maßnahmen erforderlich! Sollten hierfür Leistungen erforderlich werden, so sind diese Besondere Leistungen.
  **Praxistipp:** Fügen Sie dem Abnahmeprotokoll eine Dokumentation der Ausführungsbedingungen mit Fotoaufnahmen und den klimatischen Verhältnissen im und außerhalb des Gebäudes hinzu.
- ☐ **Wurden die Montagezeichnungen erstellt?**
  Vor Fertigungsbeginn sind durch den Auftragnehmer Montagezeichnungen und Beschreibungen mit Angaben zur Konstruktion und Befestigung zu erstellen. Kontrolle mit den Vorgaben der Planungsunterlagen.
- ☐ **Hält die Beschichtung die Mindestdicke ein?**
  Eine Beschichtung im Coil-Coating- Verfahren muss mindestens 20 µm und eine thermisch aushärtende Beschichtung mindestens 60 µm dick sein.
- ☐ **Wurden die Bewegungsfugen korrekt ausgeführt?**
  Dehnungsfugen des Bauwerks sind so auszuführen, dass sie die Bewegungsmöglichkeiten nicht beeinträchtigen.
  **Abnahmetipp:** Kontrolle und Nachweise der Dehnungsfugen gemäß Ausführungsunterlagen. Beachten Sie den fachgerechten Fugenverschluss.
- ☐ **Liegen vorhandene Abweichungen in den vorgeschriebenen Maßtoleranzen?**
  Alle Abweichungen müssen gem. DIN 18202 in den Grenzen der zulässigen Maßtoleranzen liegen.
  Wurden an die Ebenheit erhöhte Anforderungen gegenüber der DIN 18202, Tabelle 3, Zeile 7 gestellt oder sonstige erhöhte Anforderungen an die Maßgenauigkeit, die über die Werte in den genannten Normen hinausgehen, so sind die getroffenen Maßnahmen Besondere Leistungen.
  **Beachte:** Werden im Streiflicht Unebenheiten in den Oberflächen sichtbar, so sind sie zulässig, wenn die Grenzwerte nach DIN 18202 nicht überschritten werden.

☐ **Wurden die Dämmplatten fachgerecht verlegt?**
Die Dämmstoffplatten der Mineralwolledämmung sind im Verband und dicht gestoßen zu verlegen. Hinter der Dämmung darf kein Hohlraum zum Untergrund vorhanden sein. Die Befestigung erfolgt mechanisch mit Dämmstoffhaltern – eine Verklebung ist möglich, stellt jedoch eine Besondere Leistung dar.

☐ **Wie wurden die Verbindungen und Befestigungen ausgeführt?**
Die Wahl der Art der Verbindungen und Befestigungen ist zwar zunächst dem Auftragnehmer überlassen, wenn in der jeweiligen Zulassung nicht andere Angaben gemacht werden, jedoch sind Verbindungen und Befestigungen grundsätzlich aus korrosionsbeständigem Material zu erstellen. Bei Schrauben ist eine Sicherung gegen selbstständiges Lösen vorzunehmen.

☐ **Entstehen an der Fassade Geräusche?**
Bei vorgehängten hinterlüfteten Fassaden können durch thermische Längenausdehnung, v. a. bei wechselnder Sonneneinstrahlung Geräusche entstehen. Die Befestigungen und Verbindungen der einzelnen Fassadenteile müssen so erfolgen, dass die Bewegungen geräuscharm aufgenommen werden können.

☐ **Sind Bekleidungen aus Keramikelementen fachgerecht ausgeführt?**
Es dürfen keine scharfen Kanten bei geschnittenen Elementen frei liegen. Die Fugenbreite bei Keramikelementen muss mindestens 8 mm betragen.

☐ **Stimmt die Fugenbreite bei Faserzementtafeln?**
Bei Faserzementtafeln, aber auch bei mineralisch gebundenen Flachpressplatten, faserverstärkten Harzkompositplatten und bei Platten aus Hochdruck-Schichtstoff ist eine Fugenbreite von 10 mm einzuhalten.

☐ **Wurden Metallelemente richtig entdröhnt?**
Bei Bekleidungselementen aus Metall, für die eine Entdröhnung vorgesehen ist, muss der Entdröhnungsstoff mindestens auf 60 % der Elementrückseite aufgebracht sein.

☐ **Stimmt die Qualität?**

**Abnahmetipps:**

- Kontrolle der Plattendicke der Bekleidungen
- Kontrolle der Rückseite von beschichteten faserverstärkten Bekleidungselementen – diese muss ebenfalls beschichtet sein.

- Kontrolle der Verlegung der Dämmstoffplatten – Kreuzfugen sind nicht zulässig.
- Wurde die Verankerung mit zugelassenen Dübeln ausgeführt?
- Sind Schnittkanten bei Keramik gegratet oder bei Hochdruckschichtpressstoff gebrochen?
- Sind Metallbleche unter 1 mm Dicke umgekantet?
- Messen Sie die Dämmstoffdicke.
- Sind Wandhalter aus Aluminium thermisch getrennt?
- Sind Stahlelemente an allen Flächen vor Korrosion geschützt?
- Stimmt die Fugenbreite und der Fugenverlauf?
- Stimmt die Lage von Fix- und Gleitpunkten mit der Planung überein?
- Stimmt der Farbton der Fassade, Leibungen, Sturzverkleidungen (Farbkarten, Musterflächen)?

☐ **Wurden die Horizontalabdeckungen fachgerecht ausgeführt?**
Fensterbänke, Dachabschlüsse oder Brüstungsabdeckungen sollten vor Beginn der Fassadenarbeiten vorhanden sein, um die Anschlüsse dicht ausbilden zu können. Für den Überstand von Tropfkanten gelten die Fachregeln des Dachdecker- und Klempnerhandwerks als Mindestanforderung.

☐ **Wurden Rückstellproben genommen?**
Rückstellproben von z. B. Bekleidungen dokumentieren die Materialeigenschaften und können bei eventuell späteren Auffälligkeiten hilfreich sein.

☐ **Wurden die Zulassungen eingehalten?**
Bestimmte Bekleidungselemente, wie Verbundelemente aus einer Kombination verschiedener Stoffe, Bekleidungselemente aus Natur- und Betonwerkstein mit rückseitig applizierten Befestigungspunkten oder Kunststoffelemente, besitzen Zulassungen, deren Vorgaben bei der Montage beachtet werden müssen.

☐ **Sind die Austrittsbleche fachgerecht ausgebildet?**
Austrittsbleche bei Türen und Balkonen führen oft zu Schäden, wenn sie nicht fachgerecht ausgebildet sind. Trittbleche müssen formstabil sein.

## Hinweis zu Nebenleistungen und Besonderen Leistungen

Es empfiehlt sich, bei der Abnahme des Gewerks eine komplette Auflistung der zusätzlichen Leistungen vorzulegen. Auch diese Leistungen sollten überprüft und abgenommen werden.

A B D E F K M P S T V W Z

# Wärmedämm-Verbundsysteme

Autor: Christian Fichtl

## Geltungsbereich

Bei der Abnahme von Wärmedämm-Verbundsystemen sind die Vorgaben der *DIN 18345 VOB Vergabe- und Vertragsordnung für Bauleistungen – Teil C: Allgemeine Technische Vertragsbedingungen für Bauleistungen (ATV) – Wärmedämm-Verbundsysteme* zu beachten. Ergänzend gilt die *ATV DIN 18299 Allgemeine Regelungen für Bauarbeiten jeder Art*, Abschnitte 1 bis 5. Kommt es zu Widersprüchen, gehen die Regelungen der ATV DIN 18345 vor.

Die ATV DIN 18345 gilt für die Ausführung von Wärmedämm-Verbundsystemen, die als bauseits außenseitig angebrachte vollständige Systeme eines Systemherstellers gelten und für verputzte Außenwärmedämmungen.

## Abnahme in der Praxis

Machen Sie sich vor der Abnahme mit dem geforderten Leistungsumfang und den Ausführungsunterlagen vertraut, damit ein Soll-Ist-Vergleich möglich ist.

**Hatte der Auftragnehmer vor Beginn der Arbeiten Bedenken wegen:**

- ☐ **ungeeigneter Beschaffenheit bzw. ungenügender Tragfähigkeit des Untergrunds?**
- ☐ **fehlender Bezugspunkte oder größerer Unebenheiten des Untergrunds als nach DIN 18202 zulässig?**

☐ **Sind Arbeiten bei ungeeigneten klimatischen Bedingungen ausgeführt worden?**
Falls Arbeiten bei ungeeigneten klimatischen Bedingungen, wie hoher Feuchtigkeit, starker Sonneneinstrahlung, zu niedrigen Luft- oder Bauteiltemperaturen, ausgeführt werden, bedarf es der vorherigen Zustimmung des Auftraggebers, denn es sind hierfür besondere Maßnahmen erforderlich. Sollten hierfür Leistungen erforderlich werden, so sind diese Besondere Leistungen.
**Praxistipp:** Fügen Sie dem Abnahmeprotokoll eine Dokumentation der Ausführungsbedingungen mit Fotoaufnahmen und den klimatischen Verhältnissen im und außerhalb des Gebäudes hinzu.

☐ **Wurden die Bewegungsfugen korrekt ausgeführt?**
Dehnungsfugen des Bauwerks sind so auszuführen, dass sie die Bewegungsmöglichkeiten nicht beeinträchtigen.
**Abnahmetipp:** Kontrolle und Nachweise der Dehnungsfugen gem. den Ausführungsunterlagen. Beachten Sie auch den fachgerechten Fugenverschluss mit Systemformteilen.

☐ **Liegen vorhandene Abweichungen in den vorgeschriebenen Maßtoleranzen?**
Alle Abweichungen müssen gemäß DIN 18202 in den Grenzen der zulässigen Maßtoleranzen liegen.
Wurden an die Ebenheit erhöhte Anforderungen gegenüber der DIN 18202, Tabelle 3, Zeile 7, oder sonstige erhöhte Anforderungen an die Maßgenauigkeit, die über die Werte in den genannten Normen hinausgehen, gestellt, so sind die getroffenen Maßnahmen Besondere Leistungen.
**Beachte:** Werden im Streiflicht Unebenheiten in den Oberflächen sichtbar, so sind sie zulässig, wenn die Grenzwerte nach DIN 18202 nicht überschritten werden.

☐ **Wurden die Dämmplatten im Verband verlegt?**
Bei geklebten Systemen müssen die Dämmplatten dicht gestoßen und im Verband verlegt werden. Auch an den Gebäudeecken sollten die Platten eckverzahnt sein.

☐ **Wurden die Dämmplatten während der Ausführung geschützt?**
Besonders bei Dämmungen aus Mineralfaser sind während der Ausführung Maßnahmen zum Schutz vor unzulässiger Feuchteaufnahme zu treffen.

☐ **Wurden die Dämmplatten an Bauteile angepasst?**
Bei allen Wärmedämm-Verbundsystemen müssen die Dämmplatten an begrenzende Bauteile, wie z. B. Bordprofile der Fensterbänke, die schräge Unterseite von Fensterbänken, Sparren, Geländer oder Gartenwasserleitungen angepasst werden.

☐ **Wurde die Oberfläche fachgerecht ausgeführt?**
Auf den Dämmplatten ist eine Armierungslage mit Gewebeeinlage aufzubringen. Wenn nichts anderes vereinbart ist, erfolgt der Oberputz mit 3 mm Korngröße.
Flachverblender oder keramische Beläge werden auf dem Armierungsputz befestigt.

☐ **Liegt der Produktnachweis vor?**
Wärmedämm-Verbundsysteme sind aus den Produkten eines Herstellersystems herzustellen. Es dürfen keine Komponenten anderer Hersteller gemischt eingebaut werden, da sonst das System nicht mehr der Zulassung entspricht.

☐ **Sind die Anschlussfugen fachgerecht ausgebildet?**
An angrenzende oder durchdringende Bauteile, wie Sparren, Fensterbänke, Sockelprofile, sind Fugendichtbänder einzubauen.

☐ **Wurde der richtige Kleber verwendet?**
Je nach Untergrund sind unterschiedliche Kleber zugelassen und notwendig.
Auch für angrenzende Teilflächen, wie Holzuntergründe im Dachbereich oder bituminöse Flächen im Sockelbereich, ist der Einsatz von systemkonformen Klebern notwendig. Sind Untergründe vorhanden, auf denen die alleinige Verklebung der Dammplatten zur langfristigen Befestigung nicht ausreicht, müssen zusätzlich Verdübelungen ausgeführt werden.

☐ **Stimmt die Qualität?**
**Abnahmetipps:**

- Kontrolle der Plattendicke
- Kontrolle der Verlegung der Dämmstoffplatten – Kreuzfugen sind nicht zulässig.
- Stimmt die Ebenheit der Platten (Verschleifen)?
- Ist das Gewebe in die Armierungsschicht eingebettet?
- Sind die Diagonalbewehrungen an allen Ecken von Öffnungen, Aussparungen und Nischen eingebaut?
- Kontrolle der Putzstruktur und Korngröße

- Führen Sie eine Sichtprüfung des Egalisierungsanstrichs durch.
- Stimmt der Farbton der Fassade, Sockel, Faschen (Farbkarten, Musterflächen)?
- Sind bei Kanten Gewebewinkel oder Kantenprofile eingebaut?

☐ **Wurden die Horizontalabdeckungen fachgerecht ausgeführt?**
Fensterbänke, Dachabschlüsse oder Brüstungsabdeckungen sollten vor Beginn der Wärmedämm-Verbundsystemarbeiten vorhanden sein, um die Anschlüsse dicht ausbilden zu können. Für den Überstand von Tropfkanten gelten die Fachregeln des Dachdecker- und Klempnerhandwerks als Mindestanforderung.

☐ **Ist der Übergang der Außenanlagen zum geputzten Sockel richtig ausgeführt?**
Bei geputzten Sockeln von Wärmedämm-Verbundsystemen müssen im Übergangsbereich zu den Außenanlagen Schutzmaßnahmen wie Schutzanstriche und Trenn- bzw. Noppenbahnen eingebaut sein.

☐ **Wurde der Brandschutz eingehalten?**
Kontrollieren Sie die Planvorgaben, denn je nach Landesbauordnung können besondere Maßnahmen, wie das Anbringen von Brandbarrieren oberhalb von Öffnungen aus nichtbrennbarer Mineralwolle oder geschossumlaufende Brandbarrieren, notwendig sein.

☐ **Sind die Austrittsbleche fachgerecht ausgebildet?**
Austrittsbleche bei Türen und Balkonen führen oft zu Schäden, wenn sie nicht fachgerecht ausgebildet sind. Trittbleche müssen formstabil sein.

## Hinweis zu Nebenleistungen und Besonderen Leistungen

Es empfiehlt sich, bei der Abnahme des Gewerks eine komplette Auflistung der zusätzlichen Leistungen vorzulegen. Auch diese Leistungen sollten überprüft und abgenommen werden.

# Zimmer- und Holzbauarbeiten

Autoren: Uwe Morchutt, Christian Fichtl

## Geltungsbereich

Bei der Abnahme von Zimmer- und Holzbauarbeiten sind die Vorgaben der *DIN 18334 VOB Vergabe- und Vertragsordnung für Bauleistungen – Teil C: Allgemeine Technische Vertragsbedingungen für Bauleistungen (ATV) – Zimmer- und Holzbauarbeiten* zu beachten. Zusätzlich gilt die *ATV DIN 18299 Allgemeine Regelungen für Bauarbeiten jeder Art*, Abschnitte 1 bis 5. Kommt es zu Widersprüchen, gehen die Regelungen der ATV DIN 18334 vor.

Die ATV DIN 18334 gilt für alle Konstruktionen des Holz- und Ingenieurholzbaus und für die Behandlung von Holz und Konstruktionen, wie auch deren angrenzenden Bauteilen, daraus mit bekämpfenden Holzschutzmaßnahmen und mit Holzschutzmitteln. Die ATV DIN 18334 gilt allerdings nicht bei:

- Beton- und Stahlbetonarbeiten (Schalarbeiten) – ATV DIN 18331
- Verbauarbeiten (Holzverbau bei Baugruben) – ATV DIN 18303
- Trockenbauarbeiten – ATV DIN 18340
- Vorgehängten hinterlüfteten Fassaden – ATV DIN 18351
- Tischlerarbeiten (gestemmte Türen und Tore) – ATV DIN 18355
- Parkettarbeiten – ATV DIN 18356

## Abnahme in der Praxis

Machen Sie sich vor der Abnahme mit dem geforderten Leistungsumfang und den Ausführungsunterlagen vertraut, damit ein Soll-Ist-Vergleich möglich ist.

**Hatte der Auftragnehmer vor Beginn der Arbeiten Bedenken wegen:**

- ☐ **ungeeigneter Beschaffenheit bzw. ungenügender Tragfähigkeit oder Festigkeit des Untergrunds?**
- ☐ **fehlender Höhenfestpunkte?**
- ☐ **zu hoher Baufeuchte?**
- ☐ **fehlenden konstruktiven Holzschutzes?**
- ☐ **ungeeigneter klimatischer Bedingungen die zu einer Durchfeuchtung führen wie Schnee und Nässe?**
- ☐ **ungeeigneter Temperaturen durch Frost oder scharfem Wind?**
- ☐ **Ist die Luftdichtheitsebene klar nach DIN 4108 definiert worden?**
  Die allgemeinen Forderungen des Wärmeschutzes sind zu beachten!
- ☐ **Werden die Mindesttemperaturen zur Verarbeitung von Klebern eingehalten?**
  Klebearbeiten können nur mit besonderen Maßnahmen bei Temperaturen unter 5 °C ausgeführt werden
- ☐ **Liegen vorhandene Abweichungen in den vorgeschriebenen Maßtoleranzen?**
  Alle Abweichungen müssen gem. DIN 18202 und DIN 18203-3 in den Grenzen der zulässigen Maßtoleranzen liegen.
  **Hinweis:** Zusätzlich zu der Prüfung muss die Holzfeuchte in max. 40 mm Einschlagtiefe festgestellt und die gemessenen Werte ggf. auf die Messbezugsfeuchte umgerechnet werden.
- ☐ **Sind wichtige Richtmaße von Einbauteilen überprüft worden?**
  Folgende Maßtoleranzen sind nach DIN 18202, Tabellen 1 bis 3, vor dem Einbau zu prüfen: Alle Grenzabmaße, die Lotrechtigkeit und die Ebenheit. Kontrolle über Sichtprobe, mit Wasserwaage, Bandmaß und Zollstock sowie Messkeil!
- ☐ **Wurden alle Bewegungsfugen des Bauwerks korrekt ausgeführt?**
  Bewegungsfugen des Bauwerks müssen konstruktiv und mit gleicher Bewegungsmöglichkeit ausgeführt werden.
- ☐ **Liegen die Bezugsachsen bei Be- oder Verkleidungen innerhalb der Raster?**
  Gerade Deckenbekleidungen, Unterdecken und Wandbekleidungen, die ein regelmäßiges Raster bilden, sind so herzustellen, dass sie fluchtgerecht in den vorgeschriebenen Bezugsachsen liegen.

☐ **Sind Schwindrisse im Holz zu sehen?**
Schwankungen der Holzfeuchte verändern das Volumen des Holzes drastisch. Holz quillt bei Feuchtigkeitsaufnahme und schwindet bei Feuchtigkeitsabnahme. Die Folge ist: Das Holz reißt. Schwindrisse in Hölzern sind zulässig, wenn die Standsicherheit dadurch nicht beeinträchtigt wird.

☐ **Ist das Baurundholz fachgerecht bearbeitet worden?**
Baurundholz muss derart geschnitten bzw. behauen werden, dass die Auflageflächen an den Verbindungsstellen mindestens zwei Drittel des Rundholzdurchmessers betragen.

☐ **Sind ausreichend lange Nägel verwendet worden?**
Werden Bauteile, wie Bretter, Bohlen, Latten oder Platten, genagelt, so müssen Nägel mit glattem Schaft mindestens 2 ½-mal so lang sein, wie das zu befestigende Teil dick ist.

☐ **Wurden die Mindestqualitäten eingehalten?**
Wenn nichts anderes vereinbart wurde,
- darf Nadelholz höchstens 20 % Holzfeuchte aufweisen,
- darf Laubholz bis 16 cm Dicke höchstens 20 % Holzfeuchte und bei einer Dicke über 16 cm höchstens 25 % Holzfeuchte aufweisen,
- darf Bauschnittholz im Holzhausbau, Holzrahmenbau und Holztafelbau maximal 18 % Holzfeuchte aufweisen,
- darf keilverzinktes Vollholz für nicht sichtbare Konstruktionen höchstens 18 % Holzfeuchte aufweisen,
- ist Bauschnittholz sägerau einzubauen,
- ist Brettschichtholz gehobelt einzubauen.

☐ **Sehen die gezimmerten Türen und Tore ordentlich aus?**
Alle gezimmerten Türen und Tore sind aus ungehobelten, besäumten Brettern und Bohlen nach DIN 68365 (Nadelholz), Güteklasse II, sowie aus ungehobelten Latten der Güteklasse I herzustellen.

☐ **Ist bei Unterbrechungen die Luftdichtheit erfüllt worden?**
Bei planmäßigen Unterbrechungen und Aussparungen für Steckdosen, Elektrokabel und sonstige Installationen sind diese luftdicht abzudichten (Luftdichtigkeitsfolie – zwecks Wärmedämmung).
Gleiches gilt für die Konstruktionsfuge im Bereich des Fensteranschlusses (nach DIN 4108 – Wärmedämmung).

## Abnahme von Dachkonstruktionen (Dachstuhl)

- ☐ **Entspricht die Dachneigung den Planungsvorgaben?**
- ☐ **Stimmen der Lattenabstand und die Lattenabmessungen?**
  Kontrolle laut Planungsunterlagen! Dachlatten sind auf jedem Sparren zu befestigen. Der Mindestquerschnitt von Dachlatten ist 30 x 50 mm bei einem Achsmaß von maximal 80 cm. Bei einem Achsmaß bis 100 cm sind Querschnitte von 40 x 60 mm zu verwenden.
- ☐ **Liegt die Trauflatte an der richtigen Position?**
- ☐ **Liegt die Firstachse exakt zur Gebäudeachse?**
- ☐ **Sind die Gauben richtig positioniert?**
  Überprüfen Sie dies anhand der Planunterlagen.
- ☐ **Wurde die tragende oder aussteifende Dachschalung in ausreichender Dicke eingebaut?**
  Je nach Werkstoff und nachfolgender Deckung gelten unterschiedliche Mindestanforderungen, z. B. müssen OSB-Platten mindestens 18 mm dick sein. Dachschalung aus Brettern muss mindestens 24 mm dick sein und mindestens der Sortierklasse S10 bzw. der Festigkeitsklasse C24 M entsprechen. Prüfen Sie hier die Planvorgaben.
- ☐ **Wurde die Unterdachschalung in ausreichender Dicke eingebaut?**
  Bei nichttragenden, nicht sichtbar bleibenden Unterdachschalungen die der Unterlage für Unterdächern oder Unterdeckungen dienen, müssen Bretter mindestens 18 mm und OSB-Platten, Flachpressplatten und Holzfaserplatten mindestens 15 mm dick sein.
- ☐ **Liegen die Bretter der Dachschalung auf?**
  Bei der Ausführung der Schalung mit Brettern müssen diese auf allen Auflagern aufliegen und dort befestigt sein. Schwebende Stöße sind unzulässig.

## Abnahme von Fußboden- und Deckenkonstruktionen

- ☐ **Sind die Plattenstöße bei den Unterböden exakt ausgeführt worden?**
  Bei Unterböden aus Holzspanplatten sind alle Plattenstöße versetzt anzuordnen. Kommt es zur schwimmenden Verlegung, sind die Plattenstöße zu verleimen. Holzspanplatten mit einer Mindestdicke von 22 mm müssen auf Lagerhölzern eingebaut werden. Bei schwimmender Verlegung darf jedoch die Mindestdicke 16 mm betragen.
- ☐ **Wurden Fuß- und Deckleisten fachgerecht ausgeführt?**
  Fuß- und Deckleisten sind an den Ecken und Stößen auf Gehrung (schräger Zuschnitt) zu schneiden.

**Abnahme von Außenwandbekleidungen**

☐ **Wurden Außenwandbekleidungen aus Holzwerkstoffen fachgerecht ausgeführt?**

Bei Außenwandbekleidungen aus Holzwerkstoffen haben die Bekleidungselemente eine Mindestdicke von 12 mm aufzuweisen und müssen hinterlüftet sein. Kommt es zur sichtbaren Befestigung, so dürfen nur nicht rostende Verbindungsteile verwendet werden.

Bei Stülpschalungen müssen sich die einzelnen besäumten und nicht profilierten Bretter um mindestens 20 mm überdecken.

Der Luftraum hinter der Bekleidung aus Holz muss mindestens 20 mm betragen.

**Abnahme von Treppen**

☐ **Wurden Treppen fachgerecht ausgeführt?**

Treppen aus Holz sind gem. den Anforderungen der *DIN 18065 Gebäudetreppen – Begriffe, Messregeln, Hauptmaße* herzustellen.

Kommt Nadelholz zum Einsatz, so muss dieses der DIN 68365, Güteklasse I, entsprechen. Laubholz hingegen verlangt die Vorgaben der DIN 68368, Güteklasse II. Sind Treppenteile aus Holzwerkstoffen herzustellen, so kommen nur Holzwerkstoffplatten gem. DIN EN 13986 zum Einsatz.

**Beachte:** Die Holzfeuchte aller verwendeten Holzbauteile darf nur 9 ± 3 % betragen. Lassen Sie sich das Protokoll der Holzfeuchtemessung zeigen.

☐ **Wurden die Trittstufen fachgerecht ausgeführt?**

Bei furnierten Trittstufen (Verbundstufen) ist die Dicke der Decklage auf den Trittflächen, nach erfolgtem Abschliff, bei Verwendung von Hartholz von mindestens 2,3 mm und bei Weichholz von mindestens 5 mm, einzuhalten.

**Beachte:** An den Stoßkanten muss die Dicke der Decklage bei beiden Holzarten mindestens 6 mm betragen!

☐ **Sind sichtbare Holzoberflächen von Treppen und Geländern behandelt worden?**

Alle sichtbaren Holzoberflächen von Treppen und Geländern sind zu schleifen. Dabei sind alle sichtbar bleibenden Holzkanten zu brechen.

**Hinweise:** Farbunterschiede zwischen Längsholz- und Hirnholzflächen (trocknet schnell aus), zwischen Massivholz- und furnierten Flächen sowie zwischen Holzlamellen sind zulässig.

Die Fuge zwischen der begrenzenden Wand und der Treppe bleibt unverschlossen.

Obwohl eine Treppe so zu erstellen ist, dass beim Begehen Knarrgeräusche verhindert werden, ist einzelnes Knarren infolge von Schwankungen des Raumklimas zulässig.

**Abnahme des Holzschutzes**

- ☐ **Wurde der vorbeugende Holzschutz eingehalten?**
  Je nach Verwendung (innen oder außen) und Belastung (tragend oder nicht tragend) ist Holz unterschiedlich gefährdet. Dem Schutz des Holzes kommt daher eine immense Bedeutung zu. Für Holzbauarbeiten gelten generell die Normen der *DIN 68800 Holzschutz*, Teile 1 bis 4. Vorbeugende konstruktive Holzschutzmaßnahmen haben dabei immer den Vorrang (DIN 68800-2). Erst in zweiter Linie folgen die chemischen Holzschutzmaßnahmen (DIN 68800-3).
- ☐ **Gibt es Nachweise über die Holzschutzmaßnahmen?**
- ☐ **Wurden der Gebäudesockel einschließlich Außenanlagen und damit die Lage der gefährdeten Schwellhölzer nach Planung ausgeführt?**
  Alle Nachweise, Prüfzertifikate, Prüfsiegel (Holzqualität) sowie biologische Unbedenklichkeitserklärungen (biologischer Schutz) und Herstellerangaben müssen zur Einsicht vorliegen.

## Hinweis zu Nebenleistungen und Besonderen Leistungen

Es empfiehlt sich, bei der Abnahme des Gewerks eine komplette Auflistung der zusätzlichen Leistungen vorzulegen. Auch diese Leistungen sollten überprüft und abgenommen werden.

# Stichwortverzeichnis

**D**

## R



## S